Begrifflichkeiten und Theorie zur Automatisierung im Straßenverkehr – ein Vademekum

Verfasst von Heinz Dörr

unter Mitwirkung von
Viktoria Marsch, Andreas Romstorfer und Yvonne Toifl [1]

Im Rahmen des Ziviltechniker-Büros

Wien 2022

[1] Die genannten Mitwirkenden haben zwischen 2013 und 2017 an verschiedenen thematisch relevanten Planungsprojekten und Forschungsaufträgen im Rahmen ihrer Tätigkeit bei arp-planning.consulting.research (Wien) maßgeblich mitgearbeitet und waren an den spezifischen Grundlagen- und Außenarbeiten in Österreich und teilweise in Deutschland engagiert. Ihnen gilt der besondere Dank des Autors.

Begrifflichkeiten und Theorie zur Automatisierung im Straßenverkehr

Heinz Dörr

Begrifflichkeiten und Theorie zur Automatisierung im Straßenverkehr

Ein Vademekum

Heinz Dörr
arp-planning.consulting.research
Wien, Österreich

ISBN 978-3-662-66513-8 ISBN 978-3-662-66514-5 (eBook)
https://doi.org/10.1007/978-3-662-66514-5

Die Deutsche Nationalbibliothek verzeichnet diese Publikation in der Deutschen Nationalbibliografie; detaillierte
bibliografische Daten sind im Internet über http://dnb.d-nb.de abrufbar.

Planung/Lektorat: Markus Braun
Springer Vieweg ist ein Imprint der eingetragenen Gesellschaft Springer-Verlag GmbH, DE und ist ein Teil von
Springer Nature.
Die Anschrift der Gesellschaft ist: Heidelberger Platz 3, 14197 Berlin, Germany

SUMMARY

About a Theory on the Automatization of Road Traffic in Practical Diction – a Vademecum

To prepare the topic, the feature of a Vademecum has been chosen for explaining relevant terms in an alphabetical order. With the view to giving an impression of which theoretical approaches should be pursued by planners, such as urbanists, in respect of physical planning and realistic traffic actions. It is obvious that there is a lack of knowledge on the part of certain groups concerned along with a demand to be kept informed about the technical progress and its effects on complex traffic events.

Accordingly, the draft paper is politically inspired and thus, using defined terms, is addressed to officials and stakeholders, those providing road-networks and designing public traffic spaces, as well as associations that maintain the interests of different mobility groups complementary (not counter-wise) to automotive industrial deployment strategies. A realistic implementation of automated road traffic will need both as cooperative partners.

The basic methodical approach followed is to derive tasks from images observed and analysed considering the expertise as planners. Along with that, a great amount of images can serve as illustrations and inspiration for readers on the one hand. On the other hand, these images form the basis for some anticipation of scenes and the development of In-Situ-Scenarios. At the end, some theoretical graphics were able to be drafted as an access for a continuing discourse.

The terminology discussed starts with the key term "Adjacency" (borrowed from the Graph Theory) and terminates with the created term "collective by coincidence" (in German "Zufallskollektiv"), which means interacting traffic participants on the roadway pointing to the Gaming Theory. As a conclusion and a prospect at the same time, a procedure for testing and homologation of automated road traffic operations is added. Though the draft of the Vademecum paper is preliminary bare of formulas or equations, it contains explanatory formulations and accompanying images and graphics. This will prove to enlighten a discourse exceeding that of the enclosed debate within the automotive researcher's community.

ZUSAMMENFASSUNG

Digitalisierung und Automatisierung bemächtigen sich schrittweise der Mobilität als Daseinsbedürfnis und des Verkehrssystems als leistende Infrastruktur. Die Ausrüstung der Fahrzeuge schafft veränderte Bedingungen für die Ausübung der Mobilität für alle verkehrsteilnehmenden Gruppen. Daher bedarf es der Stärkung der verkehrstheoretischen Grundlagen zur Meisterung der technologischen Herausforderungen als Ergänzung zur fahrzeugzentrierten Funktions- und Nutzenbetrachtung der Automotiv-Branche.

Hierzu sind die Einbettungen dieser Technologien nach Maßstäben herauszuarbeiten, die über den engeren operativen Wirkungsbereich der Funktionalitäten hinausreichen. Damit werden verkehrspolitische Regulative der breiten Anwendung ebenso berührt wie verkehrsplanerische Detaillösungen vor Ort. Auch erweitert sich dadurch der Kreis der zu beteiligenden Fachdisziplinen erheblich.

Die Testung der Einsatzfähigkeit der Funktionalitäten und ihrer Systemintegration im Fahrzeug ist Kernaufgabe des Automotiv-Sektors, die Prüfung der Verkehrstauglichkeit bei der Benutzung öffentlicher Straßenräume ist jedoch eine gemeinsame Aufgabe im Dialog mit den Infrastrukturbetreibern und den betroffenen Kreisen im Mobilitätssystem. Die befassten Akteure des Verkehrssystems und die Vertreter der betroffenen Verkehrsteilnehmer*innen werden die Anforderungen an die Operabilität und Sicherheit formulieren, um eine klaglose Integration in das alltägliche Verkehrsgeschehen im Straßennetz zu gewährleisten.

INHALTSVERZEICHNIS

Inhaltsverzeichnis

Inhaltsverzeichnis

Mit nach- und hochgestelltem * sind in Teil 2 jene Begriffe gekennzeichnet, die gewissermaßen Eigenschöpfungen zur Vertiefung des Diskurses darstellen oder in einen unüblichen Kontext gestellt werden.

Die Gender-Schreibweise wird hier aus Gründen der textlichen Übersichtlichkeit selektiv angewandt. Die herkömmliche maskuline Schreibweise möge als geschlechtsneutral verstanden werden. Wichtig erscheint dem Autor, dass die Thematik – selten genug – auch auf Deutsch anstelle des üblichen Englisch auseinandergesetzt wird, um einen Diskurs mit den betroffenen Kreisen zu erleichtern.

Der redaktionelle Stand ist datiert mit Herbst 2020, einzelne Nachträge wurden für 2021 vorgenommen.

DARSTELLUNGSVERZEICHNIS

Darstellungsverzeichnis

Alle Grafiken erstellt im Rahmen von arp-planning.consulting.research von: Dö(rr, Heinz), Ha(theier-Stampfl, Regine), Ma(rsch, Viktoria), Ro(mstorfer, Andreas), To(ifl Yvonne)

Teil 1 Einleitung

1.1 Theoretisches Gerüst als hypothetischer Einstieg

Das vorliegende Vademekum zur theoretischen Aufbereitung einer verkehrspraktischen Thematik ist als Vorgriff auf ein Fachbuch gedacht, welches der Übersichtlichkeit halber alphabetisch geordnet ist. Das hat den Vorteil, dass die Lesenden sich nicht durch einen Wust an logisch aufbauenden Kapiteln durchkämpfen müssen, aber sie akut interessierende Inhalte herausgreifen und Stichworte abrufen können. Dennoch kommt diese inhaltliche Struktur einem Fachbuch nahe, in welcher versucht wird, eine Theorie zur Thematik und Zugänge zu den Herausforderungen, die die Technologieentwicklung unweigerlich mit sich bringt, zu entwickeln. Dazu werden Systematiken zur praktischen Methodik für den multidisziplinären Diskurs und für die praktische Überprüfung der Technologieanwendungen im Straßenverkehr aufgestellt.

Um einen Einstieg in diese hochkomplexe wie unübersichtliche Thematik des automotiven Fortschritts zu schaffen, wird von den Phänomenen der laufenden Technologieentwicklung zur Automatisierung und in weiterer Folge zur Autonomisierung von Kraftfahrzeugen ausgegangen. Es soll aber nicht dabei bleiben, das Kraftfahrzeug neben seinen Haltern und Nutzern bzw. ihren Halterinnen und Nutzerinnen ausschließlich und abschließend in den Mittelpunkt zu stellen, sondern es in den Kontext des alltäglichen Verkehrsgeschehens und des Mobilitätssystems zu rücken. Womit sich die Kreise der betroffenen Gruppen dramatisch erweitern, die in diesen Technologieentwicklungen als verkehrsteilnehmende Bevölkerung, als für die Verkehrswege und den öffentlichen Raum zuständige Planungsträger, als Interessenverbände unterschiedlicher Mobilitätsbedürfnisse und nicht zuletzt als Zulassungsbehörden für die Anwendungen neuartiger Technologien eine Rolle spielen.

Damit ein trotz der „trivial" anmutenden Realität des Verkehrsgeschehens dennoch sachgerechter Dialog zwischen den diversen Mobilitätsgruppen der täglichen Verkehrsteilnahme, den Mobilitätsdienstleistern und Infrastrukturbetreibern sowie den Regulatoren und Einsatzkräften auf der einen Seite und den Technologie-Promotoren und -anbietern auf der anderen Seite ermöglicht wird, ist die Wissens- und Argumentationsbasis verkehrstheoretisch wie verkehrspraktisch für die herausfordernden Fragestellungen aufzubereiten. Unter den verkehrstheoretischen Grundlagen sei dazu zweierlei verstanden:

1. Eine grundlegende Betrachtungsweise des Technologieeinsatzes in seinen operativen Wirkungen auf das Verkehrsgeschehen, die von den solcherart ausgestatteten Kraftfahrzeugen ausgehen.

© Der/die Autor(en), exklusiv lizenziert an
Springer-Verlag GmbH, DE, ein Teil von Springer Nature 2022
H. Dörr, *Begrifflichkeiten und Theorie zur Automatisierung im
Straßenverkehr*, https://doi.org/10.1007/978-3-662-66514-5_1

2. Eine verkehrstheoretische Aufarbeitung aller möglichen Einsatzbereiche vor allem im öffentlichen Straßennetz in Hinblick auf Verkehrssicherheit, Unfallverhütung und kollaterale Betroffenheiten.

Unter operativen Ansätzen die tägliche Verkehrsabwicklung betreffend wird folgendes verstanden:

1. Die Beobachtung des Entwicklungspfades der vielfältigen Technologiestränge in der Automat-Kette von der Stufe der Teilautomatisierung bis zur vollen Autonomisierung von Fahrzeugen im Straßenverkehr

2. Die Kontrolle der industriellen Test- und Prüfverfahren einsatzfähiger Prototypen vor den Nutzanwendungen im öffentlichen Raum

3. Die Aufgabenstellung für Testanordnungen von industrieunabhängiger Seite unter Beteiligung von betroffenen Mobilitätsgruppen herauszuarbeiten

4. Die Rahmensetzungen für den alltäglichen Technologieeinsatz in den Fachdiskurs der für die Verkehrsinfrastruktur verantwortlichen Trägerschaften zu bringen

5. Ein Monitoring zur stufenweisen Migration der Technologien und ihrer Auswirkungen auf das Verkehrsgeschehen einzurichten, um Rückkoppelungen im Entwicklungspfad zu erlauben.

Ziel ist es, einen Diskurs anzustoßen, der über akademisch disziplinäre Grenzen hinweg greift und die betroffenen Gruppen und die Verantwortungsträger anzusprechen versucht. Das sollte über Bilder gelingen. Damit kann auch der Suggestion durch die Werbegrafik, die zum Thema gerne bemüht wird, entgegengehalten werden. Die hier dargestellten Bilder wurden teils als Zufallsfunde, teils an dafür aufgesuchten Szenerien gewonnen oder aus dem Fundus zurückliegender Projekte zu Städtebau und Verkehr entnommen. Sie geben einen Eindruck über die Vielfalt der Örtlichkeiten des Verkehrsgeschehens, zeigen aber auch die Gemeinsamkeiten der Geschehnisräume über Grenzen hinweg auf. Sie entstanden in den Regionen Berlin, Duisburg, Frankfurt/Main, Graz, Hamburg, Innsbruck, Leipzig, München, Paris, Stuttgart, Wien sowie im Norden Bayerns und in Mitteldeutschland. Die Auswertung der Bilder als „Urquellen des Erkenntnisgewinns" mündet in interpretierende Kommentare, hat aber zudem zur generalisierenden Abstraktion mancher grafischen Darstellungen angeregt, die als Bausteine zur Theorienbildung verstanden werden können.

Nachfolgend wird ein theoretisches Gerüst vorgestellt, in das sich die Begrifflichkeiten semantisch und methodisch in Hinblick auf Aufgabenstellungen für Forschung und Entwicklung sowie für das Zulassungsprozedere einfügen lassen.

Darst. A: Konzeption zu einer Theorie der Automatisierung des Kraftfahrbetriebes

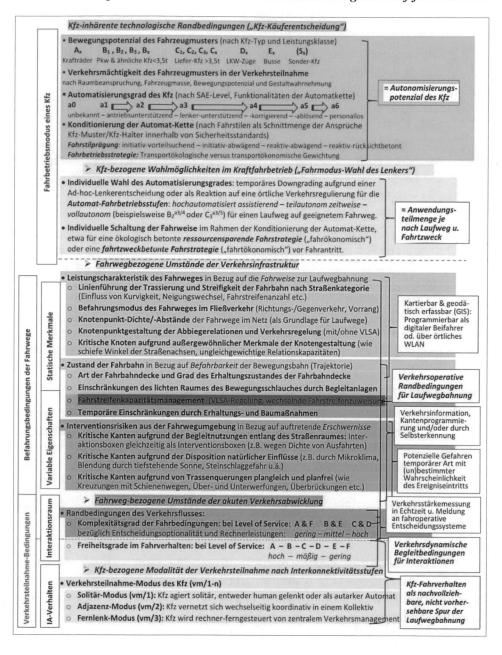

Zur Darstellung A: Farblegende zu den prinzipiellen Determinanten der Verkehrsteilnahme von Kraftfahrzeugen in Hinblick auf Automatisierung und Autonomisierung im Straßenverkehr:

Die fahrzeuginhärente Technologieausstattung als Angebot an die Kfz-Nutzer und Voraussetzung für die Käuferentscheidung

Die Wahlmöglichkeiten des Kfz-Benutzers (in seiner *Nutzerrolle* als Kfz-Halter, Fuhrparkbetreiber, oder Kfz-Mieter bzw. in seiner *Akteursrolle* als Kfz-Lenker), den Modus des Fahrbetriebes zu bestimmen

Die vom Kfz-Benutzer nicht beinflussbaren, unverrückbaren Merkmale der Fahrweg-Infrastruktur bei der Befahrung für seinen eingeschlagenen Laufweg

Die vom Kfz-Benutzer nicht beinflussbaren, veränderlichen Eigenschaften der Fahrweg-Infrastruktur für die Laufwegbahnung seiner Fahrt

Die vom Kfz-Benutzer allenfalls ausgenützten kollektiven oder individuellen Bevorzugungen bei der Realisierung seines Laufweges (wie Verkehrslichtsignal-Beeinflussung, privilegiertes Befahren von Fahrstreifen oder Einfahrt in Sonderverkehrsflächen durch digitale Anmeldung)

Die aktuellen Verkehrszustände, mit denen das wie auch immer automatisierte Kraftfahrzeug auf seinem Laufweg konfrontiert ist, womit die humane Steuerung und/oder die installierte Automat-Kette umzugehen haben.

Erläuterung zu den Randleisten in Darstellung A:

Die **links stehenden Kästen** weisen auf die *Bündel der Randbedingungen* mit ihren inhärenten Objekt-Bezügen (Kfz, Fahrweg, Interaktionsraum) hin, von denen für den Kfz-Halter bzw. -Lenker sowie für die Automat-Kette der *Entscheidungsspielraum* in Hinblick auf die Art der Verkehrsteilnahme und die jeweilige Fahrweise abhängen. Die interdependente Vernetzung der Einflussfaktoren ergibt Teilsysteme und Aussagen über deren grundsätzliche Wirksamkeit in Hinblick auf die Automatisierung der Verkehrsabläufe.

Die **rechts stehenden Kästen** weisen ausgehend vom individuellen Kfz Mauf die Bewegungs- und Autonomisierungspotenziale hin, die durch die Randbedingungen der Fahrweginfrastruktur kanalisiert und durch die Begleitbedingungen des aktuellen Verkehrsgeschehens limitiert werden. Dazu sind der *Datenbedarf für die Automatisierung* bzw. Autonomisierung der Laufwegbahnung (Trajektorienfindung aufgrund der Prädiktionsleistungen des Automat-Systems) und der *Datenaustausch für die Koordination* der Verkehrsabwicklung zwischen interagierenden Fahrzeugen im Umfeld der Fahrbahn und allenfalls aus der Umgebung des Straßenraumes zu bedenken.

Prinzipiell ist es ein Reduktionsvorgang der vom maximal ausschöpfbaren Bewegungspotenzial eines Kfz ausgeht und aufgrund der vorzufindenden

Befahrungsbedingungen, die die Fahrweg-Infrastruktur dem individuellen Laufweg anbietet, eingeschränkt wird. Dazu gehören des Weiteren die generellen und die örtlichen Verkehrsregelungen, wobei beide im Kfz-Datenspeicher hinterlegt sein können und/oder an Ort und Stelle an das Kfz gemeldet werden, um in den Entscheidungsprozessen der Fahrzeugsteuerung verarbeitet zu werden. Eine weitere wesentliche Einschränkung kann sich durch das dichte Verkehrsgeschehen ausgedrückt als Level of Service (LoS) ergeben. Ferner üben exogene, weitgehend naturgegebene Faktoren, etwa der herrschenden Belichtung und Witterungsbedingungen, einen Einfluss auf die Steuerung der Fahrdynamik aus.

Der humane Lenker und die Entscheidungsalgorithmik in der Automat-Kette sind als Akteur bzw. Aktorik *alternative bzw. komplementäre Steuerungsträger* („Control Master") und in diesem Sinne als austauschbar anzusehen. Schließlich sollen beide Steuerungsträger systemisch zu einer "Human-Machine-Interaction" (HMI) verkoppelt werden, um gegenseitig Fehlleistungen auszugleichen, was in Hinblick auf die Ereigniswürdigung und die Verantwortungsübernahme bei Vorfällen Fragen aufwerfen wird.

1.2 Methodische Weichenstellungen zwischen Werteorientierung und Implementierungsstrategie

Die Automatisierung wird durch *(Automat-)Funktionalitäten* ermöglicht, die aus Hardware- und Software-Komponenten bestehen und in eine Systemarchitektur eingebunden sind, die hier summarisch als *Kfz-inhärente Automat-Kette* bezeichnet wird. Sie dienen zur Lösung und Realisierung bestimmter **Aufgabenstellungen**, die eine technologische **Mittelbereitstellung** erfordern, um eine **Zweckerfüllung** zu erzielen. Aufgaben werden über Ziele (aufgestellt in einem Pflichtenkatalog) definiert, die Mittel müssen dementsprechend dimensioniert und konfiguriert werden (gemessen an einem Leistungskatalog) und die Maschinenitelligenz muss Entscheidungen anstelle des Menschen treffen, um schließlich Steuerungsbefehle an die Mechanik und Motorik erteilen zu können. Das wird allgemein als **Aktorik** umschrieben. Solche Umschreibungen verniedlichen die Bedeutung so mancher anspruchsvollen und langwierigen Entwicklungsarbeit. So ist die am Beginn der Aktorik einer Automat-Kette eines *autonomisierten* Kraftfahrzeuges angesiedelte Sensorik nicht die Lösung, wie oftmals dargestellt wird, sondern schafft eine der Voraussetzungen, damit die weiteren Glieder in der *Automat-Kette* überhaupt wirksam werden können.

Das bedeutet in der technologiewissenschaftlichen Darlegung zwischen den funktionellen Fragen in ihrer konditionalen Verkettung, man mag das als **Funktionalität** in ihrer Trias (Dreiheit) bezeichnen, zu unterscheiden: Was ist die zu lösende <u>Aufgabe</u>, z.B. die *Detektion*, was sind die <u>Mittel</u> dazu, z.B. die *Sensorik*, und welchem <u>Zweck</u> soll sie dienen, z.B. der

Laufwegbahnung. Damit können nicht nur die technologischen Optionen abgeklärt werden, sondern es können auch die unmittelbare *Zweckmäßigkeit* im Kraftfahrbetrieb, die systemare *Sinnhaftigkeit des Einsatzes* im Straßenverkehr mit seiner Vielfalt an verkehrsteilnehmenden Gruppen und darüber hinaus anhand gegebener, aber nicht überall gleich ausgeprägter Randbedingungen die praktische *Verkehrstauglichkeit* hinterfragt werden. Dafür bedarf es einer Vorabklärung zur Aufbereitung von Vorfragen der Innovationsdiffusion im gesellschaftlichen Mobilitätssystem und zur Integration in die Verkehrsinfrastruktur. Das betrifft prinzipiell nicht nur den Straßenverkehr, sondern schließlich alle Verkehrsträger.

Es ist daher **Antizipation** gefragt, welche losgelöst von einzelnen stattfindenden Verkehrsabläufen eine *gedankliche Vorwegnahme* von kritischen Interaktionen zwischen verkehrsteilnehmenden Gruppen bedeutet. Solche phänotypische Szenen können in Bezug auf Örtlichkeiten und beteiligte Verkehrsteilnehmer als Interakteure durch Beobachtungen gestützt und durch verkehrstopologische Analysen untermauert werden. Zweck ist die Formulierung von Anforderungen aus der Bedürfnislage von einzelnen Mobilitätsgruppen an Testanordnungen für automatisierte Kraftfahrzeuge und im robotisierten Straßenverkehr (etwa beim "Platooning"). Denn Antizipation heißt, die Abläufe repräsentativ und skeptisch aufzubereiten.

Prädiktion, also die praktische *Vorausschau*, bedeutet, Abläufe für die Realität entscheidend vorzubereiten und steuernd in einer Testanordnung durchzuführen. Methodische Ansätze dazu bieten *Laufweganalysen entlang von Kantenzügen* von spezifischen Mobilitätsgruppen oder die *verkehrstopologische Analyse innerhalb von Interaktionsboxen*, aus denen wirkmächtige Szenarios als Testaufgaben abgeleitet werden können.

Alles das kann mit dieser ersten Version zu einem Vademekum, also eines *"Wegbereiters"* zur Implementierung der Automatisierungstechnologien in das Mobilitäts- und Verkehrssystem, nur ansatzweise geleistet werden. Aber es soll helfen, den Fachdiskurs auf alle betroffenen Kreise auszudehnen, die bislang kaum aufgeklärt und erst recht nicht angehört oder gar beteiligt wurden. Denn, es handelt sich nicht allein um eine industriepolitische Angelegenheit einer selbstbewussten Branche.

1.3 Bilder als kommunikativer Einstieg in einen sachübergreifenden basispolitischen Diskurs

Diese Publikation ist reichlich bebildert, sie soll aber kein Bildband sein. So mangelt es beabsichtigterweise an Bildästhetik und an spektakulären Aufnahmen, wenngleich ungewöhnliche oder seltene Ereignisse durchaus vertreten sind, weil sie als Güte-Maßstäbe für die Verkehrstauglichkeit der Anwendung von Automatisierungstechnologien im Straßenkraftfahrverkehr herhalten können. „Bilder sagen bekanntlich mehr als tausend Worte".

Bilder liefern, in welcher Darstellungsform auch immer, die Denkanstöße für die Auseinandersetzung mit dem Thema, indem sie die Fülle und Breite der relevanten Aspekte sichtbar machen. Sie zeigen Betroffenheiten auf, lenken den Blick auf Randbedingungen, bevor sie formalisiert werden, und offenbaren Verhaltensweisen, die oftmals kaum bewusst wahrgenommen werden. Dabei entstehen kausale Verkettungen und Wechselwirkungen, die bei der Automatisierung in alltagstaugliche Algorithmen umgesetzt werden müssen. Dazu liefern Statistiken zum Verkehr als systematische Beobachtungen produktive Hinweise und quantitative Bestätigungen für die Aussage von Bildern. Bilder können sowohl zufällig aufgenommene spontane Ausschnitte als auch systematisch ausgewählte Abbilder sein, die **„Real World"** repräsentieren.

Eine gezielte Auswahl bedarf einer Begründung durch ein logisches Verfahren, das den Erkenntniszweck widerspiegelt und braucht dazu theoretisch vorbereitete, systematisierte Grundlagen. Diese Annäherungen an die verkehrliche Praxis weisen somit sowohl eine *explorativ-heuristische* (sozusagen als Zufallsfunde) als auch eine *hypothetisch-systematische* Komponente auf. Beide Erforschungsstrategien ergänzen einander mit dem Ziel, Verlässlichkeit der Automatisierungstechnologien im Anwendungsbereich der Verkehrsabwicklung zu erreichen.

Die Orte der Aufnahmen selbst tun eigentlich nichts Wesentliches zur Sache, außer dass sie Szenerien darstellen, die *phänotypisch* an vielen Orten in ähnlicher und einigermaßen vergleichbarer Art auftreten können. Das Wiedererkennen bezieht sich für den Betrachter daher weniger auf den abgebildeten Ort als vielmehr auf die festgehaltene Situation im Straßenverkehr, die er von anderswo kennt. Es war auch keine Absicht, an den jeweils vorgefundenen räumlichen Konfigurationen und beobachteten Verkehrsszenen Kritik zu üben. Schon gar nicht galt das Good Practice/Bad Practice-Auswahlprinzip, vielmehr sollte die Relevanz für das Thema deutlich gemacht werden.

Das „Lesen" der Bilder hat zu Begriffsschöpfungen angeregt, die Phänomene im Verkehrsgeschehen aufzeigen, die als solche noch kaum benannt worden sind, weil sie wenig zum akademischen Fortgang beitragen. Die Bildersichtung als aufklärerischer Ansatz soll *betroffenen Kreisen* helfen, deren es sehr viele gibt, die Thematik aufzugreifen und einen subsidiären (ortsbezogenen) Diskurs zu starten. Der vorliegende Fundus an Bildern kam durch spontane Aufnahmen an verschiedenen phänotypischen Orten oder als Rückgriff auf frühere verkehrsbezogene Projekte des arp-Teams zustande. Es wurden keinerlei Fremdquellen zur Illustrierung benutzt. Das gilt im Übrigen auch für die Darstellungen, die für die Abhandlung dieses Themas und zum Aufbau einer theoretischen Grundlage graphisch entworfen wurden. Im Anhang wurden zu den Bildern *Kommentare* angefügt, die ortsspezifische Situationen beschreiben, um daraus Erkenntnisse über

Aufgabenstellungen allgemeiner Natur herzuleiten. Aber die Leserschaft kann sich selbst „ein Bild" machen.

1.4 Begriffsschöpfungen als Ergänzung zu den traditionellen und normierten Begrifflichkeiten

Durch die Beobachtungen und Bildanalysen zur Verkehrspraxis wird eine induktive Vorgangsweise eingeschlagen, die zu einer Theorienbildung anregen soll, welche Herausforderungen sich für die neuartigen technologische Anwendungen zu ihrer Implementierung ergeben werden. Nicht zuletzt, weil mit länger andauernden Übergängen und mit einem Mix an unterschiedlich ausgestatteten Fahrzeugen im Bestand zu rechnen sein wird. Ein Ausgangspunkt dafür können Bildaufnahmen aus relevanten Perspektiven sein, die in explorativer Weise in zuvor phänotypisch ausgesuchten oder auch zufällig aufgesuchten Umgebungen von Verkehrs- bzw. Straßenräumen als Szenerien vorgefunden werden.

Die Szenerienfindung kann systematisch nach Phänotypen der Verkehrs- räume anhand der Siedlungsstruktur bzw. der Straßennetzhierarchie oder nach typischen Routen von Laufwegen, wie sie regelmäßig von Mobilitäts- gruppen bei der Ausübung ihrer Daseinsgrundfunktionen, zurückgelegt werden, erfolgen. Die Befunde derartig erzeugter Analysen führen zu einem Bedarf an zuordnender und zuschreibender Terminologie, um die Zukunftsbilder (Szenarien) des Verkehrsgeschehens entwerfen zu können. In der Folge werden die übernommenen Begriffe und die hier formulierten Begriffsschöpfungen aufgelistet und erläutert. Diese sind als Bausteine aus der Theorienbildung hervorgegangen, gehören aber nicht unbedingt zum gewohnten Sprachgebrauch in den multidisziplinären Fachdiskursen zum Straßenverkehr.

Um sich dem Anspruch und Charakter einer Theorienbildung anzunähern, werden Begriffe angewendet, die neutraler Natur sind, indem sie die Merk- male und Eigenschaften von Objekten bzw. systemrelevanten Elementen als Phänomene bzw. Phänotypen in ihren Systemzusammenhängen be- schreiben. So wird häufig der physikalisch konnotierte Begriff des *„Bewegungskörpers"* oder seiner *„Verkehrsmächtigkeit"* gebraucht, um sachgerechte Vergleichbarkeit in den Beziehungsgeflechten zwischen *„verkehrsteilnehmenden Mobilitätsgruppen"* zu ermöglichen. Damit wird nicht nur eine methodisch synoptische Sichtweise erleichtert, sondern auch eine demokratische Haltung signalisiert. Derart kann die amerikanisch getönte Automobil-Sprache auf den Boden des heimischen Verkehrs- diskurses geholt werden. Außerdem emanzipiert sich dadurch der multi- disziplinär notwendige Diskurs über die Automatisierung der Mobilität und insbesondere des Straßenverkehrs von der reinen Fokussierung auf das einzelne Kraftfahrzeug und der disziplinär geprägten mechatronischen Ausrichtung von Forschung und Entwicklung.

Die angeführten Stichworte sind größtenteils nicht neu geschöpft, sondern vielleicht ungewöhnlich erläutert, um inhaltlich einen erweiterten Kontext herzustellen, als es bisher im präautomatisierten Automobil-Zeitalter die Übung war. Schlüsselwörter dazu sind beispielsweise: *Betroffenheiten*, *Verantwortungsübergang* oder die wiederholte Betonung der *Zufälligkeit* als Anordnungsprinzip im alltäglichen Verkehrsgeschehen. Bislang wenig beachtete Forschungsfelder spiegeln sich in Begriffsschöpfungen, wie *Bewegungspotenzial*, *Bewegungsäußerungen* oder *Verkehrsmächtigkeit* wider, die sich mit den wechselseitigen Verkehrsabläufen zwischen den verkehrsteilnehmenden Mobilitätsgruppen auf den Fahrwegen beschäftigen. Bisher unüblich gebrauchte Begriffe oder ungewöhnliche Begriffsschöpfungen, wie *Bewegungskörper**, werden in der Aufzählung mit einem hochgestellten Sternchen gekennzeichnet, um auf die ungewohnte Sichtweise auf Phänomene hinzuweisen.

Dazu gesellen sich Disziplinen übergreifende Fachbegriffe, etwa aus der Raumordnung oder dem Städtebau, wie *Daseinsgrundfunktionen* oder *Neighbourhood Units*, die für eine erweiterte Kontextualisierung stehen. Schließlich ist Straßenverkehr kein Selbstzweck, sondern unterliegt gewissen Gesetzmäßigkeiten der Verkehrserzeugung als Folge der Ausübung der Daseinsgrundfunktionen der Bevölkerung im Raum. Damit wird das Mobilitätssystem als Metathema angesprochen, welches der technologischen Reformierung unterliegt und dessen Akteure dafür ausgerüstet, aber auch funktionalisiert werden sollen.

Die Terminologie der mittlerweile schier unüberblickbaren multidisziplinären Literatur, global weitgehend in englischer Sprache verfasst, wurde laufend beobachtet und einige der häufig wiederkehrenden Schlüsselbegriffe wurden aufgegriffen, um nicht ein Parallel-Universum zu schaffen, das wohl auf breites Unverständnis stoßen würde. Zur Unterscheidung der hier geschöpften Begriffe zur Thematik *Automatisierung im Straßenverkehr* und den gebräuchlichen Begriffen in der Diktion der Automobilwelt, die weitgehend auf einer englischsprachigen Terminologie fußt, die deren Wording und Frameing wiedergibt, werden letztere typographisch kursiv ausgeschrieben und mit englischen Anführungszeichen versehen (wie "*Advanced Driver's Assistance Systems*"). Während sinnvollerweise ins Englische übertragene, aber eigengeschöpfte Begriffe nur unter Anführungszeichen gesetzt werden, wie „Sailing Interaction Space". Die im Deutschen gängigen Begriffe der Verkehrswissenschaften werden hier nicht eigens gekennzeichnet. Auch ein ursprünglich aus dem Englischen adoptierter Begriff, der seit langem zur Fachsprache der Verkehrsplanung gehört, wie *Level of Service*, wird nicht gesondert ausgeschrieben. Ihm kann aber eine deutsche Deutung, wie *Verkehrszustand* für Level of Service, dazugestellt werden.

Um Querverweise zwischen den Begriffserläuterungen herzustellen, wird in Klammer grau hinterlegt ein Seitenverweis beigefügt, damit sich die Erläuterungen gegenseitig unterstützen. Nicht alle Begrifflichkeiten sind „gleichwertig" in ihrer Bedeutung und Anwendung. Darauf wird hingewiesen, wenn sie als *Grundsatzbegriffe* (wie Graphentheorie) der wissenschaftstheoretischen Betrachtung, *Schlüsselbegriffe* (wie Adjazenz) der gegenständlichen Thematik, *Oberbegriffe* (wie Automatisierung) zu relevanten Aspekten oder als *Fachbegriffe* (wie Bauflucht) zu methodischen Detailfragen angesprochen werden.

Die *Trägermedien der Implementierung* dieser Technologien zur Auto-matisierung des Straßenverkehrs – darunter ist die Verkehrsteilnahme aller im Straßennetz sich bewegenden Gruppen zu verstehen – sind in einer groben Zuordnung *infrastrukturseitig, fahrzeugseitig* und *humanseitig* angesiedelt. Dazu muss im digitalisierten Zeitalter die IKT-Seite angeführt werden, die alle Einrichtungen und Prozesse betreffen, die sich auf die erforderliche Datengewinnung und den nötigen Datentransfer stützen. Mit der Ausrichtung auf die Trägermedien der Automatisierung sind die direkt *betroffenen Trägerschaften* adressiert, die die Trägermedien benutzen, betreiben, unterhalten und aus- bzw. aufrüsten. Das sind exemplarisch angeführt, die Erhalter der Fahrwege, die Kfz-Halter bzw. Fuhrparkbetreiber, die Kfz-Hersteller und ihre Zulieferbranchen und jene Personengruppen, die als Kfz-Führer den Kraftfahrbetrieb ausüben.

Aber die Betroffenheiten erweitern sich auf nahezu alle Akteure des Mobilitätssystems, die Verkehrsleistungen anbieten, vollführen und managen. Und das ist dann eben kein branchinternes Heimspiel innerhalb einer Community von Innovatoren und frühen Adoptoren, die ihre Narrative darüber in die Öffentlichkeit kommunizieren. Dazu wird es ein Feedback geben müssen, das die Technologieentwicklung bis zur Autonomisierung des Kraftfahrbetriebes begleitet, mitgestaltet und ihre Verbreitung am Automobilmarkt mitbestimmt. *Strategien zum „Deployment"* seitens der automotiven Vermarktung werden sodann Hand-in-Hand gehen mit *Strategien zur Implementierung* seitens der davon betroffenen Kreise. Dieser begriffliche Zwilling wird nach der Entwicklungs-, Test- und Prüfphase der nächsten Jahre die Realisierung des Technologiefortschritts und die Geschwindigkeit der Innovationsdiffusion in den Verkehrsräumen prägen.

1.5 Kontextualisierung zur Öffnung für einen multidisziplinären Diskurs

Das Vademekum zielt darauf ab, Unklarheiten der Begrifflichkeiten, Beliebigkeiten in der Wortwahl und Verkürzungen in der Darstellung von Sachverhalten aufzuhellen sowie manche Werbebotschaften auf ihren sachlichen Kern hin zu entkleiden. Das kann auf Anhieb nur unvollständig gelingen. Der Wert liegt im Anstoß für den Diskurs. Dabei besteht freilich die Gefahr, dass mit neuartigen Begriffsschöpfungen die Begriffsverwirrung weiter vergrößert wird. Andererseits soll damit einer schlagseitigen Darstellung entgegengewirkt werden, wenn für Klarstellungen zusätzliche Begrifflichkeiten den traditionellen oder normierten Gebrauch von Begriffen ergänzen oder vertiefen können. Dadurch soll vor allem der Fachdiskurs auf betroffene Kreise erweitert und auf befasste Fachdisziplinen außerhalb der Automobil-Welt ausgedehnt werden. Dabei möglicherweise Widerspruch zu ernten, gehört zur Belebung des Diskurses dazu. Die Ausführungen sind daher als ein diskutierbarer Vorschlag und Beitrag zum Diskurs zu verstehen, nicht zuletzt, weil sie unabhängig von Stakeholder-Interessen entstanden sind. Ihre Dienstbarkeit soll aus folgenden Beiträgen bestehen:

- **Ansprache noch kaum gewürdigter Fragestellungen** in Hinblick auf die Wirkungsweise der eingesetzten Automatisierungstechnologien im Straßenkraftfahrverkehr und den Konsequenzen für die weiteren verkehrsteilnehmenden Gruppen im Straßennetz

- Ein **lexikalischer Aufbau** zertrennt zwar manche sachlichen Zusammenhänge, macht jedoch manch andere dafür offensichtlich. Jedenfalls können dadurch Werbebotschaften und Erzählungen in ihrer Einseitigkeit offenbart werden und ausgeblendete Fakten erhellt werden, indem sie aus dem Blickwinkel und der Erfahrungswelt der Verkehrsforschung benannt und ausgeführt werden. Damit soll eine auf etliche befasste Fachbereiche erweiterte Debatte angestoßen werden.

- **Emanzipation der deutschsprachigen Ausdrucksweise**, um die nicht an die *„Automotive Speech"* gewöhnten Akteursgruppen und Fachleute in einen Dialog über die Technologie-Implementierung einbinden zu können. Dadurch kann einer mutmaßlichen Taktik der Promotoren, durch Fachsimpelei einen politischen Diskurs klein zu halten, entgegengehalten werden. Schließlich muss bei allen hoheitlichen Akten der Legistik, der Jurisdiktion, der Genehmigungs- und Behördenverfahren für Kraftfahrzeuge und bei Verkehrswegeplanungen die Amtssprache gewahrt werden und bei der Bevölkerungsbeteiligung zu relevanten Planungsverfahren vor Ort erst recht.

- **Sachgerechte Kontextualisierung** der Thematik als aufklärerische und demokratische Aufgabe, die die von Industrieinteressen und politischen Erwartungshaltungen getriebene Informationsarbeit im günstigen Fall ergänzt, im ungünstigen Fall dieser auch einmal widerspricht. Diese Kontextualisierung beschränkt sich nicht nur auf die Fahrbahn als Trajektorienraum für autonome Fahrzeugbewegungen („Umfeld"), sondern erstreckt sich räumlich auf die Umgebung der verkehrserzeugenden Flächennutzungen und zieht die Mobilitätsbedürfnisse von nicht-motorisierten Gruppen in die Betrachtung mit ein.

- **Schärfung der Begrifflichkeiten** in Hinblick auf ihre Aussagekraft und Treffsicherheit in Bezug auf die Implementierung der Automatisierungs-technologien im Straßenverkehr, ob sie nun neu geschöpft wurden oder erweitert interpretiert werden oder aber in der Fachterminologie ohnehin gebräuchlich sind. Damit könnte die Identifizierung von Handlungsbedarf und Aufgabenfeldern vor allem in der Begleitforschung zur Antizipation der Technologiefolgen auf das Mobilitätssystem in Hinblick auf Betroffen-heiten, Verantwortlichkeiten und Zuständigkeiten angestoßen werden.

- **Adressierung von betroffenen Kreisen** durch eine systemologisch nach Ereignisobjekten und Geschehensräumen, wie „ Kraftfahr…", „Straßen…", „Verkehr…", „Mobilität…" u.a.m., geordnete und zusam-mengesetzte Terminologie. Dabei hilft die alphabetische Abfolge, die manche Kausalitäten (Ursachenhintergründe) und Interdependenzen (Wirkungszusammenhänge) offensichtlich werden lässt, die als gravie-rende Randbedingungen in die maschinellen Entscheidungsalgorithmen des autonomisierten Kraftfahrbetriebes einfließen werden müssen.

- **Antagonismen** als bivalente Betrachtungsweise sind ein probates Mittel, um die Komplexität des Verkehrsgeschehens zu durchleuchten, wenn zukünftig die künstliche Intelligenz die individuellen und koope-rativen menschlichen Intelligenz-Anwendungen ersetzen soll. Der Antago-nismus in Anlehnung an die medizinischen Anatomie des Bewegungs-apparates (!) verstanden („Das Eine geht ohne das andere nicht"), kann aus *Bedingtheiten* resultieren, wie Vs2I (vehicles to infrastructure et vice versa) und I2Vs, aber auch aus *Konkurrenzverhältnissen* um offenstehende Res-sourcen, wie Trajektorienräume auf der Fahrbahn oder Zuweisungen an Verkehrsflächen für Mobilitätsgruppen im Straßennetz.

- **Zielabwägungen** verfeinern die gebräuchlichsten Antagonismen, die zur Abwägung stehen. So sind es oftmals *Kosten-Nutzen-Vergleiche* oder *Verteilungsmechanismen bei Ressourcenknappheit*, wie welcher Verkehrs-träger in der Enge städtischer Räumen bevorzugt ausgebaut oder welche Mobilitätsgruppe nicht verdrängt oder gar ausgeschlossen werden darf. Dabei stehen *Privilegierung und Diskriminierung* von Verkehrsbewegun-gen gewisser Verkehrsmittel somit zur Abwägung an. Drängender denn je scheint es, die *Umweltgerechtigkeit* für die betroffene Bevölkerung und die globale *Klimaverträglichkeit* in solche antagonistische Betrachtungsweisen mit einzubeziehen. Die Fokussierung auf die Förderung der Technologie-entwicklung ist noch lange nicht die Lösung, sondern ein Auslöser für eine weiterführende Debatte über organisatorische Anpassungen und infra-strukturelle Aufrüstungen im Verkehrssystem sowie letztlich über die Akzeptanz in der Mobilitätsgesellschaft.

Nicht alle diese formulierten Ansprüche können fürs erste erfüllt werden, auch könnte so manche terminologische Aufgliederung als Haarspalterei aufgefasst werden. Ob dabei des Guten zu viel getan wurde, soll im

Fachdiskurs auseinandergesetzt werden. Vereinfachen und Verkürzen ist kommunikativ leichter zu bewerkstelligen als Erweitern und Vertiefen. Die beabsichtigte Automatisierung des Verkehrsgeschehens wird aber diesbezügliche Anforderungen stellen, wenn die Verkehrsabläufe vernetzter, koordinierter, exakter, verlässlicher und sicherer abgewickelt werden sollen, wie regelmäßig zu hören ist. Der als erstes genannte Begriff *„Adjazenz"* ist dem Alphabet zu verdanken; er ist als Formalie eigentlich anwendungsneutral, wird aber im Fachdiskurs zu einem Schlüsseladjektiv, um sich den Entwicklungsaufgaben bei der Technologieanwendung anzunähern und um Prüfverfahren herum aufzubauen. Zuletzt wird der Begriff *„Zufallskollektiv"* angeführt, der im Kontext der Verkehrsabläufe im Straßenverkehr erläutert wird; er ist wiederum nicht anwendungsspezifisch und außerdem selten von Gebrauch, wird aber noch Bedeutung sowohl für die theoretische als auch praktische Auseinandersetzung mit Vorgängen auf der Fahrbahn erlangen. Der Begriff *Zulassungspfad* schließt die Ausführungen als für Stakeholder und betroffene Kreise handlungsempfehlendes Resümee ab.

Ein Fachbuch kann nachfolgen, dessen Lesbarkeit und Verständlichkeit durch das Vademekum vorweg erleichtert werden soll.

Teil 2 Begriffssammlung A bis Z samt Erläuterungen
➤ Adjazenz als Schlüsselbegriff

Dieser hier in Hinblick auf die Automatisierung des Straßenkraftfahrverkehrs (106) verwendete Schlüsselbegriff bezeichnet die vielfältigen Aspekte der *Annäherung von verkehrsteilnehmenden Bewegungskörpern* (16) im Straßenraum (107), insbesondere von Fahrzeugen auf der Fahrbahn. *Adjazenz* (= angrenzend/nächstliegend) ist ein Begriff aus der Graphentheorie (61) und beschreibt *topologische Nahe-Verhältnisse* zwischen Elementen in einem Netzwerk von Beziehungen. Im Kontext einer Automatisierung des Straßenverkehrs unter Einschluss aller in diesem Verkehrsträgersystem auftretenden Mobilitätsgruppen liegt der *Fokus auf der gegenseitigen konfliktfreien Annäherung zwischen Bewegungskörpern* (26) im Zuge des Verkehrsgeschehens.

Bild 1-3: Interakteure in adjazenten, zufälligen und flüchtigen Beziehungen im Straßenkraftfahrverkehr

Adjazenz ist daher ein *Phänomen der dynamischen Verkehrsabwicklung* und kommt dann zum Tragen, wenn die Annäherung eine *Interaktion* (63) zwischen Verkehrsteilnehmern, welcher Art auch immer, auslöst. Adjazenz ist so betrachtet keine feste Messgröße der Distanz, sondern ein Beschreibungskanon und ein Datengerüst, die von Interdependenzen und von Beziehungen zwischen Bewegungskörpern (26), v.a. zwischen Fahrzeugen und mit weiteren Verkehrsteilnehmern, handeln, welche in der Verkehrsabwicklung zusammenwirken. Dabei spielen Randbedingungen der *Befahrbarkeit* eines Fahrweges (24) ebenso eine maßgebliche Rolle wie das *Bewegungspotenzial* (27) und die *Verkehrsmächtigkeit* (140) von Verkehrsteilnehmern - damit sind voran Kfz gemeint - auf ihrem Laufweg (78).

Die Adjazenz ist verknüpft mit der Charakterisierung der Relevanz in Bezug auf Handlungszwänge und Handlungsoptionen der interagierenden Verkehrsteilnehmer. Das bedeutet, es stellt eine Anforderung an das Teilsystem „Detektion" (43) dar, im Rahmen der Automat-Kette (19) alle adjazenten Objekte am Fahrweg als relevant für eine problemlose *ruckfreie Laufwegbahnung* (78) zu erkennen. Räumliche Nähe muss noch nicht eine hohe *Relevanz der Adjazenz* mit sich bringen, wenn für Interaktionen im Verkehrsablauf keine Schnittflächen (100) zwischen ihren Trajektorienräumen (127) zu erwarten sind oder sich die Bewegungskörper überhaupt voneinander weg bewegen. Die Relevanz der Adjazenz lässt sich mit Schwellenwerten schildern (z.B. wie mit Parametern der Relativgeschwindigkeit, der wachsenden/schrumpfenden Anhaltewege oder der unzureichenden oder reichlichen Sicherheitsabstände) und mit graduellen Skalen bewerten. Dabei bleibt freilich ein Rest an Unsicherheit, wenn mehrere, als adjazent erkannte Bewegungskörper plausibel in ihrem Bewegungsverhalten voraus berechnet werden müssen. Eine hohe Relevanz an Adjazenz erscheint gegeben, wenn sich die rundumseitigen Sicherheitsabstände der Fahrzeuge, gekennzeichnet als *Sicherheitsblasen* (104), tangieren oder gar randlich überschneiden.

Das betrifft somit die *Kfz-interne Szenariengenerierung* (120) als hochkomplexe Rechenoperation, weil die Eingangsdaten permanent eingespeist, bewertet und die adjazenten Bewegungskörper als „Opponenten" (92) prädiktiert werden müssen. Je nach der herstellerseitigen *Konditionierung des Automat-Systems* (72) und dem ausnutzbaren *Bewegungspotenzials des Kfz-Musters* (27, 74) als internes Setting und der Randbedingungen am Fahrweg (52) ergeben sich Handlungsvarianten, von denen eine durch einen *Entscheidungsalgorithmus* (s. 19, 72) gezogen werden muss und das so gut wie permanent für wenige Sekunden der Laufwegbahnung (78) des betreffenden Kraftfahrzeuges auf der Fahrbahn.

➤ *"Advanced Driver Assistance Systems (ADAS)"*

Siehe Fahrerassistenz-Systeme/-Funktionalitäten (49)

➤ Annäherung (kritische…, konfliktäre… zwischen verkehrsteilnehmenden Bewegungskörpern)

Es handelt sich darum, dass dabei eine Sicherheitsblase (104) eines Verkehrsteilnehmers *kritisch tangiert* oder *konfliktär verletzt* wird. Das muss noch nicht zu einem gravierenden Vorfall (150) führen, sondern kann als „Near Misses" glimpflich bzw. folgenlos ausfallen. Es stellt dann lediglich eine Disruption in einem harmonisch ausgeglichenen Fahrverhalten dar, wenn stärker gebremst oder von der Ideallinie auf dem Fahrstreifen plötzlich, aber nicht gefährdend abgewichen wird. Jedenfalls stellt die weitgehende *Vermeidung konfliktärer Annäherungen* auf der Fahrbahn ein Leitziel der Automatisierung des Straßenverkehrs (22, 108) und der Konditionierung des Kraftfahrbetriebes der Kfz (72) dar.

➤ Anwendungsräume* („Utility Fields","*Neighbourhood Units*")

Hierzu wird die Frage nach dem Ausmaß der *Einsatzfähigkeit* (46) und nach der *Nützlichkeit* des Einsatzes einzelner Automat-Funktionen sowie der *Verkehrstauglichkeit* (143) der Automat-Kette (19) auf einem bestimmten Level in ausgewählten Szenerien (110) in charakteristischen Verkehrsräumen (140) aufgeworfen. Diese Bewertungs-Trias erfährt dadurch eine

Verräumlichung, also eine vor allem stadträumliche und landschaftliche Kontextualisierung, die die Umgebung einerseits als Quelle von Randbedingungen (an)erkennt, andererseits als Einwirkungsobjekt in seiner vielfältigen Betroffenheit untersucht. Dabei spielen nicht nur Fragestellungen der positiven oder negativen Aspekte der *Verkehrssicherheit* (141) im phänotypisch räumlichen und konkret örtlichen Kontext herein, sondern es handelt sich auch um die Einflüsse auf die *Bewegungsfreiheiten* (32) und die *personale Integrität* (63) von verkehrsteilnehmenden Mobilitätsgruppen (144), die sich in diesen Anwendungsräumen regelmäßig bewegen.

Bei der Auswahl von Anwendungsräumen kann methodisch die *Szenerienfindung über realistische Wegeketten* (151) im Straßennetz erfolgen (vgl. Darst. 21) oder aber es können die *siedlungshistorischen Epochen des Städtebaues* herangezogen werden (vgl. Darst. 27). Auch das sozialräumliche *Konzept der Nachbarschaftsidee* (*Neighbourhood Units*) der Gartenstadtbewegung, am Beginn des vergangenen Jahrhunderts städtebaulich vielerorts umgesetzt, stellt einen interessanten Anknüpfungspunkt dar, weil bei der Automatisierung des Straßenkraftfahrbetriebes (106) der soziale Aspekt der erweiterten Mobilität für gehandicapte Personengruppen gerne angeführt wird, deren Mobilitätsradius hauptsächlich in der Nachbarschaft des Wohnquartiers angesiedelt ist. Kurzum, die Thematisierung von *„Utility Fields"* (129) stellt den *Gemeinwohl-Nutzen* in konkreter Umgebung in den Mittelpunkt und ergänzt bzw. erweitert damit die auf das Kraftfahrzeug zentrierte Sichtweise in Hinblick auf den käufermarktorientierten *Kundennutzen* der *Use Cases* (129).

> ## Autarkie

Dieser Begriff bezeichnet das selbstbestimmte und energetisch eigenversorgte (z.B. solar angetrieben), also nicht in irgendeiner Weise von außen beeinflusste, Verhalten eines Bewegungskörpers (26). Das schließt jedoch prinzipiell die Beachtung der Regeln der StVO und die Wahrnehmung von optisch angezeigten örtlichen Verkehrsregelungen nicht aus. Jedoch stellt sich die Frage, ob eine autarke Verkehrsteilnahme in einem öffentlichen Verkehrsnetz überhaupt realisierbar ist oder nur für Fahrzeugbewegungen Off-Road gelten kann. In letzter Konsequenz würde ein autarkes Fahrzeug den jeweiligen Fahrtzweck und das Fahrtziel selbst bestimmen, nur seinen „genetisch" einprogrammierten Regeln gemäß gehorchend.

Der Begriff reiht sich am konkurrenzierenden Begriff der Autonomie (22), der von der Automobilindustrie bereits vorgeblich geprägt wurde, sodass manche Fragestellung und mancher Sachverhalt davon losgelöst angesprochen werden müssen. Deswegen wurde hier auch der Begriff der *Lenker-Souveränität* (82) ergänzt, der in einem gewissen Spannungsverhältnis zum Narrativ über das „autonome Fahren" steht.

➢ Automatisierung als Oberbegriff

Darunter können alle Vorgänge zur Fahrzeugsteuerung verstanden werden, die den/die Kfz-Lenker*in bei der Fahrzeugführung mechanisch unterstützen und bei der Feinsteuerung entlasten (wie Servolenkung und Automatik-Gangschaltung u.a.m.). Dazu treten nunmehr fortgeschrittene *Fahrerassistenzsysteme* (*Advanced Driver Assistance Systems* oder kurz ADAS, 49), die ihn/sie beraten oder Fehlleistungen erkennen und korrigieren (wie Notbremsassistent, Spurhaltung, Tempobegrenzer u.a.). Das schafft möglicherweise Unsicherheiten auf der Seite der Lenker*innen und rechtliche Unklarheiten in Bezug auf die Verantwortungszuweisung bei Vorfällen (150). Solche Automatisierungsfunktionalitäten entsprechen dem US-Standard SAE-Level 3 = *hochautomatisierter Fahrmodus* (21).

Werden die Kfz-Lenker in Teilbereichen bei der aktiven Steuerungstätigkeit wesentlich abgelöst, beginnt der Übergang zum *teilautonomen Fahrmodus* vergleichbar mit SAE-Level 4 und 5 (21) und letzten Endes, wenn im Fahrzeug auch keine Lenker-Präsenz (81) mehr erforderlich ist, weil keine Steuerungsapparaturen mehr vorhanden sind (hier definiert als Level 6) ist das Fahrzeug ein *Bewegungsroboter*. Dieser könnte sich entweder solitär seinen Laufweg (78) bahnen (wie ein Rasenmäh-Roboter) oder zentral ferngesteuert (wie eine Erntemaschine) sein.

− Automatisierungsaufgaben / Automatisierungsfunktionalitäten:

Grundsätzlich ist zwischen den Aufgaben, die zur Automatisierung der Fahrzeuge einerseits und des Straßenverkehrs (61) andererseits gelöst werden müssen, und den technischen und organisatorischen Instrumenten dafür zu unterscheiden. So ist die *Detektion* (43) als Voraussetzung für die Fahrzeugbewegung eine Aufgabe, die *Sensorik* (104) als Verbund von Hard- und Software das Instrumentarium dazu, das sich auf verschiedene Sensor-Technologien und Software-Applikationen stützen kann.

Die zur Erfüllung solcher Aufgaben eingesetzten Instrumente werden gemeinhin als *Automatisierungsfunktionalitäten* bezeichnet, die je nach Einsatzzweck in einem Fahrzeugmuster (54, 74) in unterschiedlichen Anwendungen implementiert werden (z.B. Pkw, Sattelzug, Schülerbus etc.), womit sich Fragen nach der Standardisierung der Technologien und der Kfz-Typen-gemäßen Zulassung verknüpfen. Die Automatisierungsfunktionalitäten ordnen sich in das Steuerungssystem der in einem Kraftfahrzeug installierten *Automat-Kette* (19) ein. Es stehen daher sowohl die Testung und Prüfung der einzelnen Automat-Funktionalitäten in Hinblick auf ihre *Einsatzfähigkeit* (46) als auch der Automat-Kette als Steuerungssystem in Hinblick auf die praktische *Verkehrstauglichkeit* (143) an.

– **Automatisierungsgrad des Straßenkraftfahrbetriebes** (106):

Bei dieser Betrachtungsweise liegt der Schwerpunkt auf den Interaktionen zwischen den Kraftfahrzeugen am Fahrweg und der Fragestellung, wie eine *Verkehrsorganisation* im Straßennetz und ein laufendes *Verkehrsmanagement* entlang des Fahrweges auf die Automatisierung der Kraftfahrzeuge ausgerichtet werden sollen. Dazu gehören Regelungen durch die für die Straßennetze Verantwortlichen, wo welche Automatisierungslevels (21) zugelassen, vorgeschrieben oder untersagt werden sollen. Das betrifft ebenso die vom Kfz-Lenker einstellbare *Level-Potenz* (120, vgl. Darst. 26).

– **Automatisierung des Kraftfahrzeuges:**

Darunter wird im Allgemeinen die Ausrüstung eines Fahrzeuges mit einem Set von Automatisierungsfunktionalitäten verstanden, die eine stufenweise Befähigung der Automat-Kette zur den Kfz-Lenker beeinflussenden (sei es informierend, warnend oder nötigenfalls eingreifend) oder schließlich zur von ihm unabhängigen Steuerung von mäßig komplexen monodirektionalen Fahraktivitäten (wie bei der Aufgabe Abstandhaltung: Geschwindigkeitsreduzierung bis zur Notfallbremsung) beinhaltet (siehe dazu die Einstufung nach *SAE-Levels*, 21). Wird die Lenker-Präsenz (81) aber zeitweilig ausgesetzt, treten die Stufen zur *Autonomisierung der Fahrzeugbewegungen* (23) ein, die im öffentlichen Straßenverkehr („on road", 108) hochkomplexe Anforderungen an die Automat-Kette stellt, weil laufend algorithmisch Szenarien zu Interaktionen mit anderen adjazenten Verkehrsteilnehmern errechnet und Entscheidungen über die Laufwegbahnung (78) sowie für die Steuerungsbefehle getroffen werden müssten.

➤ **Automat-Kette* (fahrzeuginhärente…)**

Die Automatkette beschreibt alle zur letztendlichen Steuerung eines Fahrzeuges wirkenden Automatisierungsfunktionalitäten in ihren konduktativen und konsekutiven Beziehungen in Bezug auf die *Detektion* (43) von Objekten entlang des Laufweges, die *Interpretation* der sensorischen Signale, die *Integration* exogener Datentransfers und die interne *Erfahrungsspeicherung*. Alles das dient der sogenannten *Datenfusion* (36) zur *Prädiktion* der Bewegungssituation auf dem Fahrweg als permanente *Szenariengenerierung* (117) für die nächsten Sekunden der Fahrt. Wodurch am Ende dieser Kette die Entscheidung über die Art der Laufwegbahnung (78) als bestbewertete Auswahl von alternativen Handlungsoptionen steht, die in Steuerungsbefehle an Fahrwerk und Antriebsstrang umgesetzt wird. Dieser Ablauf unterscheidet sich nicht grundsätzlich von den kognitiven Leistungen eines Kfz-Lenkers.

So besteht die Automat-Kette gerafft gesprochen aus den ***Gliedern im Steuerungsprozess***: *Detektion (Objektwahrnehmung 43), Interpretation (Bilddeutung), Prädiktion (Situations-Vorherschau 94), Dezision (Ent-*

scheidungsfindung), Steering & Control (Steuerung von Fahrwerk und Antrieb). Dabei wird jeder Aufgabenbereich in Hinblick auf die rein <u>technische Funktionalität</u> (Einsatzfähigkeit 46), die <u>logische Validität</u> (Regelkonformität, Fahrstil-Konditionierung 71) und die <u>Konsequenzen auf das Verkehrsgeschehen</u> (Verkehrstauglichkeit 143) seitens der Hardware nach Leistungsparametern und seitens der Software nach den zugrunde liegenden Modellierungen der Algorithmik verknüpft als *Automat-System* prüfend zu betrachten sein.

Der Nachweis der Gleichwertigkeit oder gar der Überlegenheit des Automat-Systems gegenüber der humanen Kfz-Steuerung wird erst in noch nicht klar absehbarer Zukunft zu erbringen sein. Eine der Erwartungen bezieht sich auf die *Harmonisierung der Verkehrsabläufe* in Hinblick auf die Verkehrssicherheit und die Kapazitätsauslastung der Fahrwege, wenn Regulative nicht nur streng eingehalten werden, sondern auch im Sinne einer „Verkehrsmodulation" (138) flexibel nach unten, das betrifft etwa die Fließgeschwindigkeit, angepasst werden (s. Szenenfeldkonstruktion 115). Dadurch könnte vielleicht der Anspruch einer größeren Verlässlichkeit im Verkehrsgeschehen (gemäß den drei Leitsätzen der StVO 108) und einer gesteigerten Verträglichkeit im Straßenverkehr mit anderen verkehrsteilnehmenden Gruppen eingelöst werden.

– Automat-System des Kraftfahrzeuges:

Während es sich bei der oben definierten Automat-Kette um die Kfz-inhärenten Entscheidungs- und Steuerungsvorgänge, in der Art einer Befehlskette, handelt, erweitert der Begriff Automat-System die Wirkungsweise um die aktiven *Außen-Beziehungen* und Interdependenzen innerhalb eines dynamischen Interaktionsraumes (65) eines momentanen *Zufallskollektives* (152) von Kfz auf der Fahrbahn. Dazu gehört der Datenaustausch mit anderen (jedenfalls adjazenten) Kraftfahrzeugen und mit der verkehrsleitenden Infrastruktur der Fahrwege, sofern sie für die *Interkonnektivität* (68) ausgerüstet sein sollten (s. Darst. 30).

Datenaustausch bedeutet aber noch viel mehr, denn im dichten Verkehrsfluss sind bei abnehmender Zahl der Handlungsoptionen (s. Darst. 23, vgl. Szenenfelder 115 f.) bei der Laufwegbahnung (78) exogen ausgelöste Abstimmungen und *Priorisierungsregeln* zwischen den Kraftfahrzeugen nötig, die nicht nur die antriebsstärksten Verkehrsteilnehmer mit ihren Premiummodellen bevorzugen. Damit nicht ansonst regelmäßig ein Bulk unterprivilegierter, weil minderausgerüsteter Kfz auf einem Fahrstreifen zurückbleibt. Das könnte auf ein *Verkehrsflussprinzip* „first-in-first-out" an einer Interaktionsbox bzw. Fahrwegkante (64, 52) hinauslaufen, wirft aber ferner die grundsätzliche Frage nach dem Umgang mit einem vielfältigen Kfz-Mix (86) auf.

- **Automatisierungslevel (-stufe)** *(= "SAE-Level")* **des Kraftfahrzeuges:**

Auf der Road Map der fahrzeugseitigen Automatisierung sind fünf Entwicklungsstufen (gemäß den US-Standards der Society Automotive Engineering als *SAE-Levels* bezeichnet) definiert. Davon sind nunmehr die den Lenker hoch unterstützende Automatisierung (Level 3) über die den Lenker zeitweilig befreiende teilautonome Fahrweise (Level 4) bis zur lenkerlosen ("driverless") vollen Autonomie des Fahrzeugbetriebes (Level 5) von Belang. Letzten Endes würde das in einen personallosen oder gar insassenfreien robotisierten Fahrbetrieb münden. Je höher der Automat-Level am Fahrzeug ist, desto mehr steigt der Bedarf an Datenaustausch, also an *Interkonnektivität* (68) mit adjazenten Fahrzeugen *(vehicle[s]-to-vehicle[s] = v2v)* im Verkehrsstrom und mit Verkehrsbeeinflussungsanlagen der Fahrweginfrastruktur *(vehicle[s]-to-infrastructure = v2i resp. i2v)*. Aber auch aus der durchfahrenen Umgebung (129) können sich Fahrzeuge aus Anlagen des ruhenden Verkehrs in den Verkehrsfluss einflechten, womit private Anlagen involviert sein könnten.

Außerdem muss das Kfz-inhärente (= on board) Automatsystem mögliche Hindernisse und vor allem andere nicht ein Kfz benutzende Verkehrsteilnehmer erkennen, was mit der Formel *v2x* summarisch wiedergegeben wird, aber einer sensitiven Differenzierung bedürfen wird (s. Bewegungskörper 26 ff.). Das betrifft nicht nur warnende Funktionalitäten, etwa zur Überwachung des toten Sichtwinkels, und auf die Fahrdynamik eingreifende Funktionalitäten, wie Notstopp vor Hindernissen stationärer, sich bewegender bzw. lebendiger Art, sondern auch die Prädiktion von Bewegungsäußerungen (27, 94) durch die Kfz-inhärente Automat-Kette (120).

Zur Kategorisierung von Kraftfahrzeugen (54) in Hinblick auf den jeweiligen Automatisierungsgrad wird hier hochgestellt zur Lenkerberechtigungsklasse (B, C, D u.s.f.) der Zusatz a0 bis a6 angewendet, also z.B. für einen hochautomatisierten, aber noch nicht autonomisierten Mittelklasse-Pkw = $B_2{}^{a3}$ (s. Darst. 1 u. 6). Die Leistungs- und Nutzklasse wird tiefgestellt ansteigend nummeriert gekennzeichnet (siehe auch unter Bewegungspotenzial des Kfz-Musters, 27, 74). Diese Art der Klassifizierung ist pragmatisch zur schnellen Identifizierung und groben Vergleichbarkeit gewählt. Solchen Kfz-Klassen können Kraftfahrzeugmuster (74) und Markenmodelle der Automobilhersteller beispielhaft zugeordnet werden.

- **Automatisierungsgrad des Kraftfahrzeugbestandes:**

In diesem Kontext ist zweierlei von Belang. Zum Ersten ist es die Durchmischung (Fahrzeug-Mix 86) des Verkehrsstromes mit Kraftfahrzeugen unterschiedlicher Automatisierungslevels und zum Zweiten, wie sich die Interaktionen zwischen adjazenten Fahrzeugen darstellen werden, wenn nicht jeder Kfz-Lenker voll präsent, also handlungsmächtig sein muss. Das betrifft also den Übergang von der hochautomatisierten Fahrweise (Level a3) zum autonomisierten Fahrmodus (Level a4) und die entscheidende Frage, wie die höchstausgerüsteten Fahrzeuge in dieser Hinsicht konditioniert (72) werden sollen, ohne die Fahrbewegungen der minderausgestatteten Verkehrsteilnehmer unangemessen zu benachteiligen. Damit wird eine heikle verkehrspolitische Angelegenheit thematisiert, wie der *Straßenkraftfahrbetrieb* (106) einerseits und der *Straßenverkehr* (108) unter Teilnahme aller Mobilitätsgruppen andererseits hinkünftig rechtlich geregelt und verkehrsorganisatorisch gestaltet werden soll, wenn noch der Automatisierungslevel als Merkmalsbündel für das Fahrverhalten dazutritt.

– **Automatisierung des Straßenfahrbetriebes:**

Dabei werden die Wechselwirkungen zwischen den interagierenden Fahrzeugen in einem *Zufallskollektiv* (152) bzw. *dynamischen Interaktionsraum* (65, „Sailing Interaction Space") auf der Fahrbahn in Bezug auf die Wirkungsweise der Automatisierungsfunktionalitäten der Interakteure betrachtet. Man könnte das als „Heimspiel" der Kraftfahrer bezeichnen, wenn sie nicht durch nichtautomatisierte Verkehrsteilnehmer irritiert werden. Deswegen wird manchmal seitens des Automotiv-Milieus auch die Forderung laut, die *Bewegungsräume der Mobilitätsgruppen* (33 f.) strikter als bisher verkehrsfunktionell zu trennen. Dazu wird oftmals mit den Verkehrslösungen in Fernost als Musterbeispiele argumentiert. Aufgrund der zeitlich unterschiedlichen Belastung der Fahrwege kann vor allem im höherrangigen Hauptstraßennetz ein kapazitives Verkehrsmanagement durch den Netzbetreiber erforderlich sein, wie es in vielen Großstädten und auf vielen Fernverkehrsstrecken längst eingerichtet wurde, ohne jedoch bisher in die individuelle Fahrzeugführung direkt dynamisch einzugreifen. Punktuell werden technische Lösungen beispielsweise an Straßenknoten ausprobiert, wobei es aber noch an I2V-fähigen Fahrzeugen (68) mangelt.

> **Autonomie**

Autonomie bedeutet schlichtweg die Handlungsvollmacht eines verkehrsteilnehmenden Bewegungskörpers (26), sein Verhalten selbst zu steuern. Das kann im Falle eines Kfz ein humaner Entscheidungsträger, also ein Lenker, tun oder im Zusammenwirken mit der installierten Automat-Kette (19) geschehen oder dieser je nach Konditionierung (71) des Automat-Systems überlassen werden. Das schließt regelkonformes, aber auch, wenngleich unerwünscht, regelwidriges oder risikoreiches Handeln ein. Populär und medienwirksam wird „Autonomes Fahren" als vom Kfz-Lenker unabhängige Bewegung eines Kfz auf der Fahrbahn verstanden, was jedoch hier sachlich differenzierter abgehandelt wird (Autarkie 17, Automatisierungs-Level 21, Lenker-Präsenz 81, Verkehrsteilnahme-Modus 144).

➤ Autonomisierung des Kraftfahrbetriebes

Darunter wird hier die Befähigung und Aufrüstung von Kraftfahrzeugen zur vom Kfz-Lenker unabhängigen Steuerung der Fahrdynamik zur Laufwegbahnung (78) verstanden. Dabei kann es sich um einen *teilautonomen Fahrmodus* auf geeigneten Fahrwegen oder schließlich um einen *vollautonomen Fahrmodus* ohne zwingende Präsenz eines Kfz-Lenkers (73) auf allen vorgesehenen Fahrwegen handeln. Das korrespondiert mit den SAE-Levels 4 und 5 (21). Wenn allerdings durch eine interkonnektive Fernsteuerung das Fahrzeug von einer Zentrale aus gesteuert wird, ist die „Autonomie" der Fahrzeugbewegung nicht mehr gegeben. Es handelt sich dann letzten Endes um eine „De-Autonomisierung" (40).

Eine Autonomisierung von Kraftfahrzeugen geschieht mit der Absicht der *Entpersonalisierung des Kraftfahrbetriebes*, was als Kundennutzen vermarktet werden soll. Das **Kfz-seitige Autonomisierungspotenzial** zur Realisierung der fahrdynamischen Wirkungsweise hängt limitiert vom Bewegungspotenzial des Kfz ab, also von den Grenzen der fahrdynamischen Leistungscharakteristik (s. Darst. 1) wie sie beispielsweise in Motorkennfeldern und durch motorische Leistungsparameter zum Drehmoment (in Newtonmeter) abgebildet wird.

➤ Bauflucht (≈ Gebäude-Kulisse)

Dieser der Städtebau-Terminologie entnommene Fachbegriff beschreibt den Verlauf (Baufluchtlinie) der einen *Straßenraum* (107) begleitenden Gebäudestrukturen und ihre nach außen sichtbare Nutzung. Diese bilden den optischen Abschluss oder den Blickfang für die Wahrnehmungen bei der Laufwegbahnung (78) unabhängig von der Relevanz derselben für die Fahrzeugsteuerung (Darst. 4). Durch Spiegelungen und Blendungen von Glas- und Metallfassaden oder durch die die optische Aufmerksamkeit ablenkenden Werbeeinrichtungen können *Detektionstäuschungen* aus der Kulisse entstehen, die das automatisierte Fahren erschweren könnten.

Bild 4-6: Straßenraumbildende Baufluchten als Begrenzung der Detektion und Interventionsquelle

Außerdem stellen manche Gebäudefronten Quellen für verkehrsrelevante Interventionen dar, wenn aus privaten Verkehrsflächen Fahrzeuge auf die öffentliche Verkehrsfläche zufahren (wie bei Tiefgaragenausfahrten) oder

Passanten von dort unerwartet auf die Fahrbahn treten. Daraus resultieren für den Fließverkehr *„Intervenierte Interaktionsräume"* (68), die bei der Automatisierung des Straßenkraftfahrbetriebes (106) besonderer Vorkehrungen bedürfen werden (s. Darst. 10).

➢ Befahrbarkeit = Befahrungsbedingungen des Fahrweges

Damit werden als Oberbegriff zusammenfassend alle exogenen, also unveränderlichen Randbedingungen für eine Fahrzeugbewegung entlang eines Fahrweges beschrieben, die aus folgenden Sachverhalten resultieren:

– Verkehrstopographie (trassierungsbedingte..., 146):

Das betrifft insbesondere die *Längsneigungen* mit Kuppen- und Wannen-Abschnitten der Fahrbahn und die *Kurvigkeit* des Fahrweges mit seinen Querneigungs- und Richtungswechseln. Diese Faktoren verändern die Parameter der Fahrdynamik (z.B. verlängerte Bremswege, Wahl der Gangschaltung), aber auch die *Wahrnehmungsfelder* und „Brennpunktachsen" der Sensorik für die Detektion (104, 44). Besondere Verhältnisse können sich auf Brücken (z.B. durch Seitenwind), in Tunnel (u.a. durch die künstliche Beleuchtung) und entlang sonstiger Kunstbauten (Dämme, Einschnitte, Hanganschnitte) ergeben, wo sich die akuten Fahrbahnbedingungen klein-klimatisch bedingt und hinsichtlich der Belichtung abwechseln.

– Örtliche Regulierungen (umgebungs- und netzbedingte..., 96):

Diese Verbote und Gebote sowie Hinweise zur informativen Wahrnehmung örtlicher Besonderheiten (wie Spitalszeichen) werden zumeist zur Vermeidung oder Entschärfung kritischer Interaktionsräume (68) auf der Fahrbahn oder im Zuge der Fahrwegkante (52) mittels Verkehrszeichen, Bodenmarkierungen, baulicher Maßnahmen, wie Querungshilfen für Fußgänger, oder durch Lichtsignalisierung zur Verkehrslenkung und Verkehrsmodulation (138) gekennzeichnet. Sie können zur Erhöhung der Verkehrssicherheit oder zur Verkehrsberuhigung vor kritischen Standorten dienen, wie vor Schulen, Spitälern oder sonstigen Sozialeinrichtungen. Außerdem wird dadurch für eine Kanalisierung und Laufwegsortierung (79) im Bereich von stark befahrenen Knoten oder vor Verengungen im Fahrbahnprofil gesorgt, wie eine Gegenverkehrsregelung vor Engstellen oder zur Gewährleistung des Reißverschlusssystems bei einer Fahrstreifenreduzierung (örtliche Regulationen 96). Die rechtzeitige Ankündigung von Bahnübergängen (österr. Eisenbahnkreuzungen) gehört ebenso dazu.

– Fahrwegkapazität:

Die Leistungsfähigkeit eines Fahrweges oder eines Fahrwegkantenzuges lässt sich näherungsweise anhand der Fahrstreifenanzahl (Streifigkeit 109) und den Knotenpunktabständen im Straßennetz sowie an der zulässigen bzw. erreichbaren Fahrgeschwindigkeit aufgrund der Trassierung eruieren.

In Hinblick auf die Straßenkategorisierung (105) gibt es Erfahrungswerte aus der Verkehrsbeobachtung. Eine eindeutige Berechnung der Fahrwegkapazität ist kaum möglich, da der Mix an Kraftfahrzeugen und an weiteren Verkehrsteilnehmern wesentlich die Kapazitätsausschöpfung beeinflusst, ganz abgesehen von örtlichen Regelungen und Eigenarten entlang des Fahrweges sowie von auffälligem Fahrverhalten einzelner Kfz.

- **Straßenzustand (allgemeiner…):**

In Hinblick auf automatisiert unterstützte oder autonomisierte Fahrzeugbewegungen sind es vor allem die für die Befahrbarkeit relevanten *Verschleißerscheinungen* an der Fahrbahndecke (wie Spurrillen) und *Abweichungen von den Trassierungsnormen* (wie enge Bögen mit reduzierten Übergängen, abrupte Neigungswechsel oder entstandene Wannen durch Absenkungen) im Fahrwegverlauf von Relevanz. Solche kleinräumigen Eigenarten des Fahrweges können von Zeit zu Zeit vermessungstechnisch aufgenommen und in ein Verkehrsinformationssystem eingespeist werden, um an die Kraftfahrzeuge kommuniziert zu werden. Empfänger kann der Kfz-Lenker und/oder das Automat-System des entsprechend ausgerüsteten Kraftfahrzeuges sein. Überdies können Sensoren im Fahrwerk des Kfz umgekehrt auch als Datenlieferanten fungieren.

- **Fahrbahnzustand (temporärer…):**

Während der Straßenzustand in der Hauptsache Auskunft über die schleichenden Verschleißerscheinungen und die erforderlichen Instandhaltungsmaßnahmen des Fahrweges gibt und nur einen generellen Rahmen für die fahrdynamische Strategie der Kraftfahrzeuge darstellt, hängt der Fahrbahnzustand von einem Bündel rasch veränderlicher Faktoren ab. Diese Faktoren können vor allem *witterungsbedingt* (Nässe, Eisglätte), *naturbedingt* (Laub u.a.) sowie *umgebungsbedingt* (Erde, Sand, Staub, Steinschlag etc.) auftreten und im Zusammenspiel mit der Beschaffenheit der Fahrbahndecke die Bedingungen für die Fahrdynamik erheblich beeinflussen (Aquaplaning, verringerter Gleitreibungsbeiwert bei schmierigen Verunreinigungen u.ä.). Damit kann sich die von einem Verkehrsteilnehmer beanspruchte *Sicherheitsblase* (104) für die Laufwegbahnung (78) vergrößern (s. Darst. 7).

Die Feststellung des akuten Fahrbahnzustandes kann von den in einer Fahrwegkante unterwegs befindlichen Kraftfahrzeugen, z.B. über ihre Sensorik im Fahrwerk, erfolgen. Das dient dann zunächst der Modulation der eigenen Fahrdynamik. Solche Zustandsdaten könnten bei potenziellen Gefährdungen an eine Verkehrsinformationszentrale laufend gemeldet und über diesen „Umweg" an andere Verkehrsteilnehmer kommuniziert werden. Im Zuge einer dezentralen Vernetzung könnte das alternativ für eine Fahrwegkante (52) auch „interkonnektiv" zwischen den Fahrzeugen im Verkehrsfluss geschehen. Der zweckmäßige Aufwand hierfür ist aber abzuschätzen. Schließlich können exponierte Streckenabschnitte ständig über stationäre Sensoren überwacht werden (wie Wannen in Kaltluftseen, Brücken mit Eissturmgefahr, Nebelwände in Talungen), von denen erfahrungsgemäß bei Erreichen gewisser Temperatur-Schwellenwerte oder bei ortstypischen Wetterlagen Erschwernisse ausgehen.

➢ Bewegungsbahn (= Trajektorie)

In der *Vorausschau* (Prädiktion 94) zur Laufwegbahnung (78) handelt es sich um einen Trajektorienraum (127), der das für die Fahrzeugbewegung in den nächsten Sekunden offene Vorderfeld (150) auf der Fahrbahn beschreibt, innerhalb dessen kann eine „Schwerelinie" gezogen werden, die die Wahrscheinlichkeit der Bewegungsbahn postuliert. In der *Nachschau* können die eingeschlagenen und beobachteten Trajektorien dokumentiert und die Häufigkeit ihrer Abweichungen von einer Ideallinie festgestellt werden. Diese Sichtweise gilt jedoch nur eingeschränkt für die anderen verkehrsteilnehmenden Gruppen.

➢ Bewegungskörper*

Dieser Oberbegriff wird verwendet, damit alle sich in irgendeiner Weise passiv oder aktiv bewegenden Objekte jeglicher optisch wahrnehmbarer Größe (ab welcher Dimension?) entlang eines Fahrweges auf seiner Fläche oder in seinem Lichtraumprofil phänologisch erfasst und zum Zielobjekt der Detektion (43) gemacht werden können.

– Verkehrsteilnehmende Bewegungskörper:

Dazu zählen alle prinzipiell zur Verkehrsteilnahme zugelassenen und aktiven Mobilitätsgruppen, ungeachtet dessen, ob sie sich regelkonform oder regelwidrig auf einer Verkehrsfläche verhalten und welcher Verkehrshilfsmittel sie sich bedienen. Dazu könnten künftig (Zulassung vorausgesetzt) auch ein autonomes Verkehrsmittel, ein Roboter oder eine selbstfahrende personallose Arbeitsmaschine auf einer öffentlichen Verkehrsfläche zählen, wenn Fahrzeughalter sie einsetzen wollten.

– Nicht-verkehrsteilnehmende Lebewesen als Bewegungskörper:

Dabei handelt sich um Tiere, die auf den Fahrweg oder in den lichten Raum eines Fahrweges geraten, aber auf Gefahren prinzipiell irgendwie artbedingt reagieren können, was sie zumeist für die Prädiktion (94) eher unberechenbarer macht.

– Sonstige nicht-verkehrsteilnehmende Bewegungskörper:

Das sind leblose Störkörper, die aufgewirbelt, verweht oder als losgelöste Teile einer Ladung oder eines schadhaften Fahrzeuges auf den Fahrweg gelangen. Solche Störkörper sind wenn möglich zu erkennen, ob von ihnen eine kollisive Schadwirkung ausgehen kann, wie bei „festen" biogenen (Holz), mineralischen (Steine) oder metallischen Körpern (wie Felgen), oder ob Sichtbehinderungen die Folge sein können (bei Planen, Säcke u. dgl.). Die *Prädiktion* (94) müsste diesfalls nicht nur die räumliche Dynamik der Störkörper sondern auch das Reaktionsverhalten adjazenter Fahrzeuge in die Entscheidung über das abwehrende Fahrmanöver (50) miteinbeziehen. Derartig plötzliche Ereignisse werden nicht immer durch eine *"Human-Machine-Interaction"* (62) bewältigt werden können.

➤ Bewegungspotenzial (eines verkehrsteilnehmenden Bewegungskörpers)

Diesbezüglich sind grundsätzlich alle verkehrsteilnehmenden Mobilitätsgruppen, ob motorisiert oder mit menschlicher Kraft allein oder mit einem Verkehrshilfsmittel (136) unterwegs, angesprochen. Der Oberbegriff Bewegungspotenzial beinhaltet sowohl die physikalischen Möglichkeiten der *Kraftentfaltung* zur Fortbewegung auf der Fahrbahn als auch die der *Beweglichkeit* in räumlich-mechanischer Hinsicht auf der Verkehrsfläche als Aktionsraum für die Laufwegbahnung (78). Eine besondere Rolle spielt bei der prädiktiven Vorausberechnung ihrer Laufwege die Verhaltenseinschätzung der Beweglichkeit von verkehrsteilnehmenden Gruppen außerhalb des Straßenkraftfahrbetriebes (106).

Gemeint ist damit die Berechenbarkeit ihrer Bewegungsdynamik in Hinblick auf die Geschwindigkeit und Linienführung der Fortbewegung mit Bedacht auf gruppenspezifische Bewegungsäußerungen. Diese Parameter lassen zwar plausible Grenzwerte vermuten, aber durch die Benutzung zeitgemäßer unangetriebener (wie Skateboards) oder angetriebener *Verkehrshilfsmittel* (136, oder doch schon Kraftfahrzeuge?, wie E-Scooter) gestaltet sich die permanent-momentane Vorhersage doch hochkomplex, da eine pure Extrapolation ihrer Laufwege nur bei gut organisierten Verkehrsflächen und bei regelkonformem Verhalten der Opponenten (92) funktioniert.

– Bewegungsäußerungen:

Die Typologie der verkehrsteilnehmenden Mobilitätsgruppen mit ihren unterschiedlichen Bewegungspotenzialen (27) und Verkehrsmächtigkeiten (140) lässt sich zunächst in die Obergruppen *motorisiert, schwach motorisiert* (= menschlich bewegt, aber motorisch unterstützt) und *nicht motorisiert* (= menschlich bewegt, aber mechanisch unterstützt) sowie *ohne jegliches Verkehrshilfsmittel mobil* einteilen.

Ein Fahrzeug ist dann gegeben, wenn es dem Menschen ohne Bodenkontakt seinerseits während seiner Fortbewegung (Fahrt) dient, also rollfähig ist. Das gilt neuerdings auch für elektrisch angetriebene Rollstühle oder Street-Scooter, denen nicht der Status eines klassischen Kraftfahrzeuges zugeschrieben wird, aber auch für Fahrräder aller Art, nicht zuletzt, weil sie Teil des Straßenverkehrs (108) sind. Für das erwartbare Bewegungsverhalten eines Verkehrsteilnehmers reicht diese Differenzierung jedoch bei Weitem nicht aus.

In Bezug auf den *Kraftfahrbetrieb* (72) können die üblichen Leistungsparameter der Fahrzeugdynamik, wie die erreichbare Geschwindigkeit, das höchste Drehmoment als Maß der Kraftentfaltung, das Beschleunigungs- und vor allem Bremsvermögen („von 0 auf 100 und wieder auf 0") sowie die fahrbaren Mindest-Bogenhalbmesser und Schleppkurven bei ein- oder mehrgliedrigen Fahrzeugen zu Grunde gelegt werden. Damit kann das *Bewegungspotenzial eines Kraftfahrzeugmusters* (27, 74) in Bezug auf das Bewegungsverhalten im Verkehrsfluss katalogisiert werden.

Die *Straßenlage* (106) der Bewegungskörper kann bei Fahrzeugen grob mit einspurigen und zweispurigen Fahrzeugen unterschieden werden sowie des Weiteren mit mehrgliedrigen Kfz (Zugmaschine mit Anhänger oder Trailer, Glieder-Busse). Wenn von letzteren in Bogenfahrten eingelenkt wird, sind das Wankverhalten und die benötigten Schleppkurven mindestens mit zu bedenken (vgl. Bild 20).

Dabei handelt es sich um klassische technische Parameter, die standardisiert und normiert sind, aber nur den Rahmen für das *Bewegungspotenzial* abgeben, innerhalb dessen sich *Bewegungsäußerungen* abspielen können. In welchem Ausmaß dieses Bewegungspotenzial ausgeschöpft wird, hängt von vielen Einflussfaktoren ab, wie der Konditionierung (71), dem Fahrtzweck (51), dem Kfz-Muster (74) oder der Verkehrsmächtigkeit (140), und natürlich davon, welcher psychologisch veranlagte Typ von Kfz-Lenker für die Kfz-Steuerung verantwortlich ist.

In Darstellung 1 wird dieser Systemzusammenhang zwischen dem *fahrzeugtechnologischen Leistungsspektrum* von Kraftfahrzeugmustern (74), wie sie am Markt angeboten werden, und ihrem *Autonomisierungspotenzial* grundsätzlich aufgezeigt und eine Einordnung in eine Kfz-Klassifizierung (53) als Ansatz vorgeschlagen. Entscheidend dabei ist, wie ausgereift und weitreichend die Automat-Kette (19) im Kraftfahrzeug wirksam werden kann, die zur prädiktiven Szenariengenerierung (117) befähigt sein muss, um autonomisierte Fahrzeugbewegungen zur Laufwegbahnung (78) verkehrstauglich ausführen zu können.

Damit kommt auch die Rolle des Kfz-Lenkers (73) ins Spiel, welche Einflussmöglichkeiten er/sie auf die Funktionalitäten der Automat-Kette ausüben kann und welche Formen der Interkonnektivität (68) sowie welche Art der Verkehrsteilnahme (144) des Kfz als Bewegungskörper realisiert werden sollen.

Darst. 1: Konstitutive Faktoren des Bewegungspotenzials eines Kraftfahrzeug-musters zur Automatisierung bzw. Autonomisierung des Kraftfahrbetriebes

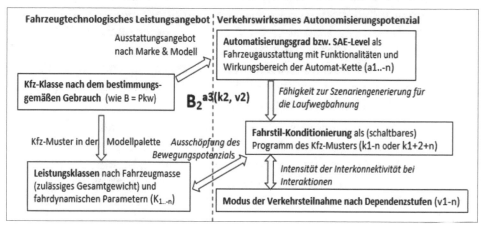

– Kfz-inhärentes Bewegungspotenzial:

Die Möglichkeiten die Fahrdynamik von Kraftfahrzeugen auf der Fahrbahn zu entfalten, hängt einerseits von der Vielzahl der am Markt angebotenen Kraftfahrzeugmuster und ihren jeweiligen Leistungskennwerten (wie Drehmoment, Beschleunigungs- und Bremskurven, Wendekreis u.a.m.) ab, die in ihren Eigenheiten in Hinblick auf die Prädiktion (94) ihres Bewegungsverhaltens bei Interaktionen zu charakterisieren wären. Die *Programmierung der Assistenzsysteme* (es sind eigentlich Funktionalitäten, da sie als System noch nicht umfassend zusammenwirken) und die *Konditionierung der Automat-Kette* (72, 19) sollten die Leistungsentfaltung dahingehend modulieren, dass ein konfliktarmer Straßenkraftfahrbetrieb (106) gewährleistet werden kann. Inwiefern ein *Fahrbetriebsmodus* (48) nach Fahrtzweck (51) und Routenplanung vom Kfz-Führer eingestellt werden kann, wird sich aufgrund der weiteren Technologieentwicklung und der eingeschlagenen Marktstrategien der Hersteller noch herausstellen.

– Bewegungsverhalten verletzlicher Verkehrsteilnehmer*innen:

Hingegen ist das Bewegungsverhalten bei *schwach bzw. nicht motorisierten Verkehrsteilnehmern*, die meist auf zwei Beinen oder einspurig auf Fahrrädern unterwegs sind und deren Bewegungspotenzial stark von ihrer individuellen körperlichen und kognitiven Konstitution abhängt, naturgemäß vielfältiger im Detail und daher schwerer standardisiert zu erfassen als bei genormten Kraftfahrzeugen. Diese, auch deswegen als *verletzliche Verkehrsteilnehmer*innen* (149), apostrophierte Gruppe prägt auf ihren Laufwegen eine Fülle an (hier deswegen so bezeichneten) Bewegungsäußerungen (27) aus. Diese sind in der Vorausschau bei Interaktionen mit erheblichen Ungewissenheiten verbunden.

Erfahrene Kfz-Lenker*innen werden dabei brems-, anhalte- oder ausweichbereit sein. Es stellen sich aber mit der Automatisierung des Kraftfahrbetriebes möglicherweise Grauzonen der Straßenverkehrsregeln heraus. Etwa, ab wann soll ein abbiegendes Kfz an einer noch am Schutzweg (vorausgesetzt bei Grünfreigabe bzw. in der folgenden Räumzeit) befindlichen Person vorbeifahren dürfen; erst recht, wenn man bedenkt, die Person könnte stehen bleiben (wie eine gebrechliche Person) oder gar spontan kehrt machen (wie eine vergessliche Person).

Außerdem kann ein gewisses „Rudelverhalten" beobachtet werden, wenn sich Einzelne an einer vorauseilenden Person orientieren, die nicht bekannt sein muss, oder in der Gruppe bewegen, um die mangelnde „Verkehrsmächtigkeit" als einzelner Verkehrsteilnehmer gewissermaßen zu kompensieren. Die Beobachtungsmethode erbringt diesbezüglich unterschiedliche Erkenntnisse, je nach dem, ob es sich um ein Video-Monitoring aus der Vogelperspektive, eine teilnehmende Laufweganalyse (78) oder eine stationäre Aufnahmekamera zu verschiedenen Tageszeitfenstern handelt. Übrigens sind die unterschiedlichen Bodenmarkierungen für Schutzwege je nach nationaler Straßenverkehrsordnung (links und mittig Österreich) zu beachten.

Bild 7-9: Beobachtungsweisen zum Bewegungsverhalten von Zufußgehenden auf lichtsignalgeregelten Schutzwegen

– Bewegungsfluss (eines Bewegungskörpers im Straßenverkehr):

Die Kontinuität der Bewegungsäußerungen (27) ohne grobe Brüche in Bezug auf die Vorwärtsgeschwindigkeit und den Trajektorienverlauf begünstigt die Prädiktion (= Vorausberechnung 94) des bevorstehenden Bewegungs- bzw. Fahrverhaltens adjazenter bzw. opponenter Verkehrsteilnehmer im Richtungsverkehr im Fließverkehr. Je geschmeidiger, also gerundeter sich die Fahrmanöver (50) im Weg-Geschwindigkeits- und im Trajektorienverlauf (127) auf der Fahrbahn darstellen, desto geringer ist die Gefahr einer kritischen Annäherung (16) und desto zutreffender kann die Kfz-inhärente Szenariengenerierung (120) für die nächsten Fahrsekunden erfolgen. Das gilt prinzipiell für alle Verkehrssituationen aller Verkehrsteilnehmer, also auch für Gegen- und Querverkehre sowie einfädelnde, zu- oder abfahrende und parallele Verkehre. Dabei kommt der Detektion (43) eine Schlüsselfunktion für die Verlässlichkeit und Vollständigkeit der Erfassung von adjazenten Bewegungskörpern im relevanten Umfeld (128) zu.

Denn allenfalls liefern die Sensoriken unklare Daten, wenn Insuffizienzen (62) einzelner Sensortechnologien nicht bei der Datenfusion (36) ausgeglichen werden können.

Darst. 2: Interakteurs-Relations-Matrix Zu-Fußgehende und Kraftfahrzeuge auf Schnittfläche der Bewegungsräume ohne Automatisierungslevel

Kfz-Klassen auf MIV-Fließverkehrsfläche und Schienenfahrzeuge des ÖPNV	Verkehrsteilnehmende Mobilitätsgruppen als passiv-reagierende Subjekte im überquerenden VLSA-geregelten oder teil- bzw. ungeregelten Verkehrsfluss										
	Personen mit ungehinderter Mobilität			Personen mit gebundener Mobilität					Personen mit Verkehrshilfsmitteln		
	F^1	F^2	F^w	F^3	F^H	F^K	F^{Kw}	F^{wK}	F_r	F_{rs}	F_{sk}
A	A-F^1	A-F^2	A-F^w	A-F^3	A-F^H	A-F^K	A-F^{Kw}	A-F^{wK}	A-F_r	A-F_{rs}	A-F_{sk}
B_1	B_1-F^1	B_1-F^2	B_1-F^w	B_1-F^3	B_1-F^H	B_1-F^K	B_1-F^{Kw}	B_1-F^{wK}	B_1-F_r	B_1-F_{rs}	B_1-F_{sk}
B_2	B_2-F^1	B_2-F^2	B_2-F^w	B_2-F^3	B_2-F^H	B_2-F^K	B_2-F^{Kw}	B_2-F^{wK}	B_2-F_r	B_2-F_{rs}	B_2-F_{sk}
B^p	B^p-F^1	B^p-F^2	B^p-F^w	B^p-F^3	B^p-F^H	B^p-F^K	B^p-F^{Kw}	B^p-F^{wK}	B^p-F_r	B^p-F_{rs}	B^p-F_{sk}
B_3	B_3-F^1	B_3-F^2	B_3-F^w	B_3-F^3	B_3-F^H	B_3-F^K	B_3-F^{Kw}	B_3-F^{wK}	B_3-F_r	B_3-F_{rs}	B_3-F_{sk}
C	C-F^1	C-F^2	C-F^w	C-F^3	C-F^H	C-F^K	C-F^{Kw}	C-F^{wK}	C-F_r	C-F_{rs}	C-F_{sk}
D	D-F^1	D-F^2	D-F^w	D-F^3	D-F^H	D-F^K	D-F^{Kw}	D-F^{wK}	D-F_r	D-F_{rs}	D-F_{sk}
E	E-F^1	E-F^2	E-F^w	E-F^3	E-F^H	E-F^K	E-F^{Kw}	E-F^{wK}	E-F_r	E-F_{rs}	E-F_{sk}
T	T-F^1	T-F^2	T-F^w	T-F^3	T-F^H	T-F^K	T-F^{Kw}	T-F^{wK}	T-F_r	T-F_{rs}	T-F_{sk}
T	T-F^1	T-F^2	T-F^w	T-F^3	T-F^H	T-F^K	T-F^{Kw}	T-F^{wK}	T-F_r	T-F_{rs}	T-F_{sk}

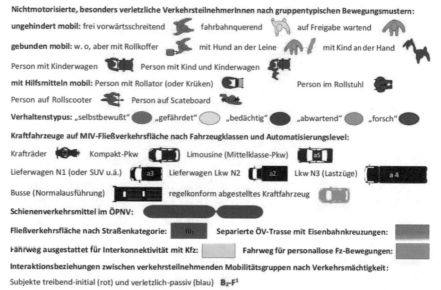

Legende zu den Darstellungen der Interaktionsmatritzen

Nichtmotorisierte, besonders verletzliche VerkehrsteilnehmerInnen nach gruppentypischen Bewegungsmustern:

ungehindert mobil: frei vorwärtsschreitend   fahrbahnquerend   auf Freigabe wartend

gebunden mobil: w. o, aber mit Rollkoffer   mit Hund an der Leine   mit Kind an der Hand

Person mit Kinderwagen   Person mit Kind und Kinderwagen

mit Hilfsmitteln mobil: Person mit Rollator (oder Krüken)   Person im Rollstuhl

Person auf Rollscooter   Person auf Scateboard

Verhaltenstypus: „selbstbewußt"   „gefährdet"   „bedächtig"   „abwartend"   „forsch"

Kraftfahrzeuge auf MIV-Fließverkehrsfläche nach Fahrzeugklassen und Automatisierungslevel:

Krafträder   Kompakt-Pkw   Limousine (Mittelklasse-Pkw) a5

Lieferwagen N1 (oder SUV u.ä.) a3   Lieferwagen Lkw N2 a2   Lkw N3 (Lastzüge) a 4

Busse (Normalausführung)   regelkonform abgestelltes Kraftfahrzeug

Schienenverkehrsmittel im ÖPNV:

Fließverkehrsfläche nach Straßenkategorie: III₂   Separierte ÖV-Trasse mit Eisenbahnkreuzungen:

Fahrweg ausgestattet für Interkonnektivität mit Kfz: Fahrweg für personallose Fz-Bewegungen:

Interaktionsbeziehungen zwischen verkehrsteilnehmenden Mobilitätsgruppen nach Verkehrsmächtigkeit:

Subjekte treibend-initial (rot) und verletzlich-passiv (blau) B_2-F^1

Der Bewegungsfluss enthält große Bandbreiten der Bewegungsäußerungen, die zunächst phänotypisch nach Mobilitätsgruppen (88) zu differenzieren sind und subsequent sodann nach den für die Bewegungsabläufe typischen Merkmalen weiter aufzugliedern sind. Hierzu helfen Matrix-

Grafiken (s. dazu „IARM" 97), um eine Systematik und den Überblick zu wahren (s. Darst. 2). Zuvorderst sind phänotypische Bewegungsäußerungen aus einer ausreichenden Beobachtung in verschiedenen Verkehrssituationen in *kritischen Interaktionsboxen* (64), z.B. zum Fußgängerverhalten auf Schutzwegen an Knoten, zu ungeregelten Fußgängerquerungen im urbanen Straßenraum (107) oder zum Fußverkehrsverhalten im Erschließungsnetz von Wohnquartieren etc.) herauszufinden.

Dabei wird den selten beobachteten Bewegungsäußerungen als *Eventualitäten* (47) besonderes Augenmerk zu schenken sein. Vertiefend sind die systematisierten Bewegungsäußerungen mit der Disposition, also dem Bewegungspotenzial (27) der betroffenen Merkmalsgruppe zu verknüpfen. Soziodemographische Merkmale, wie Altersgruppe, Geschlecht, erkennbare Gebrechen oder sonstige Hinderlichkeiten, nehmen darauf Bezug für eine Zuschreibung. Aber auch die Umgebung (129) mit ihren Nutzungsstrukturen führt zu typischen Ausgangslagen für das Auftreten von gewissen verhaltensstrukturierten Mobilitätsgesellschaften (87).

- **Bewegungsfreiheiten (grundrechtliche…, straßenverkehrsrechtliche…, benutzungsrechtliche…):**

Dazu gehört zuvorderst das Grundrecht, private Grundstücke jederzeit zu verlassen und den *öffentlichen Raum zu benutzen*, allerdings mit der Einschränkung, die örtlichen Regulationen und Wegezuweisungen sowie die Regeln der Straßenverkehrsordnung (StVO 108) bzw. des Straßenverkehrsgesetzes bei der Laufwegbahnung (78) zu beachten, die auch Bestimmungen für nichtmotorisierte Verkehrsteilnehmer enthält, z.B. die Fahrbahnquerung betreffend. Dazu gesellt sich die prinzipielle Freiheit, den *Wege- bzw. Fahrtzweck* (51), die Route bzw. das Ziel der Verkehrsbewegung und das Zeitfenster dafür selbst zu bestimmen, sofern die Ressourcen der Verkehrsinfrastruktur ausreichend verfügbar sind. Dazu gehört des Weiteren die Freiheit der *Verkehrsmittelwahl*, sofern nicht eine bestimmte Lenkerberechtigung für Kraftfahrzeuge zwingend vorgeschrieben ist. Dabei handelt es sich jeweils um geübte Selbstverständlichkeiten.

Wenn jedoch zuweilen aus unvernünftigen Motiven gegen die Regeln der Straßenverkehrsordnung verstoßen wird, ist jedoch zu beachten, dass regelwidriges Verhalten an kritischen Örtlichkeiten des Straßenraumes dennoch vernünftig sein kann. Beispielsweise dann, wenn Radfahrer es vorziehen, den Schutzweg der Fußgänger zu benützen, um an einer Straßenkreuzung die Fahrbahn risiko-mindernd zu queren. Somit kann es vorkommen, dass die Wegebahnung von „verletzlichen Straßenbenützern" ("VRU" 149) nicht leicht vorhersehbar ist, weil die vorgesehene Wegeführung für sie im turbulenten Mischverkehr (84) problematisch zu frequentieren erscheint (Laufweganalyse 78).

Die Bewegungsfreiheiten stoßen bisweilen an kapazitive Grenzen der Fahrwege und müssen in der praktischen Verkehrsabwicklung mit den Freiheiten anderer Verkehrsteilnehmer abgeglichen werden, sofern die regulativen Spielregeln nicht eindeutig festgelegt oder nicht umfassend bekannt sind. Die Bewegungsfreiheiten enden aber dort, wo private Grundeigentumsrechte geltend gemacht werden. Der Grundeigentümer kann Benutzungsrechte auf seinen Wegen einräumen, u.a. mit den Hinweisen verbunden, wie „bis auf Widerruf" oder für den Kraftfahrverkehr „Hier gilt die Straßenverkehrsordnung". Feuerwehrzufahrten sind gesondert geregelt und werden behördlich vorgeschrieben.

Die Ausrüstung mit verschiedenartigen Sensorik-Technologien wirft zudem die Datenschutz-Problematik auf, wenn technisch unbegrenzt private Grundstücke während der Fahrt detektiert werden, soweit ihre Detektionstiefe (44) reicht. Das beginnt schon im Wohnquartier auf den ersten und letzten Metern einer Fahrt, wenn Anwohner bei ihren Tätigkeiten beobachtet werden. Wie werden diese Datenbestände als „Beifang" ausgefiltert?

Neben den Regeln, die die Verkehrssicherheit gewährleisten sollen, etwa eine der Verkehrssituation angepasste Wahl der Fahrgeschwindigkeit und eine angemessene Abstandseinhaltung im Kraftfahrbetrieb (72), wird künftighin die Wahrung der *personalen Integrität* (63) von Mobilitätsgruppen mit geringer Verkehrsmächtigkeit (140) im Verkehrsablauf eine bedeutendere Rolle spielen, wenn es sich um nötigende Interaktionen durch verkehrsmächtigere Straßenbenützer handelt. Das wird die Konditionierung (71) der fahrzeuginhärenten Automat-Kette (19) für den Straßenverkehrsbetrieb (108) betreffen, umso mehr, wenn der Kfz-Lenker von seiner unmittelbaren Verkehrsverantwortung abgelöst werden soll. Zu den bereits geäußerten technologischen Visionen, alle Verkehrsteilnehmer automatisierungsfähig zu funktionalisieren, z.B. durch die verpflichtende Lenkung von Fußgängern über ihr Smart Phone, wird in Hinblick auf grundrechtliche Freiheiten noch für gesellschaftliche Diskussionen sorgen und Anlass für rechtliche Güterabwägungen geben.

➤ Bewegungsräume / Bewegungsflächen von Mobilitätsgruppen

Das sind prinzipiell alle Flächen, die von Mobilitätsgruppen (88) frequentiert werden können, zunächst unabhängig von ihrer regulären Zweckbestimmung als Verkehrsflächen (132). Beim Kraftfahrzeugverkehr (106) sind es daher alle geeigneten Flächen, die von Fahrzeugen, ohne wesentliche Schäden zu riskieren, *befahrbar* und *überfahrbar* sind, weil keine Hindernisse sie zurückhalten würden. Ebenso zählen dazu mehr oder weniger befestigte Flächen, die für die nicht zum Kraftfahrbetrieb gehörigen verkehrsteilnehmenden Gruppen *betretbar* und *begehbar* sind oder mit nicht- oder nur schwach-motorisierten Verkehrshilfsmitteln „*berollbar*" erscheinen. Somit handelt es sich nicht allein um verkehrsorganisatorisch zugewiesene und anlagenbaulich dafür hergerichtete Verkehrsflächen. Die Korrespondenz zwischen den mobilitätsgruppenspezifischen Bewegungs-verhalten und den benutzten Bewegungsräumen ist von vielfältigen Aus-prägungen gekennzeichnet, wobei nicht klar vorhersehbare Interaktionen (Eventualitäten 47) nicht außer Acht bleiben sollten.

Darst. 3: Bewegungsräume der Mobilitätsgruppen an einem Hauptstraßenknoten

für den Fußverkehr bestimmte Verkehrsflächen auf der Fahrbahn

sonstige für den Fußverkehr bestimmte Verkehrsflächen

Bewegungsflächen des regelkonformen Verhaltens des Fußverkehrs

für den Radverkehr bestimmte Verkehrsflächen auf der Fahrbahn

sonstige für den Radverkehr bestimmte Verkehrsflächen

Bewegungsflächen des regelkonformen Verhaltens des Radverkehrs

Bewegungsflächen für den geradeausfahrenden Kfz-Verkehr

Bewegungsflächen für den rechtsabbiegenden Kfz-Verkehr

Bewegungsflächen für den linksabbiegenden Kfz-Verkehr

Bewegungsflächen für den umkehrenden Kfz-Verkehr

Bewegungsflächen für die Straßenbahn

regelkonforme Bewegungsrichtung des Kfz- und Radverkehrs ("Schwerelinie")

häufiges regelwidriges Bewegungsverhalten des Kfz-Verkehrs

Auffächerung des Kfz-Verkehrs auf Fahrstreifen ("Schwerelinie")

mögliche Interaktionen aus Sicht der Kfz-Lenkenden mit Fuß- oder Radverkehr bei regelkonformem Verhalten

Bewegungsrichtung des Fuß- und Radverkehrs bei einer möglichen Interaktion mit dem Kfz-Verkehr

kritische Interaktionsräume für die Szenengenerierung

Darst. 3a: Grünfreigabephasen als Schnittflächenmanagement der Laufwege der Mobilitätsgruppen

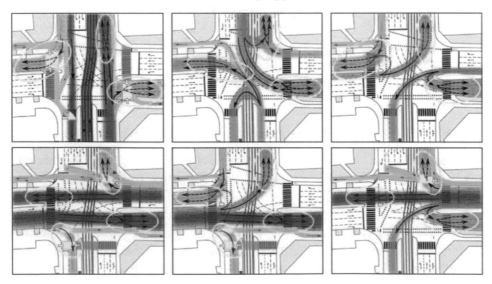

➤ „Control Master" *

Im Bemühen einen neutralen Begriff zu finden, um jene Instanz zu benennen, die für die konkrete Steuerung der Fahrzeuge letztlich „steuerungsmächtig" aktiv ist, unabhängig davon welche Rolle dabei der *M*ensch und welche Rolle die Automatisierung des Kraftfahrbetriebes (19 ff.) einnimmt, wird hierzu der Überbegriff *Control Master* eingeführt.

➤ Daseinsgrundfunktionen

Dieser aus der Sozialgeographie herrührende Begriff bezeichnet alle zweckmäßigen Lebensäußerungen von Individuen, deren Ausübung in der modernen Gesellschaft mit Ortsveränderungen verbunden ist, woraus Wege- bzw. Fahrtzwecke (51) sowie typische Wegeketten (151) abgeleitet werden können. Darunter fallen vor allem regelmäßige und zeitlich konzentrierte Verkehrsbewegungen, wie der Berufs- und Ausbildungspendelverkehr, der Konsum- und Freizeitverkehr oder der Urlaubsreiseverkehr.

➤ *"Data Storage System for Automated Driving" (DSSAD)*

Diese Dokumentationsleitlinie wurde von der für die Harmonisierung der Straßenverkehrsordnungen zuständigen UN-Wirtschaftskommission für Europa (UNECE) den Mitgliedsländern für den Automat-Level 3 (21) empfohlen, und zwar mit folgenden Dokumentationsinhalten (Originalzitat):

- *Activation of the system* (Aktivierung der Kfz-inhärenten Automat-Kette)

- *Deactivation of the system* (Unwirksam-machen der Steuerungsbefehle)

- *Transition Demand by the system* (Übernahmeaufforderung an den Kfz-Lenker, siehe HMI 62)

- *Reduction or suppression of driver input* (Unterdrückung oder Abminderung von Lenker-Tätigkeiten bei dessen Fehlverhalten, wie bei überhöhter Geschwindigkeit?)

- *Emergency Manœuvre* (Notfall-Eingriffe in die Kfz-Steuerung, wie Schnellbremsung bei automatisierter Hinderniserkennung)

- *Involved in a detected collision* (Erkennen und Reagieren auf eine Kollision im Vorderfeld, s. 150)

- *Minimum Risk Manoeuvre engagement by the system* (Defensives Fahren durch Rücksichtnahme 99 in der Konditionierung der Automat-Kette, s. 71, 19)

- *Failures* (Dokumentation bei Einsatz-Versagen oder bei Fehlleistungen durch Mißinterpretationen)

- *DSSAD data shall be available subject to requirements of national law* (Daten-Transparenz für Legistik und Jurisdiktion auf nationaler Ebene, was immer das bedeuten mag.)

➤ Datenfusion

Damit wird verkürzt und manchmal verharmlosend die *Entscheidungs-algorithmik*, die sich der verschiedenen Daten-Inputs zur Szenarienbildung für die individuelle Laufwegbahnung (78) bedient, bezeichnet. Diese *Backend-Software* muss auf allen Stufen der Automat-Kette (19) von der Detektion (43) bis zu den Steuerungsbefehlen in einer Art Befehlskette zur Wirkung kommen, denn ohne die kann eine weitgehende Automatisierung (22) bzw. Autonomisierung (23) des *Kraftfahrbetriebes* (72) nicht operabel gemacht werden. Das wirft Fragen nach der *Konditionierung* (71) der Kfz-inhärenten Automat-Systeme und einer herstellerübergreifenden *Standardisierung* sowie nach der *Transparenz* der Entwicklung hierfür auf.

➤ Datenspeicherung (im Backend der Automat-Kette)

Solche Datenbanken dienen auf allen Stufen der Kfz-inhärenten Automat-Kette der *Fütterung der Entscheidungsalgorithmen* mit Grundlageninformationen. Das führt zu einem enormen Anfall an Datenmengen, die anwendungsorientiert eingeordnet und mit Bewertungsverfahren auf ihre *Verlässlichkeit* und *Wirkmächtigkeit* geprüft werden müssen, was wiederum eigene Software-Packages für die „Datenfusion" auf den jeweiligen Stufen in der Automat-Kette (Detektion → Interpretation → Prädiktion → Dezision → Steering & Control) erforderlich macht.

Im Einzelnen handelt es sich in einer nicht unbedingt erschöpfenden Aufzählung, um folgende *Datenressourcen*, die entweder zeitnah gewartet oder gar permanent gespeist werden müssten, z.B. durch die Kfz-inhärente Sensorik. Dazu zählen auch zusätzliche Daten, die aus der Cloud bei Bedarf abgerufen werden, wie zu aktuellen Witterungsbedingungen. Des Weiteren sollten auch Randinformationen zu exotischen Verkehrsregionen oder Sonderbauwerken bei Bedarf eingespielt werden können (z.B. Regionen mit Linksfahren oder mit nicht UNECE-konformen Signalgebungen oder Straßennetze mit außergewöhnlichen Abweichungen von Trassierungsnormen, mit denen die Detektion 43, nicht klaglos zurechtkommt).

- **Nationale Regularien zum Straßenverkehr für das Fahrzeugmuster („StVO-Länderpakete"):**

Da die Straßenverkehrsordnungen der Nationalstaaten zwar ähnlich, aber in Details doch unterschiedlich geregelt sind, etwa was die generellen Geschwindigkeitslimits auf Straßenkategorien oder die Schaltung der Lichtsignalanlagen betrifft, sollten diese Regularien im Automat-System der Kraftfahrzeuge als *Spezifikationen* länderweise eingespeichert sein, um bei einer Grenzüberfahrt in der Automat-Kette (19) geladen zu werden. Es entstehen somit bei der Automatisierung des Straßenkraftfahrverkehrs gewisse Erfordernisse zur Interoperabilität. Ferner auch, was technischen Lösungen bei der *Interkonnektivität* (68) zwischen den Kfz und mit der

Verkehrsinfrastruktur in Hinblick auf die Autonomisierung der Fahrzeugbewegungen (23) anbelangt.

- **Exogene Daten-Transfers zur Routenplanung und zu örtlichen
  Verkehrsregulierungen:**

Um einen Laufweg schon vor der Befahrung vorausplanen zu können,
benötigt das Automat-System die Einspeisung der relevanten Fahrweg-
Merkmale zur gewählten Route in Hinblick auf den passenden *Fahrbetriebsmodus* (48) entlang von Kantenzügen bzw. Interaktionsboxen (64).
Dabei handelt es sich jedenfalls um die unveränderlichen Merkmale der
Trassierung (wie Längsneigungsprofil, Kurvigkeit und Querneigungen),
der *Fahrweg-Kapazität* (v.a. Streifigkeit, planfrei oder oberflächig ver-
mascht, Knotenabstände) und der fixen *örtlichen Ver- und Gebote.* Allenfalls kann die Phasenregelung der anzutreffenden *Verkehrslichtsignal-
anlagen* (VLSA) als Erweiterung des Navigationstools nützlich sein, wenn
nicht überhaupt interkonnektiv in Echtzeit mit der Lichtsignalanlage (s.
I2V 138) kommuniziert werden sollte.

Des Weiteren können zusätzliche Informationen über örtliche oder regionale Eigenarten der Fahrwege zur problemlosen Bewältigung bei der Laufwegbahnung (78) dienlich sein, damit die vorherkonditionierte Fahrdynamik nicht plötzlich überfordert wird und ihren Dienst versagt. Dazu zählen
„landschaftliche" *Eigenarten,* wie auch nachts ausgeleuchtete Autobahnen
in Belgien, Serpentinenstraßen in Gebirgs- und Steilküstenregionen, Tun-
nel-Brücken-Abfolgen wie in Italien, Chausseen (Schlagschatten durch
Allee, vgl. Bild 91) wie in Frankreich, Parkways (eingebettet in „grünen"
Trögen der Stadtlandschaft) wie in England, mehrstreifige Kreisverkehre
in Ballungsräumen, unübersichtliche historische Siedlungsdurchfahrten
mit wechselnder Profilbreite in Mitteleuropa und dergleichen mehr.

- **Maßzahlen zum Bewegungspotenzial (von verkehrsteilnehmenden Bewegungskörpern):**

Damit nach der *Objekterkennung adjazenter Fahrzeuge oder anderer Verkehrsteilnehmer* eine Abschätzung ihres potenziellen Verhaltens *als Input
für* die Kfz-interne Szenarienbildung (120) zur eigenen Laufwegbahnung
(78) möglich wird, sollten deren „*Grenzwerte" ihres Bewegungspotenzials,*
wie zur Beschleunigung oder Abbremsung bzw. Verlangsamung, und die
dazugehörigen *Erfahrungswerte zu ihren Bewegungsäußerungen* (27) in
einem Datenspeicher (36) hinterlegt sein. Dazu wäre es zunächst erforderlich, zumindest alle gängigen Fahrzeugmuster (74) und darüber hinaus alle
übrigen verkehrsteilnehmenden Bewegungskörper (26), insbesondere die
verletzlichen Verkehrsteilnehmer ("VRU" 149), typologisch zu erfassen,
um deren virtuelle Sicherheitsblasen (104) abschätzen zu können.

Dazu können noch zu beobachtende Besonderheiten treten, wenn
bestimmte Verkehrshilfsmittel (136) benutzt werden und Eigenarten der

Bewegungsäußerungen (27), etwa bei Fußgängern, die plötzlich auf dem Schutzweg stehen bleiben oder kehrt machen, offenbar werden. Sind hingegen solche präventiven Daten nicht imputierbar (= eine Zuschreibung beimessen), dann dürfte das Automat-System des Kraftfahrzeuges seinen Laufweg immer nur spontan-reaktiv mit großen Sicherheitspolstern bahnen. Solcherart würde es nicht gerade ein harmonisches Fahrverhalten auf dem Fahrweg zur Zufriedenheit des Kfz-Halters entfalten.

– Schlüsselmerkmale zur Objekterkennung:

Die Identifikation eines im Umfeld (128) des Fahrweges adjazent (15) auftretenden verkehrsteilnehmenden Bewegungskörpers – dieser muss nur als beweglich und damit als irgendwie reaktionsfähig erkannt werden – ist die Kernaufgabe der Detektion (43), der ersten Stufe im Ablauf der autonomisierten Steuerung zur Laufwegbahnung (78).

Bild 11-12: Objekterkennung als potenzielles Interpretationsproblem

Eine solche Datenbank kann als „*Objektklassifikator*" dienen, wobei das pure „Gestalt-Erkennen" mit qualitativen Zuschreibungen des zu erwartenden Verhaltens versehen werden müsste, damit dann eine Entscheidungsgrundlage gebildet werden kann, die in die Kfz-interne Szenarienbildung (120) für die Laufwegbahnung (78) einfließt. Dabei wird die Bilderkennung nicht immer auf zig-tausende abgespeicherte Objekte und ihre relevanten Kenndaten zurückgreifen können, schon weil die ständige Wartung eine immense Aufgabe darstellen würde.

Für die Erkennung eines nicht-katalogisierten biologischen und daher prinzipiell beweglichen Objektes reicht es für seltene Fälle (!) aus, dass das Erkennungssystem Kopf, Torso und Gliedmaßen identifiziert, um ein unbekanntes Lebewesen zu agnoszieren. Schwieriger zu lösen ist die Frage, ab welcher Größendimension ein Lebewesen als relevant für eine Notfallreaktion (150) vom Automat-System des Kraftfahrzeuges angesehen wird („Frosch-Problem" 57).

Weitere Schwierigkeiten bei der Interpretation könnten durch Kulissentäuschungen (23) entlang des Straßenraumes (107) und durch Fehlinterpretationen unscharf erkennbarer oder überhaupt unbekannter Objekte auf der Fahrbahn entstehen, die unter Umständen eine Notfall-Reaktion auslösen würden.

Die Erkennung *stationärer Objekt* sollte durch ein *Inventar der Anlagen* und Einrichtungen im Zuge von Fahrwegen abgedeckt werden, die ein Hindernis mit Schadenskonsequenz darstellen könnten oder ohnehin als Rückhalteeinrichtung installiert wurden. Problematisch können für die Bildwahrnehmung irritierende Werbeinstallationen werden, wie Werberollbänder, die die Aufmerksamkeit des Kfz-Lenkers gezielt adressieren. Auch Fahrbewegungen von auf Überführungen querenden Fahrzeugen, wenn sie sich in schiefen Winkeln annähern, müssen als „nichtadjazent" eingeschätzt werden. Nahe der Fahrbahn aufgestellte Objekte, die nicht der Verkehrsabwicklung dienen, sind mit zu berücksichtigen, u.a. wenn sie zu kurzen Anhalten veranlassen könnten (wie Zeitungsspender, s. Bild 12).

- **Geodätische Daten zur Verkehrstopographie und Fahrwegerkennung:**

Die Fahrwegerkennung zur Laufwegbahnung (78) sollte momentan erfolgen, um für die nächsten Fahrsekunden den offenen, am besten geeigneten Trajektorienraum (127) zu ergründen. Dabei könnte die Automat-Kette (19) durch hinterlegte geodätische Daten des Fahrweges unterstützt werden. Auch eine auf Fernerkundung basierte Beobachtung der ablaufenden Fahrbewegungen und ein Abgleich mit zentral gespeicherten physischen Fahrwegdaten sind denkbar. Das Zusammenspiel dieser technologischen Optionen zur Datenfusion (36) für eine zunächst individuell optimierte Laufwegbahnung eines Kraftfahrzeuges einerseits und die technische Dokumentation der Anwendungsräume (Kantenzüge der Fahrwege 52, Verkehrsraum 140) andererseits, werden noch Forschungsaufgaben darstellen. Inwiefern ein interkonnektiver Datenaustausch zu einer gesamthaften Optimierung der Interaktionen in einem *dynamischen Interaktionsraum* (65) zwischen den Verkehrsteilnehmern im *Zufallskollektiv* (152) beisteuern kann, ist ferner zu bedenken. Zumal Interventionen aus Zufahrten, Nebenfahrbahnen oder Stellplatzanlagen den Fließverkehr beeinträchtigen können.

- **Laufweg-Dokumentation („Black Box")**

Dabei können sowohl die Detektion (43) mit ihrer den Fahrweg vermessenden Sensorik (104) als auch im Fahrwerk sitzende Sensoren, die die physisch-mechanische Beschaffenheit der Fahrbahn erfassen, Daten liefern, die zu einem Gesamtbild sublimiert werden. Das dient dazu, um einerseits permanent Daten in die Kfz-inhärente Szenarienbildung (120) als Randbedingungen der Befahrbarkeit einfließen zu lassen, andererseits wird dadurch eine spätere Rekonstruktion von Fahrverläufen ermöglicht. Eine solche nach vorwärts gerichtete Wegbereitung (Tracking) wie auch eine nach rückwärts abgespulte Dokumentation (Tracing) können in einem Schadensfall Beweiskraft erlangen, aber auch einen Beitrag zur Generierung von sogenannter *Künstlicher Intelligenz* (76) als „Maschinenlernen" leisten (vgl. *"Data Storage System for Automated Driving - DSSAD"* 35).

Dabei könnte es sich zuallererst um die Konditionierung (72) eines individuellen Fahrzeuges eines Fahrzeug-Halters handeln, dessen Fahrten-

Erfahrungen jedoch nicht unbedingt übertragbar sind. Außerdem könnte zu einem *kollektiven Lernen* zur Verbesserung des Daten-Dargebotes für die Entscheidungsalgorithmen in der Automat-Kette für gewisse Fahrzeugmuster (74), Verkehrsregionen (141) oder Fahrtzwecke (51) beigetragen werden. Dazu stellt sich die heikle Frage, wie die Daten in einer wie immer gearteten Flotten-Erkundung gesammelt werden und wer sie absaugen darf.

Als Nutzen könnte eine Grundlage für standardisierte, herstellerübergreifende Verfahren zur Kfz-inhärenten Szenarienbildung (120) geschaffen werden. Konkurrierende Automobilhersteller haben sich dem Vernehmen nach diesbezüglich ausgelagert in Forschungskonsortien zusammengefunden. Über Ergebnisse wird jedoch kaum etwas verlautet. Das kann noch eine Herausforderung für den behördlichen *Zulassungspfad* (154) werden.

– Erfahrungswerte-Sammlung (von kritischen Interaktionen):

Die laufende Dokumentation dient einerseits der Beweisführung bei konfliktären Vorfällen, andererseits wird ein *künstliches Gedächtnis* aufgebaut. Dabei kommt es aber auf die bewertende Auswertung des gesammelten Datenbestandes an, welche Erkenntnisse für die gesteigerte Automatisierung der Bewegungen des jeweiligen Fahrzeuges daraus gewonnen werden und allenfalls zu Zwecken der Automatisierung des Straßenverkehrs (22, 108) an eine zentrale Dokumentationsstelle gemeldet werden. Ein *künstliches Gewissen* in Ergänzung dazu darf nicht erwartet werden.

Das bedeutet, dass die Erfassung der Dokumentationsdaten standardisiert gehört und die kumulative zentrale Auswertung eines anspruchsvollen Konzeptes bedürfen wird, um nicht einen riesigen Datenfriedhof anzuhäufen. Dass dabei zahlreiche Datenschutzfragen sich aufwerfen werden, braucht nicht betont zu werden. Das *Kraftfahrzeug als (ungefragter) Datenlieferant* stellt selbst bei einer Anonymisierung der Datenmeldungen (außerhalb von deklarierten Flottenversuchen) eine grundrechtliche Problematik dar, die rechtzeitig thematisiert gehört.

➤ De-Autonomisierung* des Kraftfahrbetriebes

Dieser Begriff ist ungewöhnlich, da er im Diskurs nicht gebräuchlich ist, aber wenn ein Verkehrsmittel sich zwar eigenständig bewegt, muss es nicht selbständig unterwegs sein. Eine „De-Autonomisierung" der Bewegungen eines Kraftfahrzeuges würde dann eintreten, wenn es individuell ferngesteuert (*"Remote Controlling"*) oder zentral im Verkehrsfluss koordiniert („I2V") mit anderen Fahrzeugen *außengesteuert* werden würde. Das entspräche einem Automatisierungsgrad (21) auf der Stufe 6, bei der nur mehr spontane Notfallreaktionen (150) vom Automat-System des Kfz selbständig durchgeführt werden, wenn trotzdem eine gefährliche Annäherung drohen sollte.

➢ **Dependenzstufen* (der Verkehrsteilnahme)**

Damit wird hier der vom Kfz-Halter (!) selbstgewählte oder von außen aufgezwungene Bestimmungsgrad des Verhaltens im Kraftfahrbetrieb (72) bezeichnet. Die Dependenz bezieht sich auf diesen *Selbstbestimmungsgrad* als Bewegungskörper in der *Verkehrsteilnahme (*144 f.) auf einem Fahrweg, noch unabhängig von den herrschenden Begleitumständen entlang des Laufweges, aber in Abhängigkeit des Fahrzeugmusters vom Kfz-inhärenten Bewegungspotenzial (27) und dessen Konditionierung (71) in der Automat-Kette. Damit ist das *Innenverhältnis* der Kfz-Halter oder Flotten-Betreiber zu ihren Verkehrsmitteln und den gerade diese nutzenden Kfz-Lenkern beschrieben. Beide Rollen können in „Personalunion" bei einem Kraftfahrer zusammenfallen, wie es bei der üblichen Pkw-Nutzung der Fall ist. Die aufkommenden *Sharing-Modelle* zur Fahrzeugnutzung schaffen u.U. neuartige Dependenzbedingungen.

Es handelt sich bei der Dependenzstufe (144 f.) um eine der zwei Seiten derselben Medaille, denn die Verkehrsteilnahme betrachtet die *Außenverhältnisse* des Verkehrsmittels im Kontext des akuten Verkehrsgeschehens. Die Dependenzstufe gründet sich auf die proprietäre Disposition des Verkehrsmittel-Einsatzes durch den Kfz-Halter zur Erfüllung eines konkreten Fahrtzwecks (51) bzw. einer generellen Gebrauchsbestimmung als Transportmittel für Personen oder Güter oder allenfalls sonstiger Dienste, sofern nicht ein zentrales Trassen- und Verkehrsmanagementsystem im Straßennetz die Steuerung der Fahrzeugbewegungen vorherbestimmt.

– „Solitär-Modus" der Verkehrsteilnahme als Dependenz-Stufe 1:

Diese Einstufung entspricht den heutigen Gegebenheiten in der Verkehrsabwicklung in unserem öffentlichen Straßennetz. Dabei bewegt sich jedes Kraftfahrzeug als solitärer, also seinen Laufweg selbstbestimmender Bewegungskörper am Fahrweg. Die uneingeschränkte Verantwortung liegt bislang beim jeweiligen Kfz-Lenker, unbeschadet dessen, ob er sich von Fahrerassistenz-Funktionalitäten (49) unterstützen lässt oder nicht. Das Verhalten als selbstbestimmt agierendes Kraftfahrzeug beinhaltet die ordnungsgemäße Steuerung auf der Fahrbahn, die im Fahrstil initiale und reagierende Momente aufweist, um den individuellen Laufweg zu realisieren.

– „Adjazenz-Modus" als Dependenzstufe 2:

Diese hier als Dependenzstufe 2 apostrophierte Art der Verkehrsteilnahme kann sich einerseits als vielfältig motiviert, nämlich ökologisch, ökonomisch oder sicherheitsbedingt, darstellen, andererseits situativ durch den akuten Verkehrszustand (vgl. Darst. 23) ausgelöst sein. Dabei wird unterstellt, dass es im Kraftfahrverkehr einen (Charakter-)Zug zu solidarischem oder zumindest gemeinsam einen vernünftigen Vorteil suchendem utilitaristischen Verkehrsverhalten (147) gibt, welches sich durch die Automatisierung und Interkonnektivität der Kfz verstärkt realisieren ließe. Das hängt dann nicht nur vom Kfz-Halter ab, sondern müsste sich auch in der vorgenommenen Konditionierung in der Automat-Kette (71, 19) der Fahrzeuge quasi als ein *„Verkehrs-Assistenz-System"* niederschlagen. Ansätze für ein *zeitweilig kollektiviertes Verhalten* bieten Flotten ähnlicher Nutzfahrzeuge, wenn deren Fahrten ein Stück des Laufweges im gleichen Zeitfenster miteinander teilen würden.

– „Fernlenk-Modus" als Dependenzstufe 3:

Diese hohe Einstufung wird erreicht, wenn der individuelle Handlungsspielraum eines Kfz gegen null geht, weil eine übergeordnete Leitstelle in die Fahrdynamik einzelner Kfz „entscheidend" eingreift oder das Kfz überhaupt ferngelenkt (*"Remote Controlling"*) wird. Im letzteren Fall müsste die Fernlenkung praktischerweise zentral alle Fahrzeuge in einem Teil des Straßennetzes erfassen. Welche Rolle dabei noch ein dislozierter menschlicher Operator einer Leitstelle oder ein artifizieller „Control Master" (35), wo immer sitzend, spielen wird, sei dahingestellt. Sie wird ob der Stresssituation bei einer Vielzahl von zu lenkenden Fahrzeugen schwindend sein und die Rechner eines zentralen Verkehrsmanagements werden das Kommando übernehmen, sollte sich die Gesellschaft auf ein solches System im öffentlichen Raum einlassen wollen.

Es sind solcherart auch regionale Differenzierungen oder räumliche Entflechtungen gewissermaßen als Vorzugsnetz denkbar, indem selektiv bestimmte Verkehrsregionen (141) oder Teile des Straßennetzes für die Vollautomatisierung der Verkehrsbewegungen bei gleichzeitiger „De-Autonomisierung" (40) der Kfz-Steuerung geöffnet werden, aber andersgeartete Fahrzeuge möglichst ausgeschlossen bleiben. Das bedeutet dann, dass die Sensorik ihre Detektionen (43) an einen Fahrzeuge übergreifenden zentralen Server melden würde, der umgehend Steuerungsbefehle an jedes Kfz erteilen müsste. Und das geschieht an alle Fahrzeuge in seinem örtlichen Wirkungsbereich, da er sie koordiniert und konfliktfrei zu bewegen hätte.

➢ „Deployment versus Implementation" *

Als Zugeständnis an die vorherrschende angloamerikanische Diktion seien hier die Begriffe für die Markteinführung und Verbreitung im Fahrzeugbestand als „Deployment", aber erweitert für das Wirksamwerden im Straßenverkehr (108) auf dem Straßennetz als „Implementation" angesprochen. Dabei handelt es sich um eine antagonistische (= das eine geht ohne das andere nicht) Blickweise in Bezug auf die Diffusion der Automatisierungstechnologien im *Straßenkraftfahrbetrieb* (106). Die Automatisierung des Straßenkraftfahrverkehrs durch die Aufrüstung der Kraftfahrzeuge wird getrieben von den Marketingstrategien der Automobilanbieter am Fahrzeugmarkt, um auch bei sinkenden Absatzzahlen mit steigenden

Stückwerten entgegenhalten zu können. Darüber hinaus sollen auch die Zulassungsbehörden beeindruckt werden. Auf der Seite der „Implementation" stehen die unterschiedlich betroffenen Akteure des Infrastruktursektors auf allen operativen Ebenen des Straßenkraftfahrbetriebes (106). Sie sind gefordert, mit dem technologischen Umbruch umzugehen.

Dabei wird sich ihnen die Herausforderung stellen, in welchem Ausmaß Begleit- und Anpassungsmaßnahmen im Straßennetz ergriffen werden sollen und wie die Aufwendungen dafür bewältigt bzw. wem die Kosten übergewälzt werden können. Nicht alles davon werden die öffentlichen Kassen übernehmen wollen. Denn es gibt über die Hierarchie der Straßenkategorien (105) hinweg gesehen und auch nach gebietskörperschaftlichen Aufgabenträgern sehr unterschiedlich finanzkräftige Straßenerhalter.

Schließlich steigt der Handlungsbedarf an übergeordneten Normierungen zur Planung der Straßenanlagen und an Koordination, der im Übrigen über Länder- und Staatsgrenzen greifen wird müssen. Im Zuge dessen werden den bundesweit in Deutschland neu geschaffenen Institutionen, wie der Autobahngesellschaft des Bundes oder dem neu eingerichteten *Bundesamt für Fernverkehr* (mit Sitz in Leipzig), wichtige Aufgaben zuwachsen. Auf der gesetzlichen Ordnungsebene (StVG) besteht jedenfalls die Herausforderung weiterhin einen möglichst diskriminierungsfreien Zugang der öffentlichen Wegenetze und ein hohes Niveau an Verkehrssicherheit zu gewährleisten.

Dazu sollten die Leitlinien der Implementierungsstrategie im Prüfungs-Procedere (s. Zulassungspfad 154) noch geschärft werden. Das betrifft insbesondere fahrzeugseitig die *Einsatzfähigkeit der Funktionalitäten und der Automat-Kette* (19) in diversifiziertem Umfeld (wie Interaktionsräume 65) sowie die *Konditionierung in der Entscheidungsalgorithmik* (71) zur Laufwegbahnung, wie es ansatzweise NCAP-Bewertungen (91) der Autofahrerverbände vornehmen. Damit ist der *Kraftfahrbetrieb* (72) der jeweiligen Fahrzeugmuster (54) auf den wie immer gearteten „Prüfstand" (s. Testanordnungen 121 ff.) gestellt. Überdies bedarf es im Zuge der Implementierung solcherart ausgerüsteter Kraftfahrzeuge, vor allem, wenn sie autonomisiert unterwegs sein werden, einer *System-Integration* sowohl kommunikationstechnisch in den *Straßenkraftfahrbetrieb* (106) als auch verkehrsorganisatorisch in den *Straßenverkehrsbetrieb* (108) unter Bedacht auf die Bedürfnisse aller Mobilitätsgruppen (88).

➤ Detektion

Dieser Oberbegriff beschreibt als fundamentale Aufgabe die für die Laufwegbahnung (78) eines Kraftfahrzeuges als Verkehrsteilnehmer erforderliche Wahrnehmung der akuten Befahrungsbedingungen des Fahrweges (24) und des Bewegungsverhaltens der anderen adjazenten Verkehrsteilnehmer. In Bezug auf die Automatisierung des Kraftfahrbetriebes (22) stellt die Detektion mittels der Sensorik-Technologien (104) in der Automat-Kette (19) des Kfz eine früh angesiedelte Automatisierungsaufgabe dar, die die Grundlage für die Bildinterpretation und die Entscheidungsalgorithmik zur Fahrzeugsteuerung bildet.

Darst. 4: Systematik der Wahrnehmung in der Verräumlichung des automatisierten Kraftfahrbetriebes

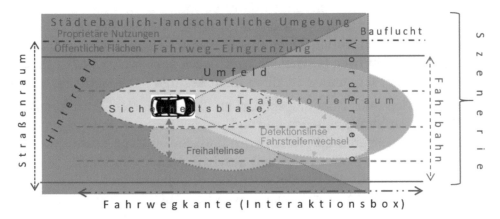

- **Detektionsraum/ Detektionstiefe/ Detektionskegel:**

Ein jedes autonomisierte Kraftfahrzeug muss sich auf eine abgestimmte Kombination von Sensortechnologien stützen können und sollte auch zum interkonnektiven Datenaustausch ausgerüstet sein. Jede Sensortechnologie hat eine *eigenwertige Qualität* in Bezug auf die Objektwahrnehmung, die von einer Objekterkennung interpretiert werden muss. Diese Qualität betrifft die Weite und den Winkel der Detektion, die Auflösung der Signale und die (Nicht-)Durchdringung von Materie und allenfalls Täuschungseffekte. Um die menschliche Wahrnehmung eines Kfz-Lenkers zu ersetzen (das geht daher über Fahrerassistenzsysteme hinaus) sind bei derzeitigem Entwicklungsstand mindestens *vier Sensortechnologien* (104) erforderlich, die zunächst nur Signale liefern, die von einer Interpretationssoftware auf Relevanz für die Laufwegbahnung (78), wie Ausscheiden von irrelevanten oder unnützen Daten, geprüft werden. Woraufhin die entscheidungswirksamen Daten für *die Kfz-interne Szenarienbildung* (120, „What's the best option?") herangezogen werden können.

Dazu sind außerdem die interpretierten Daten der einzelnen Sensoriken gegeneinander in ihren Stärken und Schwächen abzuwägen und abzugleichen (s. Insuffizienzen-Ausgleich 62), was verallgemeinert als *Datenfusion* (36) bezeichnet wird. Sollten aber umfassende Testreihen ergeben, dass der Insuffizienzen-Ausgleich nur unzureichend gelingt, müssten Fernüberwachung und Fernerkundung helfend einspringen, um die Verkehrssicherheit dennoch zu gewährleisten.

Bild 13-15: Wahrnehmung, Erkennung, Schlussfolgerung und Steuerung in einem verwirrenden Umfeld

Der Kfz-inhärente Insuffizienzen-Ausgleich ist des Weiteren mit einem Interaktionsabgleich der Prädiktion (94) des Bewegungsverhaltens der „Opponenten" (92) zu verknüpfen, bevor eine Trajektorie als beste Option von einem autonomisierten Fahrzeug eingeschlagen wird. Davon könnte vieles wieder entfallen, wenn alle Fahrzeuge in einem Verkehrsraum (140) „deautonomisiert" (54) zentral gesteuert werden würden und „systemfremde" Bewegungsobjekte auf einem Fahrweg von der Verkehrsteilnahme ausgeschlossen bleiben. Das wäre eine problematische Perspektive.

➤ Eingrenzungen des Fahrweges bzw. Trajektorienraumes
(siehe auch 127)

Dazu gehören einerseits zwar nicht dafür vorgesehene, optisch wahrnehmbare, aber mechanisch problemlos überfahrbare Einrichtungen der Straßenanlage, wie Bodenmarkierungen oder geringmächtige Aufpflasterungen oder abgesenkte Bordsteinkanten, sowie andererseits nicht überfahrbare feste Hindernisse, wie *Rückhalteinrichtungen* (wie Metallleitschienen oder Betonleitwände). Eine weitblickende Leitfunktion erfüllen die regelmäßig gesetzten Masten der *Straßenbeleuchtung* in städtischer Umgebung sowie in engeren Straßenräumen die Hängeleuchten.

Auf Straßen im Freiland können Geländemodellierungen, wie Gräben oder Böschungen, diese Rückhaltefunktion übernehmen. Entlang der Fahrbahn ist das *Bankett* angezeigt durch Randpfosten aus Plastik und eine weiße Randlinie eine einfache optische Eingrenzung. Massive Kunstbauten, wie Futtermauern, Galeriepfeiler oder Brückengeländer, zählen des Weiteren dazu. Die Absenkung der Fahrbahn unterflurig oder die Durchquerung von Unterführungen sowie Tunnelabschnitte zählen zu den ultimativen Eingrenzungen, die deswegen für das von außen geleitete „deautonomisierte" Fahren der Kfz (54) besonders in Frage kommen würden.

Die Ausrüstung solcher Begleitanlagen mit digitalen Transpondern würde sich für die Automatisierung des Straßenverkehrs anbieten, weil es die örtliche feinabgestimmte Navigation erleichtert, wenn dafür eine Kostenübereinkunft zustande kommt. Die Vielfalt an Eingrenzungen selbst wird Gegenstand geodätisch hoch-auflösender Geoinformationen („exakte Karten" 60) sein, wenn eine gewisse Flächendeckung im Straßennetz erreicht werden kann. Die Eingrenzungen sind jedenfalls im Kontext mit der *Umgebung* (129) als Randbedingung für die Laufwegbahnung (78) der Fahrzeuge zu verstehen.

Bild 16-18: Fahrwegbedingte Eingrenzungen und sensorische Entgrenzung von Detektionsräumen

> ## Einsatzfähigkeit der Komponenten und Verkehrstauglichkeit des Systems*

Diese Differenzierung nimmt Bezug auf den ***Prüfrahmen*** (methodisch als „Scoping" bezeichnet) und die ***Auswahl der Prüfkriterien*** (methodisch auf der Basis von Beobachtungen als „Screening" beschrieben), wenn es sich um die fahrzeugseitige Implementierung in die Automatisierung des Straßenfahrbetriebes (105) handelt. Damit ergeben sich nicht nur Unterschiede im Design der *Testanordnungen* (121), sondern auch eine Pfadabhängigkeit, denn ersteres ersetzt nicht letzteres.

Die *Einsatzfähigkeit* beschreibt den Umfang und die Grenzen der technischen Leistungsfähigkeit bzw. beinhaltet eine *Suffizienzanalyse* der eingesetzten Technologien (s. Insuffizienzenausgleich, 62), dabei ist auf die Vollständigkeit der systemisch konduktativ verketteten Komponenten zu achten. Die Einsatzfähigkeit ergibt sich aber erst aus dem notwendigen Zusammenspiel der „eruierenden und handelnden" Hardware vordergründig und der „denkenden und entscheidenden" Software dazwischen. Das bedeutet, ein Kraftfahrzeugmuster (74), von denen es sehr viele am Markt gibt, steht als komplexer Technologieträger auf dem „Prüfstand". Was davor geschah, gehört zur Technologieentwicklung der Zulieferbranchen.

Die *Verkehrstauglichkeit* (143) hingegen rückt die statischen und dynamischen wie auch volatilen Randbedingungen des Verkehrsgeschehens in den Mittelpunkt des Prüfumfanges, wobei die vorangegangenen Prüfergebnisse der Einsatzfähigkeit der Komponenten bzw. der einzelnen Automat-Funktionalitäten als zwingende Vorbedingungen einfließen. Dabei steht sodann die Automat-Kette (19) als Gesamtsystem im Fokus. Sie soll intern auf ihre systemische Verlässlichkeit in Hinblick auf Fehlleistungen bis hin zu Abstürzen oder Angriffen (von außen) und letztlich auf ihre Auswirkungen auf die Verkehrsabwicklung in Hinblick auf Fehlentscheidungen, die andere adjazente Fahrzeuge in einem Zufallskollektiv (152) negativ betreffen könnten, untersucht werden.

Dazu können *In-Situ-Szenarien* (118) und die Zugrundelegung von *Szenarienfeldern* (117), die die Verkehrsteilnahmebedingungen von „Real World" (95) darstellen, als Prüfrahmen bei Testanordnungen (121 ff.) helfen. Darüber hinaus dürfen Szenariengenerierungen, die sich kleinräumiger, z.B. in kritischen Interaktionsräumen (vgl. Darst. 9), im Zusammentreffen mit weiteren verkehrsteilnehmenden Mobilitätsgruppen (144) auf dem Fahrweg abspielen, nicht vergessen werden. Das bedeutet, Kraftfahrzeuge werden in ihrem internen Zusammenspiel im Zuge ihrer Laufwegbahnung (78) und mit ihren Interaktionen mit allen anzutreffenden verkehrsteilnehmenden Subjekten beobachtet, analysiert und dokumentiert. Solche Testaufgaben obliegen nicht allein den Automobil-Branchen, sondern sollten im öffentlichen Interesse fachlich abgehandelt werden (s. NCAP 91; Zulassungspfad 154).

➤ Eventualitäten

Die Fahrmanöver (50) bzw. die Bewegungsäußerungen (27) von verschiedenen Verkehrsteilnehmern im Zuge ihrer Laufwegbahnung (78) können Szenenabläufe der Interaktionen (65) produzieren, die in Hinblick auf die Häufigkeit und Wahrscheinlichkeit nicht entscheidend prognostizierbar sind, aber aufgrund der erkennbaren Randbedingungen realistisch vorkommen können, ohne dass es sich dabei um höhere Gewalt handeln würde.

Bild 19: Eventualität am Schutzweg

Die Zufälligkeit des *Fahrzeug-Mix* in einem Zufallskollektiv (152) auf der Fahrbahn und erweitert des *Mischverkehrs* (Kfz und VRUs, 84) in *kritischen Interaktionsboxen* (64 ff.) schafft vor allem in urbanisierten Verkehrsräumen die Voraussetzungen für solche Ereignisse. Derart seltene Szenenabfolgen stellen als Test-Szenarien einen Gradmesser für die Qualität von Automat-Funktionalitäten und die systemische Verlässlichkeit von Kfz-inhärenten Automat-Ketten (19) dar, denn Standardsituationen müssten ohnehin klaglos (quasi „99,9%-ig") funktionieren. In einer nochmaligen Erweiterung auf nicht verkehrsbedingte Interventionen aus der Umgebung (129) sind die Grenzen zu überlegen, denn dabei wäre schon bei der Detektion (43) fahrzeugseitig und beim Echtzeit-Monitoring der Fahrwege infrastrukturseitig anzusetzen, was an Gefahrenpotenzial eruiert werden sollte.

➤ Fahrbahn

Die Fahrbahn ist jener Teil des Fahrweges bzw. des Straßenraumes, der als Verkehrsfläche mit gewissen Einschränkungen für den *regelkonformen Straßenkraftfahrbetrieb* (106) vorgesehen und dafür hergerichtet ist (s. Darst. 4). Auf der Fahrbahn sucht sich das Kraftfahrzeug als Bewegungskörper seinen Trajektorienraum (127), um seinen beabsichtigten Laufweg zu bahnen. Die Fahrbahn setzt sich aus allen regulär befahrbaren Verkehrsflächen für die Fortbewegung zugelassener Verkehrsteilnehmer entlang eines Fahrweges zusammen. Sie wird im Regelfall von einer weißen Randlinie oder einer Bordsteinkante eingegrenzt und stellt in der Regel den ordnungsgemäß verfügbaren Trajektorienraum für Laufwegbahnungen dar. Die Fahrbahn wird bei höherrangigen Straßenkategorien (105) in Fahrstreifen für den Richtungs- und den Gegenverkehr gegliedert. Bei mehrstreifigen Fahrwegen kann eine bauliche Trennung in *Richtungsfahrbahnen* ausgeführt sein. Bei dichter Abfolge lokaler Zufahrten und bei räumlicher Gelegenheit können parallele *Nebenfahrbahnen* eingerichtet sein, damit der Fließverkehr nicht zwischen den Straßenknoten beeinträchtigt wird. In städtischen Verkehrsräumen können *Stellplatzstreifen* (schräg- oder längsseitig) parallel zur Fahrwegkante in Fahrrichtung angelegt sein. Der Fahrweg kann außerdem verkehrsleitende massive Nebenanlagen aufweisen, wie Rückhalteeinrichtungen und verkehrsflächenteilende oder geschwindigkeitsmindernde Oberflächengestaltungen; letztere können für den Ausnahmefall überfahrbar ausgeführt sein (s. Eingrenzungen 45, 128).

➤ Fahrbetriebsmodus (-modi)* des Kraftfahrbetriebes

Der Fahrbetriebsmodus wird hier auf die mikroökonomische Qualität bei der Steuerung der Fahrdynamik bezogen. Das bedeutet, welche *fahrbetriebliche Strategie für den jeweiligen Fahrtzweck* (51) und die *geplante Route* als zieleffiziente Variante gewählt wird. Dabei kann grundsätzlich zwischen einer ökologisch-orientierten sparsamen Fahrökonomie und einer (wirtschafts-)erfolgsorientierten wirkungsvollen Fahrtökonomie unterschieden werden. Die Routenplanung stützt sich auf die Befahrungsbedingungen (24) des Fahrweges für den beabsichtigten Laufweg (78), soweit diese hinterlegt sind oder abgerufen werden können.

– Fahrtökonomischer Kraftfahrbetriebsmodus:

Wenn dem Fahrtzweck *Eiligkeit* als Leitmotiv zugeordnet wird, also etwa für die Express-Logistik mit engen Lieferzeitfenstern („Just-in-Time", „Just-in-Sequence"), wird vor allem im Fernverkehr die Realisierung von *Vorteilnahmen* (99) bei der Laufwegbahnung (78) eher im Vordergrund stehen als die Minimierung des Kraftstoff- bzw. Energieverbrauches. Das spricht z.B. für den Einsatz des Dieselantriebes mit hohem Tankvermögen, weil der Elektroantrieb zwar gut beschleunigt, aber kWh aus der Batterie frisst, die dann rasch erschöpft. Die wasserstoffgestützten Brennstoffzellen-Antriebe könnten das unter günstigen Umständen besser und ebenso umweltverträglich bewältigen, wenn die Praxistauglichkeit für den Wirtschaftsverkehr nachgewiesen werden kann. Das Feld der Optimierungen erstreckt sich daher diesbezüglich in einer Überschneidung von antriebstechnologischen Konzeptionen (betreffend die Vielfalt der Hybride, aber auch monomodale Antriebe) und automatisierungstechnologischen Anwendungen der Fahrzeugsteuerung. Dazu zählen auch vergesellschaftete Verkehrsteilnahme-Modi (144 ff.) mehrerer Kraftfahrzeuge, die einen Laufweg streckenweise gemeinsam haben (*"Platooning"* 93).

– **Fahrökonomischer Kraftfahrbetriebsmodus:**

Dabei steht die transportökologische Produktivität im Mittelpunkt, also mit gering(st)em Energie- bzw. Kraftstoffaufwand und reduzierten Emissionseffekten eine Transportleistung zu erbringen. Damit einerseits zur örtlichen Schadstoffentlastung der Umwelt und andererseits zugleich durch Treibhausgas-Reduktion auch zur Bremsung des Klimawandels beigetragen werden kann. Allerdings reicht dafür allein nicht die individualisierte Optimierung der Kraftfahrzeug-Steuerung durch Automatisierungstechnologien, sondern es sollten gleichzeitig die erbrachten Fahrleistungen im Straßennetz abgesenkt werden, damit nicht wieder Rebound-Effekte entstehen.

➢ **Fahrerassistenz-Systeme/-Funktionalitäten (*"Advanced Driver Assistance Systems, ADAS"*)**

Alle den Kfz-Lenker bei seiner Steuerungstätigkeit im Fahrzeug unterstützenden, informierenden, warnenden oder im Notfall sogar eingreifenden Funktionalitäten können als ADAS eingestuft werden. In einer Aufzählung sind solche einzelnen Funktionalitäten, etwa Assistenten zur Geschwindigkeitseinstellung (Tempomat), zur Spurhaltung, zur Abstandshaltung, zur Tote-Winkel-Warnung oder zur Notfallbremsung, zum „Einparken", zur Stellplatzanpeilung, zum Rückwärts-Herausfahren u.a.m. zu nennen. Solche Assistenzfunktionalitäten werden am Automobilmarkt längst angeboten. Sie entsprechen dem Automat-Level a3 (= hochautomatisiertes Fahren, vgl. *"SAE-Level"* 21), ihr Einsatz steht aber noch voll in der Verantwortung des Kfz-Lenkers, der diese Funktionalität nutzen oder deaktivieren kann.

Für den Kfz-Lenker stellt sich daher die Frage der Verlässlichkeit und auch der Verständlichkeit, die er durch die Erfahrung mit dem Einsatz solcher Funktionalitäten gewinnt. Freilich können sich auch kontraproduktive Auswirkungen einstellen, wenn der Kfz-Lenker seine Routine einbüßen sollte ("Deskilling"), obwohl solche Einübungen bei Fahrmanövern (50) fallweise dennoch gebraucht werden (z.B. bei Systemversagen im Zuge einer *"Human-Machine-Interaction"* 6?).

Die Schwelle zur *Autonomisierung der Fahrzeugbewegungen* (23) ist dabei nicht scharf zu ziehen, wenn der Fahrer durch das System bevormundet („konditioniert") oder sogar akut übermächtigt („overruled") wird, auch wenn es nur in bestimmten kritischen Verkehrssituationen geschieht. Sollte aber der Kfz-Lenker zeitweilig von der Führung seines Kraftfahrzeuges gänzlich befreit sein, dann kann von einem *Verantwortungsübergang* (130) zur Automat-Kette (19) gesprochen werden, für die es noch keine prak-tikablen Regelungen gibt. Denn in diesem Fall entspräche das dem *Auto-mat-Level* a4 (= teilautonomes Fahren), was bedeutet, dass Entscheidungs-algorithmen im Zuge der Automat-Kette anstelle des menschlichen Akteurs als Aktoren zur Wirkung kommen müssen. Das eröffnet wiederum die Frage nach der Standardisierung, Prüfung und Zulassung solcher Kfz-inhärenten Automat-Systeme (20). Damit verknüpft ist die Programmie-rung der Fahrstrategie im Kraftfahrbetrieb (72) in Hinblick auf die Art der Verkehrsteilnahme (144) des Kraftfahrzeuges, die Fahrstil-Konditionie-rung (51) des Automat-Systems und das Fahrverhalten im gemischten Verkehrsfluss (s. Mischverkehr 84).

➤ Fahrmanöver

Jeder motorisierten Fortbewegung eines Kraftfahrzeuges liegt ein Fahr-manöver zugrunde, das entweder nur aufgrund der Fahrweg-Bedingungen ohne Bezugnahme zu anderen Verkehrsteilnehmern ausgeführt wird, oder welches in Zusammenhang mit adjazenten Verkehrsteilnehmern vorge-nommen wird. Jede Steuerungstätigkeit unterliegt einer Entscheidung, auch wenn diese routinemäßig und nahezu unbewusst, weil als Reaktion unkritisch, erfolgt. Die einzelnen gesetzten Steuerungsaktivitäten (Lenk-, Schalt-, Pedal- und Spiegelarbeit) in logischer Reihenfolge oder nahezu synchron vom Kfz-Lenker gesetzt, brauchen hier nicht näher erläutert werden, weil sie zur Grundfahrschulausbildung zählen.

Bild 20-22: Alltägliche Fahrmanöver in kritischen Interaktionen im Straßenkraftfahrverkehr

Die nach außen wirkenden Prozesse im Verkehrsablauf können als gebräuchliche *Bewegungsäußerungen* (27) des Kraftfahrbetriebes (72) aufgefasst werden, die durch die graduelle Ausnutzung des mechanisch-motorischen Bewegungspotenzials (27) unter kontrolliertem Einsatz der Verkehrsmächtigkeit (140) des Verkehrsmittels charakterisiert werden. Sie können bei aller Vielfalt im Detail standardisiert aufgelistet, dargestellt und simuliert werden. Die Angemessenheit der praktizierten Fahrmanöver rührt an der Frage des individuellen Fahrstils und künftig an der den Kfz-Modellen gemäßen Konditionierung der Entscheidungsalgorithmen in der Automat-Kette der autonomisierten Kraftfahrzeuge.

➢ Fahrstil-Konditionierung* (der Automat-Kette, siehe auch 71)

Unter „Konditionierung" wird hier die je nach Automat-Level vorzunehmende Programmierung des Systems der Automat-Kette (19) in Hinblick auf den Fahrstil innerhalb der Möglichkeiten des technischen Bewegungspotenzials (27) eines Kraftfahrzeugmusters (74) und unter Zugrundelegung des jeweiligen nationalen verkehrsrechtlichen Rahmens (z.B. Tempolimits betreffend, s. 37) verstanden. Das stellt aus heutiger Sicht eine riesige Herausforderung für die Forschung und Entwicklung in der Automotiv-Branche dar, aber in weiterer Folge auch für das Marketing in Hinblick auf die Transparenz gegenüber den Kunden. Denn damit treten ethische und gesellschaftliche Maßstäbe der Mobilität in den Vordergrund einer automobiltechnologischen Entwicklung, die bislang vor allem an Leistungsparametern der Kraftentfaltung bemessen wurden.

Die Konditionierung (71) des Automat-Systems zähmt (moduliert) oder schöpft (reizt) das Bewegungspotenzial (27) eines Fahrzeugmusters aus. Dabei bieten sich zwei Entwicklungsphilosophien an, nämlich erstens, von den Verhaltensweisen der Menschen, also von den Fahrweisen der Lenker und den Verhaltensweisen anderer Verkehrsteilnehmer zu lernen und in einem elektronischen Erfahrungsspeicher zu dokumentieren, oder zweitens ein *artifizielles Modell einer mechatronisch inspirierten „idealen" Fahrweise* zu entwickeln. Diese Konditionierung wäre somit inhärent im Kraftfahr-Betriebssystem als Algorithmen-Folge unbeeinflussbar vom Kfz-Halter bzw. -Lenker abgespeichert und würde daher den „Stempel" des Markenherstellers tragen, was vor allem Hersteller von Premium-Modellen in Zugzwang gegenüber den eigenwilligen Kfz-Käufern bringen könnte.

➢ Fahrt

Damit ist die motorisiert gestützte oder zumindest mechanisiert unterstützte Fortbewegung eines verkehrsteilnehmenden Bewegungskörpers (26) gemeint, setzt also den Gebrauch eines Kraftfahrzeuges, eines Verkehrshilfsmittels oder eines öffentlichen Verkehrsmittels und die Nutzung eines geeigneten Fahrweges voraus.

➤ Fahrtzweck

Die individuelle Routenplanung für einen Laufweg unterliegt immer einem Zweck der Ortsveränderung. Der Fahrtzweck, im Wesentlichen zur Mobilitätsausübung der Daseinsgrundfunktionen (35), beeinflusst die Wahl des Laufweges und auch das Fahrverhalten zur Laufwegbahnung (78), wenn etwa die *Eiligkeit* zur Erreichung des Fahrtzieles bei berufsbedingten Fahrtzwecken im Vordergrund steht. Wegeketten (151) von hintereinander durchgeführten Laufwegen verbunden mit verschiedenen Fahrtzwecken an einem Werktag stellen eine spannende Forschungsaufgabe dar, weil sie vielleicht auch Aufschluss über die Nützlichkeit des Einsatzes von Automatisierungsfunktionalitäten erbringen könnten.

➤ Fahrweg / Fahrwegkante / Fahrwegkantenzug

Der Fahrweg beschreibt die *physischen bzw. statischen Randbedingungen* für den individuellen *Laufweg* (78) eines Verkehrsteilnehmers. Der Fahrweg lässt sich derart in Fahrwegkanten homogener Ausstattungsmerkmale der Straßenanlage gliedern. Das können *verkehrstopographische Merkmale der Trassierung* (wie Steigungs- oder Gefällestrecken, Bögen und Serpentinen u.ä.), *kapazitive Merkmale der Fahrbahn* (wie voran die Streifigkeit, 109) oder *umgebungsbedingte Merkmale* der Eingrenzungen bzw. Nebenanlagen (45) entlang der Fahrbahn zu angrenzenden Flächennutzungen (76) und Baufluchten (23) (wie Einmündungen aus der umgebenden Nutzungsstruktur, fahrbahnbegleitende Stellplatzstreifen) sein. Örtliche Verkehrsregulierungen (zur Fahrgeschwindigkeit, Einbahnführung, zu Überhol- und Abbiegeverboten) können als statische Randbedingungen für die Laufwegbahnung (78) ebenso dazugehören.

Außerdem können *Kantenzüge* bei geringer Variabilität des Merkmal-Sets (z.B. zweistreifige Richtungsfahrbahn mit oder ohne begleitenden Stellplatzstreifen), also unter *Ceteris-paribus-Bedingungen,* gebildet werden. Die Gliederung des Straßennetzes nach Fahrwegkanten dient sowohl der Beschreibung der *Befahrungsbedingungen* (24) für den Kraftfahrverkehr als auch für die *Bewegungsbedingungen* für die anderen verkehrsteilnehmenden Mobilitätsgruppen (88), sofern sie auf Fahrwegen im Fließverkehr (Mischverkehr, 84) zugelassen sind bzw. eine Fahrbahn kreuzen oder queren können, wodurch Annäherungen (16) mit dem Straßenkraftfahrverkehr (106) entstehen (vgl. Laufweganalyse in Darst. 13). Eine solche Feingliederung nach Fahrwegkanten ergänzt die *Straßenkategorisierung* (105) in Hinblick auf örtliche Besonderheiten und bedenkliche Eigenheiten für die Laufwegbahnung (78).

➤ Fahrzeugfolge (-Theorie)

Die Abfolge von Fahrzeugen im gerichteten Verkehrsfluss ist, neben vielen Randbedingungsfaktoren, in der Hauptsache eine Frage der Abstandshaltung zwischen den Fahrzeugen in Fahrrichtung, also eine Art Fahrzeug-kette, die sich mit einer möglichst homogenen Fließgeschwindigkeit mehr oder minder „vergesellschaftet" fortbewegt. Eng damit verknüpft ist die Einstufung der Verkehrsqualität bzw. die Beschreibung des herrschenden Verkehrszustandes (148) auf einer Fahrwegkante (52) bewertet als *Level of Service* (LoS, 83). Der Fahrzeug-Mix und das Fahrverhalten der Verkehrs-teilnehmer (wie Spurspringer) im Zufallskollektiv (152) heterogenisieren jedoch zuweilen den Verkehrsstrom, wodurch die kapazitive Leistungs-fähigkeit auf der Fahrwegkante tendenziell abnimmt. Hingegen können Spur- und Abstandshalte-Assistenzsysteme (49) zu einer hohen Kapazitäts-ausnutzung beitragen, wenn sie möglichst viele Fahrzeuge einsetzen würden, um den Verkehrsfluss zu homogenisieren.

Darst. 5: Verkehrsfluss auf einer Fahrwegkante einer urbanen Autobahn zwischen Zufahrt und Ausfahrt

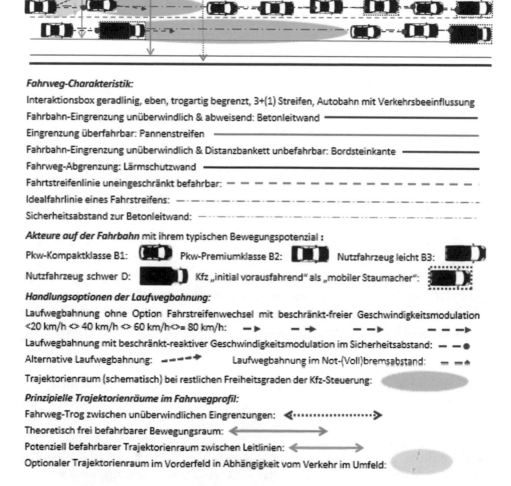

Fahrweg-Charakteristik:
Interaktionsbox geradlinig, eben, trogartig begrenzt, 3+(1) Streifen, Autobahn mit Verkehrsbeeinflussung
Fahrbahn-Eingrenzung unüberwindlich & abweisend: Betonleitwand ——————————
Eingrenzung überfahrbar: Pannenstreifen ——————————
Fahrbahn-Eingrenzung unüberwindlich & Distanzbankett unbefahrbar: Bordsteinkante ——————
Fahrweg-Abgrenzung: Lärmschutzwand ——————————
Fahrstreifenlinie uneingeschränkt befahrbar: — — — — — — —
Idealfahrlinie eines Fahrstreifens: — · — · — · — · — · —
Sicherheitsabstand zur Betonleitwand: — · · — · · — · · —

Akteure auf der Fahrbahn mit ihrem typischen Bewegungspotenzial :
Pkw-Kompaktklasse B1: 　　Pkw-Premiumklasse B2: 　　Nutzfahrzeug leicht B3:
Nutzfahrzeug schwer D: 　　Kfz „initial vorausfahrend" als „mobiler Staumacher":

Handlungsoptionen der Laufwegbahnung:
Laufwegbahnung ohne Option Fahrstreifenwechsel mit beschränkt-freier Geschwindigkeitsmodulation
<20 km/h <> 40 km/h <> 60 km/h<>= 80 km/h: — ▶　— →　— —▶　— — —▶
Laufwegbahnung mit beschränkt-reaktiver Geschwindigkeitsmodulation im Sicherheitsabstand: — —●
Alternative Laufwegbahnung: ==—=➔　　　Laufwegbahnung im Not-(Voll)bremsabstand: — —▲
Trajektorienraum (schematisch) bei restlichen Freiheitsgraden der Kfz-Steuerung:

Prinzipielle Trajektorienräume im Fahrwegprofil:
Fahrweg-Trog zwischen unüberwindlichen Eingrenzungen: ◀·················▷
Theoretisch frei befahrbarer Bewegungsraum: ◀————————▶
Potenziell befahrbarer Trajektorienraum zwischen Leitlinien: ◀————————▶
Optionaler Trajektorienraum im Vorderfeld in Abhängigkeit vom Verkehr im Umfeld:

Bild 23: Verkehrsfluss auf einer Stadtautobahn zur Normalzeit als Real-World-Beobachtung

> ## Fahrzeug-Kategorisierung / Kraftfahrzeug-Muster

Der Kfz-Kategorisierung kann als Grobgliederung die *Einteilung nach Fahrzeugklassen* (8+1 gemäß der Definition der Bundesanstalt für Straßenwesen, BASt), die Klassifizierung nach *internationalen Normen* (mit Buchstaben gekennzeichnet, wie L für Leicht-Kfz, M für Pkw, N für Güter-Kfz) oder nach den *Zulassungskriterien der Lenkerberechtigung* (A, B, C, D, E, G), die im Wesentlichen auf die hier so bezeichnete Verkehrsmächtigkeit (140) abzielt, zu Grunde gelegt werden. Gesetzliche Grundlage hierfür ist das *Kraftfahrgesetz (KFG),* sofern es sich um Fahrzeuge des Straßenkraftfahrverkehrs (106) handelt. Damit wird ein zunächst ausreichend differenzierter Einstieg in den Fachdiskurs geboten und kann als breit verständlicher Ausgangspunkt zur Herausarbeitung für Settings von Testanordnungen (121) dienen, um die Herausforderungen an die Akteurskreise der Betroffenheiten (75) heranzutragen.

Die Zuordnung von motorischen Leistungsmerkmalen beschreibt ein Kraftfahrzeugmuster, wie es als Modell von den Markenherstellern angeboten wird. Mit zunehmendem Automatisierungsgrad im Fahrzeugangebot ergibt sich die Aufgabenstellung zwecks Auswahl und Vergleich der Testfahrzeuge zu einer Art Typisierung zu gelangen, die das *Kfz-Grundmuster* (wie **B** für Kfz bis 3,5t Gesamtgewicht) dahingehend erweitert. Merkmale, die das Grundmuster beschreiben, wie Abmessungen und Masse, Leistungsparameter sowie Gebrauchsbestimmung, werden hier als Vorschlag (!) subsummiert durch die tiefgestellte Nummernbezeichnung, wie $\mathbf{B_2}$ für einen Personenkraftwagen der Mittelklasse, beschrieben. Jene neuartigen Merkmale zur Einordnung nach dem Automatisierungsgrad (entspricht ungefähr dem SAE-Level, 21) werden in diesem Typisierungsansatz mit hochgestelltem Attributierungskennzeichen, wie $\mathbf{B_2^{a3}}$ für einen hochautomatisierten Mittelklasse-Pkw in voller Lenker-Verantwortung, versehen (s. auch Darst. 1). Weitere Differenzierungen sind, wie folgt, denkbar.

Darst. 6: Kategorisierung von Kraftfahrzeugen nach Gebrauch und Automat-Level

Kfz-Klassen nach Automatisierungslevels auf MIV-Fließverkehrsflächen und Schienenfahrzeuge des ÖPNV		Motorräder und PKW			Nutzfahrzeuge und abgestellte Kfz					T
		A	B_1^{a2}	B_2^{a2}	$B_3^{a2}=N1$	$B^{p/o2}$	$C^{a2}=N2$	$D^{a2}=N3$	E^{a2}	T
A		A-A	$A\text{-}B_1^{a2}$	$A\text{-}B_2^{a2}$	$A\text{-}B_3^{a2}$	$A\text{-}B^{p/o2}$	$A\text{-}C^{a2}$	$A\text{-}D^{i2}$	$A\text{-}E^{a2}$	A-T
B_1^{a2}		$B_2^{a2}\text{-}A$	$B_1^{a2}\text{-}B_1^{a2}$	$B_1^{a2}\text{-}B_2^{a2}$	$B_1^{a2}\text{-}B_3^{a2}$	$B_1^{a2}\text{-}B^{p/o2}$	$B_1^{a2}\text{-}C^{a2}$	$B_1^{a2}\text{-}D^{a2}$	$B_1^{a2}\text{-}E^{a2}$	$B_1^{a2}\text{-}T$
B_1^{a3}	hochautomatisiert	$B_1^{a3}\text{-}A$	$B_1^{a3}\text{-}B_1^{a2}$	$B_1^{a3}\text{-}B_2^{a2}$	$B_1^{a3}\text{-}B_3^{a2}$	$B_1^{a3}\text{-}B^{p/o2}$	$B_1^{a3}\text{-}C^{a2}$	$B_1^{a3}\text{-}D^{a2}$	$B_1^{a3}\text{-}E^{i2}$	$B_1^{a3}\text{-}T$
B_1^{a4}	teilautonom	$B_1^{a4}\text{-}A$	$B_1^{a4}\text{-}B_1^{a2}$	$B_1^{a4}\text{-}B_2^{a2}$	$B_1^{a4}\text{-}B_3^{a2}$	$B_1^{a4}\text{-}B^{p/o2}$	$B_1^{a4}\text{-}C^{a2}$	$B_1^{a4}\text{-}D^{a2}$	$B_1^{a4}\text{-}E^{a2}$	$B_1^{a4}\text{-}T$
B_1^{a5}	vollautonom	$B_1^{a5}\text{-}A$	$B_1^{a5}\text{-}B_1^{a2}$	$B_1^{a5}\text{-}B_2^{a2}$	$B_1^{a5}\text{-}B_3^{a2}$	$B_1^{a5}\text{-}B^{p/o2}$	$B_1^{a5}\text{-}C^{a2}$	$B_1^{a5}\text{-}D^{a2}$	$B_1^{a5}\text{-}E^{a2}$	$B_1^{a5}\text{-}T$
B_2^{a2}		$B_2^{a2}\text{-}A$	$B_2^{a2}\text{-}B_1^{a2}$	$B_2^{a2}\text{-}B_2^{a2}$	$B_2^{a2}\text{-}B_3^{a2}$	$B_2^{a2}\text{-}B^{p/o2}$	$B_2^{a2}\text{-}C^{a2}$	$B_2^{a2}\text{-}D^{a2}$	$B_2^{a2}\text{-}E^{a2}$	$B_2^{a2}\text{-}T$
B_2^{a3}	hochautomatisiert	$B_2^{a3}\text{-}A$	$B_2^{a3}\text{-}B_1^{a2}$	$B_2^{a3}\text{-}B_2^{a2}$	$B_2^{a3}\text{-}B_3^{a2}$	$B_2^{a3}\text{-}B^{p/o2}$	$B_2^{a3}\text{-}C^{a2}$	$B_2^{a3}\text{-}D^{a2}$	$B_2^{a3}\text{-}E^{a2}$	$B_2^{a3}\text{-}T$
B_2^{a4}	teilautonom	$B_2^{a4}\text{-}A$	$B_2^{a4}\text{-}B_1^{a2}$	$B_2^{a4}\text{-}B_2^{a2}$	$B_2^{a4}\text{-}B_3^{a2}$	$B_2^{a4}\text{-}B^{p/o2}$	$B_2^{a4}\text{-}C^{a2}$	$B_2^{a4}\text{-}D^{a2}$	$B_2^{a4}\text{-}E^{a2}$	$B_2^{a4}\text{-}T$
B_2^{a5}	vollautonom	$B_2^{a5}\text{-}A$	$B_2^{a5}\text{-}B_1^{a2}$	$B_2^{a5}\text{-}B_2^{a2}$	$B_2^{a5}\text{-}B_3^{a2}$	$B_2^{a5}\text{-}B^{p/o2}$	$B_2^{a5}\text{-}C^{a2}$	$B_2^{a5}\text{-}D^{a2}$	$B_2^{a5}\text{-}E^{a2}$	$B_2^{a5}\text{-}T$
B^p		$B^p\text{-}A$	$B^p\text{-}B_1^{a2}$	$B^p\text{-}B_2^{a2}$	$B^p\text{-}B_3^{a2}$	$B^p\text{-}B^{p/o2}$	$B^p\text{-}C^{a2}$	$B^p\text{-}D^{a2}$	$B^p\text{-}E^{a2}$	$B^p\text{-}T$
B_3^{a2}		$B_3\text{-}A$	$B_3\text{-}B_1^{a2}$	$B_3\text{-}B_2^{a2}$	$B_3\text{-}B_3^{a2}$	$B_3\text{-}B^{p/o2}$	$B_3\text{-}C^{a2}$	$B_3\text{-}D^{a2}$	$B_3\text{-}E^{a2}$	$B_3\text{-}T$
B_3^{a3}	hochautomatisiert	$B_3^{a3}\text{-}A$	$B_3^{a3}\text{-}B_1^{a2}$	$B_3^{a3}\text{-}B_2^{a2}$	$B_3^{a3}\text{-}B_3^{a2}$	$B_3^{a3}\text{-}B^{p/o2}$	$B_3^{a3}\text{-}C^{a2}$	$B_3^{a3}\text{-}D^{a2}$	$B_3^{a3}\text{-}E^{a2}$	$B_3^{a3}\text{-}T$
B_3^{a4}	teilautonom	$B_3^{a4}\text{-}A$	$B_3^{a4}\text{-}B_1^{a2}$	$B_3^{a4}\text{-}B_2^{a2}$	$B_3^{a4}\text{-}B_3^{a2}$	$B_3^{a4}\text{-}B^{p/o2}$	$B_3^{a4}\text{-}C^{a2}$	$B_3^{a4}\text{-}D^{a2}$	$B_3^{a4}\text{-}E^{a2}$	$B_3^{a4}\text{-}T$
B_3^{a5}	vollautonom	$B_3^{a5}\text{-}A$	$B_3^{a5}\text{-}B_1^{a2}$	$B_3^{a5}\text{-}B_2^{a2}$	$B_3^{a5}\text{-}B_3^{a2}$	$B_3^{a5}\text{-}B^{p/o2}$	$B_3^{a5}\text{-}C^{a2}$	$B_3^{a5}\text{-}D^{a2}$	$B_3^{a5}\text{-}E^{a2}$	$B_3^{a5}\text{-}T$
C^{a2}		$C^{a2}\text{-}A$	$C^{a2}\text{-}B_1^{a2}$	$C^{a2}\text{-}B_2^{a2}$	$C^{a2}\text{-}B_3^{a2}$	$C^{a2}\text{-}B^{p/o2}$	$C^{a2}\text{-}C^{a2}$	$C^{a2}\text{-}D^{a2}$	$C^{a2}\text{-}E^{a2}$	$C^{a2}\text{-}T$
C^{a3}	hochautomatisiert	$C^{a3}\text{-}A$	$C^{a3}\text{-}B_1^{a2}$	$C^{a3}\text{-}B_2^{a2}$	$C^{a3}\text{-}B_3^{a2}$	$C^{a3}\text{-}B^{p/o2}$	$C^{a3}\text{-}C^{a2}$	$C^{a3}\text{-}D^{a2}$	$C^{a3}\text{-}E^{a2}$	$C^{a3}\text{-}T$
C^{a4}	teilautonom	$C^{a4}\text{-}A$	$C^{a4}\text{-}B_1^{a2}$	$C^{a4}\text{-}B_2^{a2}$	$C^{a4}\text{-}B_3^{a2}$	$C^{a4}\text{-}B^{p/o2}$	$C^{a4}\text{-}C^{a2}$	$C^{a4}\text{-}D^{a2}$	$C^{a4}\text{-}E^{a2}$	$C^{a4}\text{-}T$
C^{a5}	vollautonom	$C^{a5}\text{-}A$	$C^{a5}\text{-}B_1^{a2}$	$C^{a5}\text{-}B_2^{a2}$	$C^{a5}\text{-}B_3^{a2}$	$C^{a5}\text{-}B^{p/o2}$	$C^{a5}\text{-}C^{a2}$	$C^{a5}\text{-}D^{a2}$	$C^{a5}\text{-}E^{a2}$	$C^{a5}\text{-}T$
D^{a2}		$D^{a2}\text{-}A$	$D^{a2}\text{-}B_1^{a2}$	$D^{a2}\text{-}B_2^{a2}$	$D^{a2}\text{-}B_3^{a2}$	$D^{a2}\text{-}B^{p/o2}$	$D^{a2}\text{-}C^{a2}$	$D^{a2}\text{-}D^{a2}$	$D^{a2}\text{-}E^{a2}$	$D^{a2}\text{-}T$
D^{a3}	hochautomatisiert	$D^{a3}\text{-}A$	$D^{a3}\text{-}B_1^{a2}$	$D^{a3}\text{-}B_2^{a2}$	$D^{a3}\text{-}B_3^{a2}$	$D^{a3}\text{-}B^{p/o2}$	$D^{a3}\text{-}C^{a2}$	$D^{a3}\text{-}D^{a2}$	$D^{a3}\text{-}E^{a2}$	$D^{a3}\text{-}T$
D^{a4}	Platooning	$D^{a4}\text{-}A$	$D^{a4}\text{-}B_1^{a2}$	$D^{a4}\text{-}B_2^{a2}$	$D^{a4}\text{-}B_3^{a2}$	$D^{a4}\text{-}B^{p/o2}$	$D^{a4}\text{-}C^{a2}$	$D^{a4}\text{-}D^{a2}$	$D^{a4}\text{-}E^{a2}$	$D^{a4}\text{-}T$
D^{a5}	vollautonom	$D^{a5}\text{-}A$	$D^{a5}\text{-}B_1^{a2}$	$D^{a5}\text{-}B_2^{a2}$	$D^{a5}\text{-}B_3^{a2}$	$D^{a5}\text{-}B^{p/o2}$	$D^{a5}\text{-}C^{a2}$	$D^{a5}\text{-}D^{a2}$	$D^{a5}\text{-}E^{a2}$	$D^{a5}\text{-}T$
E^{a2}		$E\text{-}A$	$E^{a2}\text{-}B_1^{a2}$	$E^{a2}\text{-}B_2^{a2}$	$E^{a2}\text{-}B_3^{a2}$	$E^{a2}\text{-}B^{p/o2}$	$E^{a2}\text{-}C^{a2}$	$E^{a2}\text{-}D^{a2}$	$E^{a2}\text{-}E^{a2}$	$E^{a2}\text{-}T$
E^{a3}	hochautomatisiert	$E^{a3}\text{-}A$	$E^{a3}\text{-}B_1^{a2}$	$E^{a3}\text{-}B_2^{a2}$	$E^{a3}\text{-}B_3^{a2}$	$E^{a3}\text{-}B^{p/o2}$	$E^{a3}\text{-}C^{a2}$	$E^{a3}\text{-}D^{a2}$	$E^{a3}\text{-}E^{a2}$	$E^{a3}\text{-}T$
E^{a4}	teilautonom	$E^{a4}\text{-}A$	$E^{a4}\text{-}B_1^{a2}$	$E^{a4}\text{-}B_2^{a2}$	$E^{a4}\text{-}B_3^{a2}$	$E^{a4}\text{-}B^{p/o2}$	$E^{a4}\text{-}C^{a2}$	$E^{a4}\text{-}D^{a2}$	$E^{a4}\text{-}E^{a2}$	$E^{a4}\text{-}$
E^{a5}	vollautonom	$E^{a5}\text{-}A$	$E^{a5}\text{-}B_1^{a2}$	$E^{a5}\text{-}B_2^{a2}$	$E^{a5}\text{-}B_3^{a2}$	$E^{a5}\text{-}B^{p/o2}$	$E^{a5}\text{-}C^{a2}$	$E^{a5}\text{-}D^{a2}$	$E^{a5}\text{-}E^{a2}$	$E^{a5}\text{-}T$
T		T-A	$T\text{-}B_1^{a2}$	$T\text{-}B_2^{a2}$	$T\text{-}B_3^{p/o2}$		$T\text{-}C^{a2}$	$T\text{-}D^{a2}$	$T\text{-}E^{a2}$	(T-T)
T^{a4}	Stadtbahn neu	T-A	$T\text{-}B_1^{a2}$	$T\text{-}B_2^{a2}$	$T\text{-}B_3^{a2}$		T-	$T\text{-}D^{a2}$	$T\text{-}E^{a2}$	
T^{a5}	mit LZB				Keine Berührungen mit anderen Fahrzeugen					

Wenn die weitgehende Automatisierung bzw. Autonomisierung des Kraftfahrbetriebes (23) angestrebt wird, stellt sich des Weiteren die Aufgabe, wie der Einsatz eines Kraftfahrzeuges unter Ausnutzung der Automat-Kette in eine Kategorisierung einzubeziehen wäre. Das betrifft die *Wahl der Verkehrsteilnahme* (v_n) und die *Art der Fahrweise* aufgrund der *Konditionierung der Entscheidungsalgorithmik* (k_n) (71). Es sind dies Merkmale, die als nähere Definition dazu dienen sollen, wie die Automat-Levels in Hinblick auf ihre Anwendung im Verkehrsgeschehen wirksam werden. Das bedingt eine Offenlegung. Hierzu ist auch noch auf lange Sicht die *Dependenz des Fahrzeuges* als Prädestination des Bewegungskörpers (41) im Verkehrsfluss anzusprechen. Somit wäre die Kategorisierung verfeinert, etwa in der Schreibweise $B_2^{a4\ (k1,v1)}$, vorausgesetzt eine solche Standardisierung würde behördlicherseits angestrebt (s. Darst.1). In Hinblick auf Testanordnungen (121) bilden zudem die situative *Deaktivierung einzelner Automat-Funktionalitäten* oder das zeitweilige *Down-Grading des Automat-Levels* (*„Automat-Potenz"*, s. 120) durch den Kfz-Lenker, etwa um den oft beworbenen „Fahrspaß" genießen zu können, eine Ausgangslage. Das könnte mit der Schreibweise $\mathbf{B_2}^{a2<a4}$ ausgedrückt werden (s. Darst. 26).

Eine solche Zuordnungssystematik kann für die Testanordnungen (121) zur Prüfung der Verkehrstauglichkeit (143) und für die Transparenz, also die Nachvollziehbarkeit und Vertrauenswürdigkeit, der Ergebnisse zweckvoll sein. Je nach dem, ob eine *Funktionalitätsprüfung von Komponenten* (z.B. der Sensorik) bzw. *Teilsystemen* (z.B. Auswertung der Detektionsdaten) oder die *Prüfung der Verkehrstauglichkeit der Automat-Kette* (143, 19) von in Szenarien vordefinierten Verkehrssituationen vorgenommen wird, kann eine tiefere Differenzierung nach Bewegungspotenzial (27) und Konditionierung der Automat-Kette von Automobil-Modellen erforderlich werden (vgl. Darst. 1). Daraus resultiert eine Kategorisierung, die neutral als *Kraftfahrzeug-Muster* (74) angesprochen wird. Überdies werden heute viele Automodelle auf denselben (Fahrwerks-)Plattformen aufgebaut.

Spätestens, wenn es sich um die Testung autonomer Fahrzeugbewegungen in dicht befahrenem Umfeld (128) mit buntem Fahrzeug-Mix verschiedener Kfz-Muster handelt, kann sich eine solche Auswahl für Testanordnungen als nützlich erweisen. Das stellt zwar eine Kernaufgabe der Automobil-Hersteller dar, die Beweislast zu erbringen, aber herstellerübergreifende Prüfungen haben wohl industrieneutrale Instanzen vorzunehmen, die auch Anforderungen von betroffenen Kreisen (75) zu integrieren vermögen.

➤ *"FESTA-Handbook"*

Dessen Version 7 *"updated and maintained by FOT-Net (Field Operational Test Net-working and Methodology Promotion) and CARTRE (Coordination of Automated Road Transport Deployment for Europe)"* war 2018 erschienen. An dieser Stelle sei auf dieses Handbuch zur Terminologie der *Automatisierung der Kraftfahrzeuge* und deren Testung im Straßenkraftfahrbetrieb (106) hingewiesen, weil es zur Standardliteratur gehört. Es sei aber angemerkt, dass die hier definierten und ausgeführten Begriffe nicht zwingend der Terminologie dieses Manuals folgen. Denn in der hier geäußerten Weise steht die *Automatisierung des Straßenverkehrs* gestützt auf grundsätzliche Überlegungen zum Mobilitätssystem und zur Einbettung der Automatisierungstechnologien in Verkehrsnetze und Verkehrsräume im Vordergrund. Damit sollen die unterschiedlichen Zugänge und Interessenslagen von *"Deployment"* (42) aus der Sicht der Automobilindustrie und von *"Implementation"* (42) aus der Sicht der betroffenen Kreise (75) herausgestrichen werden, die sich jedenfalls in pluridisziplinärer und antagonistischer Weise ergänzen sollen.

➤ Freihaltelinse*

Dabei handelt es sich um eine dynamische Schutzzone, um einen offen stehenden Trajektorienraum (127) zu einem anderen Fahrstreifen ansteuern zu können, ohne dass es zu einer kritischen Annäherung mit einem auf diesem Fahrstreifen heranfahrenden Fahrzeug kommt, welches sonst zu einer abrupten Abbremsung gezwungen würde oder gar Opfer einer Ab-drängung oder einer Flankenfahrt sein könnte. Das bedeutet, dass das Fahr-verhalten der parallel nachfahrenden Fahrzeuge auf beiden Fahrstreifen in ihren Verhalten ebenfalls prädiktiert werden müssen, wie das ein Kraft-fahrer mit Blick in die Spiegel ohnehin tut. Das stellt besondere Anfor-de-rungen an die *Detektion des Hinterfeldes* (44) (s. grüne Linse in Darst. 7).

Darst. 7: Freihaltelinse für die Laufwegbahnung mit Fahrstreifenwechsel in Richtung Exit

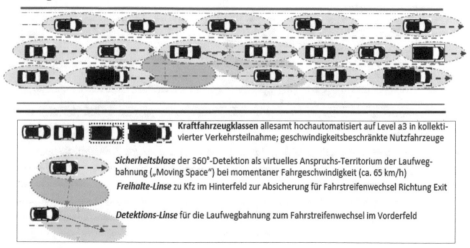

➤ „Das Frosch-Problem"*

Vorab angemerkt sei, dass es sich um eine interdisziplinäre thematische Schnittstelle zwischen der Amphibien-Zoologie und dem Straßenbau im Freiland handelt, die an bestimmten Orten zu bestimmten Zeiten der Froschwanderung zum Handeln veranlasst. Hier soll aber damit meta-phorisch angesprochen werden, wo die Eintrittsschwelle für eine von der Sensorik wahrgenommene Gefährdung eines Lebewesens, das in die Tra-jektorie eines Kraftfahrzeuges bei seiner Laufwegbahnung (78) gerät, gezogen werden soll. Welche Herausforderungen für die Detektionsauf-gabe damit verbunden sind, sei an einem simplen Beispiel verdeutlicht.

Nämlich, ein Frosch hüpft auf die Fahrbahn. Mit dem bisherigen Stand der Technik liegt es allein an der Wahrnehmung des Lenkers, ob er dieses minimale Ereignis überhaupt bemerkt, und wenn, an seiner spontanen Entscheidung, wie er darauf reagiert. Die Praxis ist wohl, der Frosch wird, wenn er situativ Pech hat, plattgefahren und in den meisten dieser Fälle tung zwischen den Fahrzeugen in Fahrrichtung, also eine Art Fahrzeug-kette, die sich mit einer möglichst homogenen Fließgeschwindigkeit mehr oder minder „vergesellschaftet" fortbewegt. Eng damit verknüpft ist die Einstufung der Verkehrsqualität bzw. die Beschreibung des herrschenden Verkehrszustandes (148) auf einer Fahrwegkante (52) bewertet als *Level of Service* (LoS, 83). Der Fahrzeug-Mix und das Fahrverhalten der Verkehrs-teilnehmer (wie Spurspringer) im Zufallskollektiv (152) heterogenisieren jedoch zuweilen den Verkehrsstrom, wodurch die kapazitive Leistungs-fähigkeit auf der Fahrwegkante tendenziell abnimmt. Hingegen können Spur- und Abstandshalte-Assistenzsysteme (49) zu einer hohen Kapazitäts-ausnutzung beitragen, wenn sie möglichst viele Fahrzeuge einsetzen würden, um den Verkehrsfluss zu homogenisieren.

Darst. 5: Verkehrsfluss auf einer Fahrwegkante einer urbanen Autobahn zwischen Zufahrt und Ausfahrt

Fahrweg-Charakteristik:
Interaktionsbox geradlinig, eben, trogartig begrenzt, 3+(1) Streifen, Autobahn mit Verkehrsbeeinflussung
Fahrbahn-Eingrenzung unüberwindlich & abweisend: Betonleitwand ────────────
Eingrenzung überfahrbar: Pannenstreifen ────────────
Fahrbahn-Eingrenzung unüberwindlich & Distanzbankett unbefahrbar: Bordsteinkante ──────
Fahrweg-Abgrenzung: Lärmschutzwand ────────────
Fahrtstreifenlinie uneingeschränkt befahrbar: ── ── ── ── ──
Idealfahrlinie eines Fahrstreifens: ──·──·──·──·──
Sicherheitsabstand zur Betonleitwand: ── ·── ·── ·──

Akteure auf der Fahrbahn mit ihrem typischen Bewegungspotenzial :

Pkw-Kompaktklasse B1:　　Pkw-Premiumklasse B2:　　Nutzfahrzeug leicht B3:

Nutzfahrzeug schwer D:　　Kfz „initial vorausfahrend" als „mobiler Staumacher":

Handlungsoptionen der Laufwegbahnung:
Laufwegbahnung ohne Option Fahrstreifenwechsel mit beschränkt-freier Geschwindigkeitsmodulation <20 km/h <> 40 km/h <> 60 km/h<>= 80 km/h: ─▶　 ─ →　 ─ ─▶　 ─ ─ ─▶
Laufwegbahnung mit beschränkt-reaktiver Geschwindigkeitsmodulation im Sicherheitsabstand: ── ──●
Alternative Laufwegbahnung: ──▪──▪─▪▪▶　　Laufwegbahnung im Not-(Voll)bremsabstand: ── ──♦
Trajektorienraum (schematisch) bei restlichen Freiheitsgraden der Kfz-Steuerung:

Prinzipielle Trajektorienräume im Fahrwegprofil:
Fahrweg-Trog zwischen unüberwindlichen Eingrenzungen: ◀·················▶
Theoretisch frei befahrbarer Bewegungsraum: ◀──────▶
Potenziell befahrbarer Trajektorienraum zwischen Leitlinien: ◀──────▶
Optionaler Trajektorienraum im Vorderfeld in Abhängigkeit vom Verkehr im Umfeld:

Darst. 8: Kategorisierung der Zufußgehenden nach Bewegungsäußerungen

Zufußgehende als verkehrsteilnehmende Mobilitätsgruppen nach Bewegungsäußerung										
Personen mit unge-hinderter Mobilität			Personen mit gebundener Mobilität					Personen mit Verkehrshilfsmitteln		
F^1	F^2	F^W	F^3	F^H	F^K	F^{Kw}	F^{wK}	F_r	F_{rs}	F_{sk}

Nichtmotorisierte, besonders verletzliche VerkehrsteilnehmerInnen nach gruppen-typischen Bewegungsmustern:

ungehindert mobil:

F^1: Person frei vorwärtsschreitend F^2: fahrbahnquerend F^W: auf Freigabe wartend

akut gebunden mobil:

F^3: w. o., aber mit Rollkoffer F^H: mit Hund an der Leine F^K: mit Kind an der Hand
F^{Kw}: Person mit Kinderwagen F^{wK}: Person mit Kind und Kinderwagen

behindert mit Hilfsmitteln mobil: F_r: Person mit Rollator F_{rs}: Person im Rollstuhl
unbehindert mit Hilfsmitteln mobil: F_{sk}: Personen auf Rollscooter / Skateboard
Verhaltenstypus:
selbstbewußt ⬤   gefährdet ◯   bedächtig ⬤   abwartend ◯   forsch ⬤

Personen (s. *"VRU"*, 149) und die zahlreichen „Hinderlichkeiten", die aus-weichende Reaktionen bei *konfliktären Annäherungen* (16) für die Zufuß-gehenden akut erschweren oder verunmöglichen. Gerade eine gewisse Auf-gliederung nach charakteristischen Bewegungsäußerungen aufgrund spezi-fischer individueller „Hinderlichkeiten" und auch nach soziodemographi-schen Gruppenmerkmalen (Alter, Genderaspekte, körperliche Handicaps) werden in Hinblick auf die Automatisierungstendenzen im Straßenverkehr, die alle Mobilitätsgruppen (88) betreffen, grundsätzlich zu behandeln und die technologische Lösungen daraufhin auszurichten sein.

Bild 24-26: Zufußgehende unterschiedlich gruppiert die Fahrbahn querend

➢ Geofencing

Dieser Begriff bezeichnet die digitale Abschottung eines Verkehrsraumes (140) ohne physische Schranken oder verkehrsbauliche Hindernisse zum Zweck der *Fahrzeug-Selektionierung* (wie keine Einfahrt für Schwerfahr-zeuge ab einer gewissen Gesamttonnage) oder der *Zuflusssteuerung* in be-lastungssensible Verkehrsräume (wie Einfahrten und Aufenthalt einer be-grenzten Zahl von Lieferfahrzeugen in Innenstädten). Diese digitalen

Schranken funktionieren über Transponder, lokale WLAN oder die Fernüberwachung der Kraftfahrzeuge. Übertretungen der Verkehrsbeschränkungen könnten derart verfolgt und im extremen Bedarfsfall durch Eingriffe in die Fahrzeugsteuerung verhindert werden. Als mildere präventive
Mittel sind die rechtzeitige Information und die echtzeitige Warnung zu bevorzugen. Denn Zuflusssteuerung bedeutet, für Warteschleifen und Ab-
stellmöglichkeiten im Vorfeld des betreffenden Verkehrsraumes vorzu-
sorgen oder Maßnahmen zur selektiven Verkehrsvermeidung zu ergreifen.

➢ Geoinformation-System (GIS)

Darunter wird die digitalisierte Aufnahme, Verarbeitung und Darstellung
von auf der Erdoberfläche erkennbaren physischen Merkmalen einerseits
und von geodätisch vermessenen Sachverhalten, wie Grundbesitzgrenzen
u. dgl., andererseits verstanden. Eine wesentliche Qualität besteht in der
digitalen Inventarisierung der gewonnenen und interpretierten Daten verbunden mit ihren Transferoptionen über Datenbanken, wie zur Bedienung
von Fahrerassistenz-Systemen (49). Dabei handelt es sich hauptsächlich
um unverrückbare statische Informationen, wie es Merkmale von Trassen-
verläufen von Verkehrswegen sind, die linienbezogen (Vektoren als Grenz-
linien) und flächenhaft (Polygone) Befahrungsbedingungen wiedergeben.
Außerdem können verkehrsorganisatorische Regulationen, wie Zugangs-
rechte der Benutzbarkeit von öffentlichen oder privaten Verkehrsflächen
sowie anderweitige fahrzeugspezifische Beschränkungen, verzeichnet sein.

Des Öfteren ist von der Notwendigkeit die Rede, für autonomisierte Fahrbewegungen „exakte Karten" in der Automat-Kette (19) eines Kraftfahrzeuges zu hinterlegen. Hierzu wird nicht nur auf die Schärfe (Genauigkeit)
und Vollständigkeit des Datenbestandes zu achten sein, sondern auch die
Datenpflege auf neuesten Stand zu bringen sein. Die Aufgabe besteht darin,
sowohl die laufende *Detektion der Sensorik* (43, 104) zu begleiten als auch
die *Prädiktion der Laufwegbahnung* (94, 78) zu unterstützen, etwa für den
Fall, dass die Detektion einen blinden Fleck oder toten Winkel wegen der
schwierigen Geodäsie des Fahrwegverlaufes erwischt hätte. Ferner sollte
die schon klassische Aufgabe der Optimierung der Routenplanung in
Hinblick auf den *Fahrbetriebsmodu*s (entweder fahrtökonomisch oder
fahrökonomisch, 48 f.) sowie hinsichtlich der *Konditionierung der Fahrweise* (72, nach den Prinzipen *rücksichtnehmend* versus *vorteilnehmend*,
99) mit Hilfe der GIS-gestützten Datenbanken erweitert genützt werden.

Dazu kommt schließlich die laufende Beobachtung der herrschenden
Verkehrszustände (148) im Straßennetz ins Spiel. Es bietet sich also ein
weites Feld der Einsatzmöglichkeiten für GIS-Anwendungen im Kontext
der Automatisierung und Autonomisierung des Straßenkraftfahrbetriebes
(23, 106) dar, aber auch dazu wird die Frage der Straßennetzabdeckung und
der Aufwandserbringung voranzustellen sein.

➢ Geschehnisraum*

In einer hierarchischen Maßstabsabstufung der Raumbezüge bildet der hier sogenannte „Geschehnisraum" das *Spielfeld* für die Entfaltung von flie-ßenden dynamischen Interaktionsräumen (65) im organisatorischen Ge-flecht der örtlichen Verkehrsanlagen und -regulierungen sowie im zufälli-gen Gewirr der verkehrsteilnehmenden Bewegungskörper aller Mobilitäts-gruppen (88) in einem Straßenraum (107). Ein Geschehnisraum bildet den Bezugsraum für das Verkehrsgeschehen in funktionell zusammenhängen-den Teilen des Straßennetzes, wie es sich insbesondere durch die Netzkno-ten und ihre Zu- und Ablaufstrecken darbietet. Hier streben die Konstella-tionen an Szenen nahezu gegen unendlich, wenn alles, was realistisch denk-möglich erscheint (ausgenommen „höhere Natur-Gewalt"), durchgespielt werden würde.

➢ Graphen-Theorie

Mit deren Hilfe können operative Beziehungen einerseits zwischen Ver-kehrsteilnehmern und andererseits von Orten als Netzgraph, der Verkehrs-relationen ermöglicht, abgebildet werden. Ein Graph besteht grundsätzlich aus Knoten und Kanten, die mit Merkmalen attribuiert werden. Die Attribute der Fahrwege (52) können als (kapazitive) Angebotsfaktoren für die Verkehrsbewegungen und als Qualitäts- und Sicherheitsmerkmale für die Durchführung der Laufwege unterschiedlicher Mobilitätsgruppen (88) angesehen werden. Ein Schlüsselbegriff wie „Adjazenz" (15) ist der Graphentheorie ebenso entlehnt, wie Knoten- und Kanten-Darstellungen der Verkehrsplanung. Schließlich wurde die Graphen-Theorie von Ludwig EULER (1707-1783) mit dem „Königsberger Brückenproblem" („finde eine Route bei der jede der vielen Brücken, aber nur einmal überquert wird") begründet.

➢ *"Hands off – Eyes off – Mind off"*

Diese sehr anschaulichen Verhaltensäußerungen eines Kfz-Lenkers (73) korrespondieren mit den hier geschöpften Stufen der Lenker-Präsenz (81). Bildbeispiele zur Wegnahme der Hände vom Lenkrad (und nicht sichtbar der Füße von den Pedalen) gibt es aus der Technologie-Promotion zur Genüge. Die Fragen, die sich damit verbinden, bleiben hinter der gerne gezeigen „Hurra-Geste" verborgen. Diese betreffen die *Lenker-Souveräni tät* (82), den *Verantwortungsübergang* (130) und die *Anwendungsräume* (16) sowie natürlich das operative Handling in der *Verkehrsteilnahme* des Kraftfahrzeuges (144f), ob die *Automat-Potenzen* vom Lenker ausgenützt oder deaktiviert werden (vgl. Darst. 26).

➤ *"Human-Machine-Interaction" (kurz HMI)*

Dieser aus der anglo-amerikanischen Forschung übernommene Begriff ist der Notwendigkeit geschuldet, bei Fehlleistungen der Automatisierungs-funktionalitäten den Kfz-Lenker als Rückfall-Ebene in die Verantwortung für die Steuerung seines Kraftfahrzeuges spontan zurückzuholen. Inwiefern damit ein Komfortgewinn für den Kfz-Lenker verbunden werden könnte, ist zweifelhaft. Vielmehr scheint ein neuer Stress-Faktor teuer erkauft zu werden, zumindest deutet das der gegenwärtige Stand der Forschung dazu an, die in der Hauptsache von Psychologen im Dienst der Automobilindustrie weltweit betrieben wird. Rechtlich gesehen ist im Schadensfall die Frage zu stellen, an wen die Verantwortung in der Rück-wärtskette zu adressieren sein wird und wie solche Nachweise überhaupt geführt werden können. Im amerikanischen Rechtssystem wird das wohl über die Produkthaftung gespielt werden, im europäischen Rechtsver-ständnis wird man vermutlich strafrechtlich einen Schuldigen suchen. Dazu wird die Jurisdiktion voraussichtlich schon gefordert sein, ehe die Legistik diese Materie regeln könnte.

➤ Insuffizienzen-Ausgleich* (bei der Datenfusion)

So wie es beim gegenwärtigen Entwicklungsstand der Sensor-Technolo-gien für die Automatisierung des Kraftfahrbetriebes (72) aussieht, braucht es für die Automatisierungsaufgabe *Detektion* (43) am Beginn der Autom-at-Prozesskette (19) mehrere, unabhängig voneinander funktionierenden Sensoriken. Somit stellt sich die Frage, wie in der Architektur von der Objekterkennung („da ist was") über die Objektinterpretation („was kann das tun") bis hin zur Szenarienbildung (120) über die Optionen der Lauf-wegbahnung (78), die zu einer Entscheidung über die Steuerungsbefehle an die Motorik führt, die sensorischen Daten verarbeitet werden. Das wird häufig als *Datenfusion* (36) bezeichnet.

Der Datenfusion muss eine hochkomplexe, alltagsverlässliche und ausgie-big real getestete Modellierung zugrunde liegen, wenn die Autonomisie-rung von Kraftfahrzeugen (Level a4 und höher) angestrebt wird. Jede der *Sensor-Technologien* (104) liefert Signale, die zuerst interpretiert und untereinander in Hinblick auf eine Risikoabschätzung abgeglichen werden müssen. Denn jede Technologie tastet einen bestimmten begrenzten oder auch unscharf begrenzten Detektionsraum (43 f.) ab, der in der Schärfe, der Distanz und Raumdimension unterschiedlich strukturierte Informationen über einzelne wahrgenommene und erkannte Objekte erzeugt.

Die daraus resultierenden Stärken und Schwächen der jeweiligen Sensori-ken müssen in Hinblick auf die Anwendung für die Laufwegbahnung durch den hier so benannten *Insuffizienzen-Ausgleich* zu einem validen vertrau-enswürdigen Ergebnis konsolidiert werden. Damit bei Unsicherheiten daraus fahrdynamisch nicht ein Stopp&Go-Kraftfahrbetrieb resultiert oder

der Kfz-Lenker vom Automat-System wiederholt zur vollen Übernahme der Fahrzeugführung (*Human-Machine-Interaction,* 62) aufgefordert werden würde.

Das betrifft zunächst die *Ausfilterung irrelevanter Informationen* sowie die *Bewertung der Adjazenz* (15) der anderen Verkehrsteilnehmer in Detektionsweite und die Beobachtung der weiteren Umgebung (vgl. Darst. 4) in Hinblick auf mögliche *Interventionen* auf Relevanz für die Laufwegbahnung. Des Weiteren ist die Priorisierung der von den Sensoriken (104) erzeugten Daten zu operationalisieren, welche davon entscheidungsrelevant sind sowie welche bei Ausfall einer Sensorik (z.B. witterungs-, umwelt- oder beschädigungsbedingt) durch die anderen Sensortechnologien kompensiert werden können, ohne Sicherheitsstandards zu verletzen. Schließlich werden alle digitalen Prozesse dokumentiert und zwar nicht nur für den Fall von kritischen Vorfällen (150 f.) mit Schadensfolgen, die dem Kfz-inhärenten Automat-System (20) als Fehlleistung anzulasten wären.

➤ (Personale) Integrität* (von Mobilitätsgruppen)

Dieser Überbegriff soll einerseits die *Grundrechte*, wie die Bewegungsfreiheiten (32) und die Verkehrssicherheit aller Mobilitätsgruppen (88) unter Einhaltung gewisser Regularien und verkehrsorganisatorischer Regulationen, und andererseits die *Ansprüche* von Verkehrsteilnehmern nicht von einer Gefährdung, Verunsicherung oder Nötigung im Verkehrsablauf bzw. bei Interaktionen auf der Fahrbahn bedroht zu werden, abdecken. Ein besonderer Aspekt dabei ist die *Verletzlichkeit von Personen* (148), die als wenig verkehrsmächtige und ungeschützte Bewegungskörper am Straßenverkehr teilnehmen (*"Vulnerable Road Users"* 149).

➤ Interaktionen / Interakteurs-Relations-Matrix* / Interaktionsfelder*

Interaktionen bedeuten, dass verkehrsteilnehmende Bewegungskörper (26) entlang eines Fahrweges aufeinander reagieren, um *kritische Annäherungen* (16) zu vermeiden. Die Betrachtung schließt alle auf einer Fahrbahn anzutreffenden oder entlang eines Fahrweges sich „adjazent" bewegenden oder gerade stillstehenden Mobilitätsgruppen (88), ob motorisiert, schwach motorisiert oder nichtmotorisiert, ob automatisiert ausgestattet oder nicht, ein. Interaktionen können als Szenen, beispielsweise in *Interaktionsboxen* (64), beobachtet und analysiert werden. Die Geschehnisse können mit Hilfe von theoretisch untermauerten und formalwissenschaftlich abgesicherten Methoden aufbereitet werden. Womit zwischendurch Ergebnisse vorliegen, die Gegenstand von weiterführenden Interpretationen sein können.

Erst der Diskurs darüber im Kreis eines Studienteams oder in der Fachöffentlichkeit lässt Erkenntnisse gewinnen. Darob dürfen die Kreise der Betroffenheiten (75) nicht übergangen werden, denn sie sind oder vertreten die Praxis des alltäglichen Straßenverkehrs (108). Als Schanier zwischen der Fachkompetenz und den Praxiserfahrungen fungieren die Interessenverbände, aber auch die für die Infrastruktur Verantwortlichen, die im Auftrag ihrer Mitglieder bzw. als öffentliche Aufgabenträger für die Nutzer im Mobilitätssystem tätig werden. Dazu gilt es, sowohl phantasievoll als auch systematisch Grundlagen zu schaffen, auf denen aufgebaut werden kann.

Ein Mittel dazu ist es, die prinzipiell denkmöglichen und die praktisch beobachtbaren *Relationen zwischen den Interakteuren* auf den Fahrwegen (97) und erweitert in den Straßenräumen (s. Darst. 4) systematisch zu erfassen. Dabei handelt es sich um ein weites, vielfach noch unbeackertes Forschungsfeld, das eines stufenweisen Einstiegs bedarf. Dafür kann als einleitender Schritt eine *systematische Kategorisierung* aller verkehrsteilnehmenden Bewegungskörper dienen, die sodann Mobilitätsgruppen überschneidend in Relationen gesetzt werden. Solchen Interakteurs-Relationen (s. Interakteurs-Relations-Matritzen 97) können vielfältige Sachverhalte, aber auch Zielorientierungen zu Grunde gelegt werden. Etliche Kriterien als kritische Faktoren für die Analyse dazu werden hier methodisch von A bis Z vordefiniert, um ausgewählt und angewandt diskutiert zu werden.

Mit deren Hilfe werden die Interaktionsrelationen noch ohne Ansprache konkreter Fahrsituationen auf örtlich spezifizierten Fahrwegen zwischen Vertretern verkehrsteilnehmender Mobilitätsgruppen (88) geordnet und variiert dargestellt. Damit kann in einer *ersten Ableitung einer Auswahlprozedur zur prinzipiellen Szenengenerierung* beigetragen werden, indem in überschaubarer, aber systematisierter *Weise initiale Akteure und affektierte Akteure* als Verkehrsteilnehmer zunächst situationsunabhängig in Beziehung gesetzt werden. Aus der Vielfalt der *Interakteurs-Relationsmatritzen* (97) können Interaktionsfelder herausgeschnitten werden, die zur problem- und lösungsorientierten Abhandlung, wie für Testanordnungen (121), thematisiert werden können (s. Darst. 18). Diese sind, um Missverständnissen vorzubeugen, nicht als Raumbezug gedacht, sondern stellen „Interrelationen" zwischen Akteuren her, die anhand einer Matrix unter bestimmten Regeln systematisch, problembezogen (z.B. im Rahmen von Workshops oder Arbeitsgruppen) oder auch rein zufällig ausgewählt und zur Diskussion gestellt werden.

➤ (Statische) Interaktionsbox* / In-Situ-Szenarien*

Die Fahrwege eines Verkehrsnetzes lassen sich „phänotypisch" attribuiert angelehnt an die Straßenkategorie (105) untergliedern, wobei es sich um relevante Randbedingungen für die Autonomisierung der Kraftfahrzeuge (23) und die Automatisierung des Straßenverkehrs (108) handeln muss. Dabei kann es sich um eine Fahrwegkante (52) handeln, innerhalb derer sich entweder typische Fahrmanöver (50) und Interaktionen regelmäßig oder gehäuft beobachten lassen oder eine besondere Gefahrensituation aufgrund der örtlichen Anlage entstehen kann, etwa wenn querende Verkehre auftreten oder unübersichtliche Blickfelder auf die Fahrbahn gegeben sind.

Eines der Musterbeispiele dafür sind die *Zulaufstrecken zu Straßenknoten*, wo an die Laufwegsortierung (79) vor der Haltelinie die Schnittflächen (100) mit kreuzenden und querenden Verkehren anschließen (s. Darst. 9). Daraus ergeben sich eine Vielzahl und eine Vielfalt an Szenenabfolgen für die *Kfz-inhärente Szenariengenerierung* (120). Solch gut beobachtbare Interaktionsboxen eignen sich für die Herleitung von **In-Situ-Szenarien** (118) als Prüfungsanforderung von Testanordnungen (121).

Während es sich bei einer „phänotypischen" Interaktionsbox im Zulauf zu einem Hauptstraßenknoten trotz aller örtlichen Verkehrsregulierungen einschließlich der Phasen der Verkehrslichtsignalanlage (vgl. Darst. 3a) um ein hochkomplexes *Szenenfeld* (115) handelt, können Fahrwegkanten im getrennten mehrstreifigen Richtungsverkehr phänotypisch leichter erfasst werden, wie auf Autobahnabschnitten zwischen Zufahrten und Ausfahrten (Exits) (vgl. Darst. 5). Deswegen sind sie gegenwärtig bevorzugte sogenannte *"Operational Design Domains"* ("ODD" 91), anhand derer automatisierte Interaktionen auf der Fahrbahn im reinen Straßenkraftfahrbetrieb (106) computer-gestützt virtuell simuliert und visualisiert werden.

➤ (Dynamischer) Interaktionsraum* (= „Sailing Interaction Space")

Ein solcher ist gegeben, wenn sich ein *Zufallskollektiv* (152) von Fahrzeugen als vorwärtsbewegende, unscharf begrenzte Raumkontur auf der Fahrbahn herausgebildet hat. Das bedarf einer örtlichen und situativen Ausgangslage, wie sie sich beispielsweise bei Grünfreigabe an einem lichtsignalgeregelten Knoten einstellt, wenn der aufgehaltene Bulk von Kraftfahrzeugen in gemeinsamer Richtung losfährt und somit eine zufällige Vergesellschaftung von Fahrzeugen stattgefunden hatte (s. Darst. 30).

Gekennzeichnet ist der treffender als *„Sailing Interaction Space"* anzusprechende Betrachtungsraum durch die veränderlichen adjazenten Positionen der Kraftfahrzeuge untereinander, die als wechselnde Mitspieler ein Zeitfenster und einen kurzen Laufweg lang miteinander interagieren. Dabei können manche Mitspieler vorne wegfahren oder andere sich aufholend dazugesellen. Man könnte so eine Szenenabfolge von Interaktionen wegen der physischen Raumüberwindung metaphorisch als „Verkehrsamöbe" bezeichnen. Als Sonderfall kann sich auch eine organisierte Vergesellschaftung ergeben, wenn ein Konvoi von Kraftfahrzeugen ähnlicher Kfz-Klasse und gleichen Laufweges sich mehr oder minder freiwillig verketten (*"Platooning"* 93), aber sich dabei die Fahrbahn in Korrespondenz mit anderen Fahrzeugen aufteilen.

Darst. 9: Generierung von In-Situ-Szenarien in einer Interaktionsbox zur Laufweg-sortierung und als dynamischer Interaktionsraum für den Rechtsabbiegeverkehr

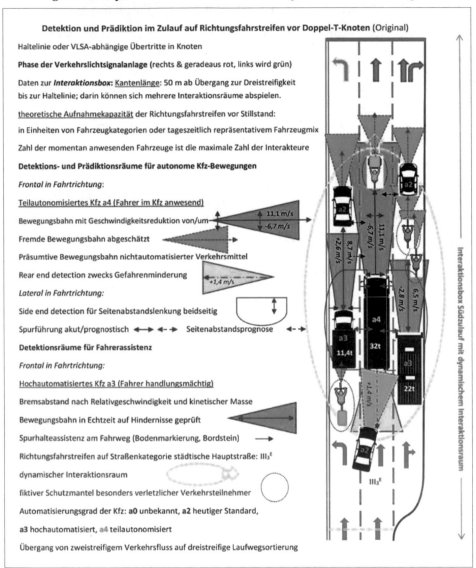

Als Spielfeld bzw. Betrachtungsraum kann eine geometrisch vordefinierte *Interaktionsbox* (64) dienen oder aber ein singulär beobachtetes *Szenenfeld* (115), soweit eine Mehrzahl der ursprünglichen Akteure noch eine gewisse Adjazenz (15) auf ihren Laufwegen aufweist und daher in einem gewissen Ausmaß noch interagiert. Spannend dabei ist die Verfolgung (bei spontaner Beobachtung) der Szenen und deren Nachvollzug, wenn der Fahrzeug-Mix in die kausalen Analysen der vorgefundenen Szenen zugrunde gelegt wird. Daraus ließen sich für die Automatisierung des Straßenverkehrs Szenarien für das konkrete Szenenfeld (dann ein Szenarienfeld 118, "ODD" 91) ableiten und strategisch auseinandersetzen.

Darst. 10: Szenenabfolge im Rechtsabbiegeverkehr mit vorausfahrendem Radfahrer als dynamischer Interaktionsraum

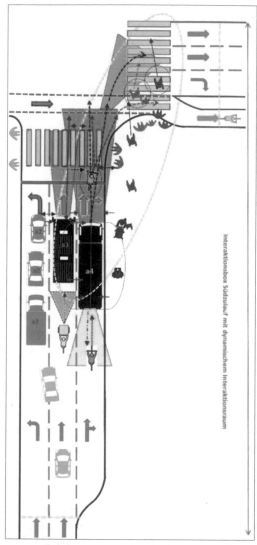

Szenengenerationen:

t4: Schutzweg durch Fußgänger geräumt, Lkw passiert

t3: Fußgänger initial Schutzweg frequentierend – LKW reagiert abstoppend

t2: Fußgänger initial Schutzweg betretend – Radfahrer reagierend

t1: Radfahrer initial aufsteigend – Lkw reagiert zögerlich anfahrend

t0: Ausgangslage vor Grünfreigabe geradeaus/rechts, Radfahrer an Stopplinie wartend

Szenen-/Szenarienfeld:

Interaktionsbox: Knotenzulauf

Zeitfenster: Geradeaus-Rechts-abbiege-Grün bis zur Räumung

Auswahl an „Mitspielern" aus den Mobilitätsgruppen

Interakteursrelationen:

Initialer Akteur: abgestiegener Radfahrer

Reagierender Interakteur: teilautonomer Lkw (a4)

Intervenierende Interakteure: Fußgänger

Kritische Interaktionen:

> Verhaltensprognose

> Trajektorienprognose

> Eventualitätsvorsorge

Anmerkung: Reale Szenerie im Knotenzulauf ohne Radfahrstreifen (s. Bild 33-34)

– Kritischer Interaktionsraum:

Es handelt sich um einen nicht scharf abgrenzbaren Teil der Fahrbahn, auf dem spontane Annäherungen (16) zwischen verkehrsteilnehmenden Bewegungskörpern (26) stattfinden und eine Reaktion in der Fahrdynamik bzw. im Bewegungsverhalten auslösen, wodurch *Szenen-Generationen* (117) (wie Anhalten-Passieren lassen-Anfahren) angestoßen werden. Kritische Interaktionsräume entstehen sowohl aus *Standardsituationen* aufgrund der örtlichen Fahrweg-Bedingungen (z.B. an Knoten oder Einmündungen, wo sich Laufwege schneiden) als auch aus *Eventualitäten* (47) im Verkehrs-

geschehen, wenn sich Verkehrsteilnehmer grob regelwidrig oder unver-
mutet verhalten.

Bild 27-29: Terminal-Vorfahrt eines Hub-Flughafens als Interaktionsbox mit Interaktionsräumen

– Intervenierter Interaktionsraum:

Es handelt sich dabei um Interventionen aus der Nutzungsumgebung und
den Verkehrsanlagen ihrer Funktionsstandorte, die zu Störungen im
üblichen Fließverkehr der Hauptfahrbahnen führen können. Das können
Längs- oder Schrägstellplatz-Streifen sein, die vor allem bei einstreifigem
Richtungsverkehr erhebliche Unsicherheiten auslösen können sowie Ausfahrten aus abseits gelegenen Stellplatzanlagen, wie Abfahrten von Park-
decks oder Auffahrten aus Tiefgaragen, die sich der vorausschauenden
Wahrnehmung nicht zuletzt durch den Etagenwechsel und die Rechtwin-
keligkeit der Einmündung in den Fließverkehr oftmals entziehen.

Das *Phänomen des „Auftauchens"* wird als besonders zu beachtende Aufgabe bei der Detektion (43) in der Automat-Kette (19) zu lösen sein, wobei
der Interkonnektivität durch gegenseitiges Anmelden zwischen den Fahrzeugen Bedeutung zukommen wird (s. Darst. 11).

➤ Interkonnektivität (Grad der...)

Die Interkonnektivität bezeichnet zunächst die nachrichtentechnischen
Fähigkeiten von Verkehrsteilnehmern mit anderen Verkehrsteilnehmern
(Vs2Vs oder V2VRU2V) sowie mit der Fahrweginfrastruktur (V2I2V)
Daten auszutauschen. Dabei spielen der Umkreis der Datentransfers und
die Qualität der Informationen eine entscheidende Rolle für das Verkehrs-
verhalten auf der Fahrbahn und entlang des Fahrweges. Als für die Auto-
matisierung seitens des Straßenkraftfahrbetriebes erforderliche Reichweite
bieten sich Raumbezüge an, die auf einer klar definierten *Adjazenz* (15) der
Bewegungskörper (26) aufbauen, wie die *dynamischen Interaktionsräume*
(65) entlang von Fahrwegkanten, aber auch die statische Betrachtung von
Interaktionsboxen (64), selbst wenn die Kommunikationsreichweite der
Transponder darüber hinausgehen sollte (vgl. Darst. 30).

Darst. 11: Durch Video-Beobachtungsfahrten erkannte kritische Interaktions-räume im Geschehnisraum rund um einen Hauptstraßenknoten

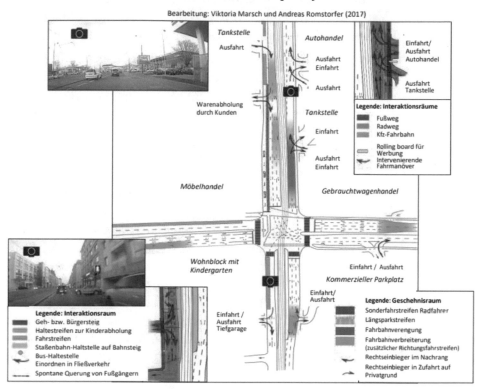

Bearbeitung: Viktoria Marsch und Andreas Romstorfer (2017)

– Informelle Interkonnektivität Grad 1:

In Hinblick auf die Informationsqualität und die Verkehrswirksamkeit der ausgetauschten Daten wird zu unterscheiden sein, ob sie der unverbindlichen Information bzw. der Warnung eines Kfz-Lenkers oder einer Kfz-inhärenten Automat-Kette (19) bei der Laufwegbahnung (78) unterstützend dienen oder ob sie gar zur Befehlsgebung an die Fahrzeugsteuerung eingreifend fungieren. Hierzu kommen die Voreinstellungen der Fahrstilkonditionierung (72) der Automat-Kette eines Kfz-Musters (74), der Dependenzstufe (41) bzw. der Modi der Verkehrsteilnahme (144) des Kfz und die jeweilige Wahl des Fahrbetriebsmodus (48) zum Tragen. Bleibt sodann die Lenkersouveränität (82) über die Fahrzeugsteuerung aufrecht und steckt allenfalls auch die Automat-Kette aufgrund einer auf „Vorteilnahme" bedachten Konditionierung (allerdings unter Einhaltung von Sicherheitsstandards, wie Wahrung der Sicherheitsblase) nicht zurück, kann der Interkonnektivitätsgrad als gering oder „1" bezeichnet werden.

– Koordinative Interkonnektivität Grad 2+ :

Wenn mit Hilfe der Interkonnektivität innerhalb eines *Zufallskollektives* (152) von adjazenten Fahrzeugen daraus ein „solidarisches" Fahrverhalten aller resultiert, könnte von einem Interkonnektivitätsgrad „2" gesprochen werden. Dabei müsste sich eine Konditionierung der gegenseitigen Rücksichtnahme bei allen beteiligten Kraftfahrzeugen einstellen, sofern der „gebundene" Verkehrsstrom nicht vom gerade akuten Verkehrszustand bzw. Level of Service (83) auf dem Fahrweg ohnehin erzwungen würde.

Bei einem Interkonnektivitätsgrad „3" wäre der Freiheitsgrad als *solitär* agierendes Kraftfahrzeuges weitgehend eingeschränkt, weil ein örtliches oder sonstwo angesiedeltes zentrales Verkehrslenkungsmanagement alle Fahrzeuge entlang eines Fahrweges von außen eingreifend steuern würde, sollte es aufgrund des Verkehrszustandes oder wegen des Fehlverhaltens einzelner Verkehrsteilnehmer erforderlich sein. Diesfalls könnte auch eine Sanktionierung „unbotmäßig" sich verhaltender Kfz stattfinden.

Das bedeutet, dass neben der Verkehrsmächtigkeit (140) und dem Bewegungspotenzial (27) eines Kfz-Musters (74) sowie der Konditionierung seiner Automat-Kette (19) und seiner Automatisierungsausrüstung auf einem bestimmten Level auch noch die Ausrüstung mit Hard- und Soft- bzw. Middleware für die Interkonnektivität dazutritt, was den künftigen Fahrzeug-Mix im Straßennetz anbelangt. Dazu wird es noch vieler Richtungsentscheidungen sowohl bezüglich der Forschungspolitik als auch der Verkehrspolitik in Hinblick auf Standardisierungen, Harmonisierungen und der verkehrsräumlichen Zulassungen bedürfen, um die Verkehrstauglichkeit (143) der Automat-Systeme fahrzeugseitig wie infrastrukturseitig zu gewährleisten.

➤ Kante / Kantenzug eines Fahrweges oder eines Laufweges

In der Verkehrsplanung wird auf strategischer Ebene meist mit Netzgraphen, die aus Knoten und Kanten bestehen, gearbeitet, um verkehrsorganisatorisch die Erschließung einer Verkehrsregion (141) darzustellen und Wege und Relationen darin zu berechnen. Auch Navigationssysteme und Routenplanungstools, die Laufwege beschreiben, sind mit Netzgraphen hinterlegt. Ein *Knoten* repräsentiert graphentheoretisch eine wie immer geartete Veränderung der Befahrungsbedingungen (24) und eine *Kante* in Bezug auf ihre unveränderlichen Merkmale einen homogenen Fahrweg (52), der mit relevanten Attributen versehen wird, etwa mit Trassierungs- oder Ausstattungsmerkmalen je nach Straßenkategorie (105).

Es können auch *Kantenzüge* bestimmter gleichbleibender Merkmale (z.B. Zweistreifigkeit einer Richtungsfahrbahn) gebildet werden, während weitere Merkmale variieren (z.B. die Längsneigungen des Fahrweges oder der Charakter der Durchfahrtsumgebung). Die Evidenthaltung der physischen Befahrungsbedingungen wird an Bedeutung gewinnen, wenn der *Kraftfahrbetrieb* (72) zur Laufwegbahnung autonomisiert und der *Straßenverkehrsbetrieb* (106) entlang der Fahrwege automatisiert werden sollen.

➤ Kinetische Masse* (eines Kfz)

Die kinetische Masse eines verkehrsteilnehmenden Bewegungskörpers konstituiert sich im Falle eines Kfz aus der *aktuellen Fahrzeugmasse* einschließlich aller mitgeführten Transportgüter, wie dem Personal bzw. den Insassen und den Betriebsmitteln (fossiler Kraftstoff im Tank oder den Energiespeichern) sowie sonstiger geladenen Nutzlasten. Im Straßenverkehrsbetrieb spielen (neben manchen anderen Faktoren im situativen Einzelfall) die Fahrgeschwindigkeit und die Verkehrstopographie (etwa als zusätzliche potenzielle Energie) bei der Krafteinwirkung auf Hindernisse (wie auf andere Verkehrsteilnehmer) bei einer Kollision eine steigernde oder abmindernde Rolle. Aber Verallgemeinerungen sind diesbezüglich heikel anzustellen. Allenfalls könnten die bisher üblichen Crash-Tests diesbezüglich „in situ" erweitert werden, indem Vorfallsszenarien (150 f.) durchgespielt werden, zu denen am Beginn die *Interakteurs-Relations-Matritzen* (97) herangezogen werden (s. Darst. 18).

Das Ausmaß des Schadensrisikos für die geringer verkehrsmächtigen Opponenten (92) auf der Fahrbahn ist eng mit der Fahrzeugklasse, deren zulässigem Gesamtgewicht gemäß Kraftfahrgesetz und dem *Bewegungspotenzial* (27) der jeweiligen *Kraftfahrzeugmuster* (74) herstellerseitig sowie mit der gesetzlich limitierten Höchstgeschwindigkeit bei Nutzfahrzeugen, die zumeist von Berufskraftfahrern gelenkt werden, korreliert. Von einer relativ geringen Fahrzeugmasse bei hoher Fahrgeschwindigkeit, wie bei Sportwagen oder Motorrädern, geht ebenso ein Gefährdungspotenzial im Gegenverkehr aus, wodurch die Adjazenz mit zu definieren wäre. Auch die Frage der *Ansichtigkeit* zur rechtzeitigen Wahrnehmbarkeit für das entgegenkommende Fahrzeug und dessen Handlungsoptionen ist aufzuwerfen

Eine weitere Frage stellt die Anwendung als Beurteilungskriterium in der Kfz-inhärenten Automat-Kette (19) dar, die schon bei der Objektklassifikation (38) im Zuge der Detektion (43) beginnen müsste und folglich als ein Entscheidungsfaktor für die Laufwegbahnung (78) einfließen könnte. Aber auch dazu wäre der Kontext zu phänotypischen Befahrungsbedingungen (24) auf Fahrwegkanten (52) und die Verknüpfung mit beobachteten Fahrmanövern (50) in kritischen Interaktionsboxen (64) herzustellen.

➤ Konditionierung* (des Automat-Systems)

Dieser Begriff wird hier in Zusammenhang mit der Programmierung der Fahrstrategie im *Kraftfahrbetrieb* (72) eines Kfz-Musters (74) verwendet. Das geschieht in Hinblick auf den Grad der Ausschöpfung des Bewegungspotenzials (27) und des Bewegungsverhaltens bei bestimmten Interaktionen auf der Fahrbahn gegenüber anderen verkehrsteilnehmenden Gruppen und deren Schutzansprüchen und Bewegungsfreiheiten (32). Es ist davon auszugehen, dass die Automobilhersteller diesbezüglich unterschiedliche

Ausrichtungen vornehmen wollen, um ihrer Markenphilosophie und Modellpolitik am Markt zu behaupten (vgl. Darst. 1).

Die Prinzipien von *Vorteilnahme* und *Rücksichtnahme* (99) werden als Prüfansätze bei Testanordnungen vorgeschlagen, um das Bewegungspotenzial einzelner Kraftfahrzeugmuster (74) für den *Straßenfahrbetrieb* (105) verträglich zu implementieren und Hinweise auf zweckmäßig vorzuschreibende Standardisierungen herauszufinden. Das setzt umfassende Testserien über das Bewegungsverhalten von höher automatisierten Kraftfahrzeugen unter realistischen Verkehrszuständen voraus, die aber nicht nur aufgrund von Demonstrationsfahrten im Verkehrsgeschehen des Straßennetzes gewonnen werden können (s. Testanordnungen 121).

Darst. 12: Konstituierende Komponenten des Autonomisierungspotenzials im Kraftfahrbetrieb

> **Kraftfahrbetrieb** (≠ Straßenkraftfahrverkehr/-betrieb)

Der Kraftfahrbetrieb erfolgt durch alle von einem technischen Energiewandler bewegten Verkehrsmittel ohne feste Spurführung, wie hauptsächlich Kraftfahrzeuge nach dem Kraftfahrgesetz (KFG), mit ihrem inhärenten Bewegungspotenzial (27) und ihrem beobachtbaren Bewegungsverhalten (Fahrstil 51). Es handelt sich daher um eine auf Kraftfahrzeugmuster (74) bezogene Betrachtungsweise, die die Verkehrsteilnahme (144) einzelner Kfz in den Mittelpunkt stellt. Der Mix unterschiedlich ausgestatteter Kfz firmiert sodann unter *Straßenkraftfahrverkehr- bzw. betrieb* (106).

> **Kraftfahrgesetz(gebung)**

Alle mit dem Gebrauch eines Kraftfahrzeuges zusammenhängenden Bestimmungen werden im Kraftfahrgesetz geregelt. Das betrifft die Klassifizierung und Kennzeichnung von Fahrzeugen, die Berechtigung, Kraftfahrzeuge als Kfz-Führer im öffentlichen Straßennetz zu steuern (Lenkerberechtigung), sowie die Verpflichtungen als Kfz-Halter bzw. Fuhrparkbetreiber, für einen ordnungsgemäßen fahrbereiten Zustand zu sorgen. Die

Fahrzeugzulassung und die Lenkerberechtigung sind dazu die zentralen Dokumente.

Die regelmäßige Überprüfung des ordnungsgemäßen Zustandes eines Fahrzeuges und die Führung eines zentralen Registers beim *Kraftfahr-Bundesamt* in Deutschland (KBA in Flensburg) über Verstöße von Kfz-Führern gegen die Straßenverkehrsordnung (108) sind die zentralen Instrumente, um eine hohes Maß an Verkehrssicherheit zu gewährleisten.

Für spontane Kontrollen der Fahrtüchtigkeit von Kfz und deren Lenkern im Straßennetz ist zuallererst die *Verkehrspolizei der Länder* vor allem bei Auffälligkeiten berechtigt. Speziell für schwerpunktmäßige Kontrollen der Fahrtüchtigkeit von Lastkraftwagen sind es in Deutschland das *Bundesamt für Güterverkehr* (BAG), in Österreich die staatliche Autobahngesellschaft ASFINAG, die eigene Kontrollstellen an den Autobahnen dazu betreibt, und in der Schweiz das *Bundesamt für Verkehr* (BAV).

Die schon laufende *technische Zulassung* der einzelnen Komponenten in der Automat-Kette (19) wird über kurz oder lang, nämlich dann, wenn der technologische Fortschritt eine Autonomisierung der Kraftfahrzeuge (23) erlauben wird, eine *systemische Zulassung* der Automat-Kette (154) nach sich ziehen, die das verkehrstaugliche und -verträgliche Bewegungsverhalten der Kraftfahrzeugmuster (74) beurteilen sollte. Für Kontrollen des Straßenkraftfahrbetriebes (106) bedeutet dies vermutlich eine Neuaufstellung, wenn nicht nur optische Diagnosen am Fahrwerk im Vordergrund stehen, sondern in die Tiefe des Betriebssystems geblickt werden muss.

➢ Kraftfahrzeug-(Kfz-)Lenker*in

Ergänzend zur Kraftfahrgesetzgebung, die vom *Kfz-Führer* in seiner Funktion als für die Steuerung eines Fahrzeuges verantwortlich zu machende Person bzw. vom *Kfz-Halter* als für die gesetzeskonforme Einsatzfähigkeit zuständige Person gesprochen wird, sollte im Zuge der Automatisierung im Kraftfahrbetrieb vom *Kfz-Lenker* (rechtlich geschlechtsneutral verstanden) und seiner (ihrer) *funktionellen Rolle* bei Fahrmanövern (50) die Rede sein. Denn im prozessualen Ablauf eines Fahrmanövers ist die ausschlaggebende Teilfunktion bei der Laufwegbahnung (78) die Lenkung des Kfz in einen offenstehenden Trajektorienraum (127) auf der Fahrbahn hinein, während die Dosierung der Fahrdynamik, also die herkömmliche Pedalarbeit, davon konditional abhängig erfolgt, außer in Notfällen (150).

Jedoch wird im Zuge der sogenannten *"Human-Machine-Interaction"* (62) im Versagensfall der Kfz-inhärenten Automat-Kette oder im Untersagungsfall an einer definierten Schnittstelle (102) des Fahrweges der Kfz-Lenker aufgefordert werden, die Steuerung vollverantwortlich zu übernehmen. Dazu wird diese Person wohl zuerst zum Lenkrad greifen, ehe die Pedalarbeit Sekundenbruchteile später einsetzt. Übrigens verkehrsrechtlich gilt geschlechtlich der Gleichheitsgrundsatz, aber die Verkehrsunfallstatistik zeigt ein etwas anderes Bild, wo Frauen vorbildlicherweise (für die zukünftge Konditionierung?) unterrepräsentiert sind, also weniger schuldtragend in schwere Unfälle verwickelt sind. Ihr Fahrverhalten sollte daher in Testanordnungen einfließen.

➤ Kraftfahrzeugmodell (als Marktangebot)

Jedes Kraftfahrzeug hat als Modellausführung einer Automobilmarke eine gewisse Bandbreite der *motorischen Leistungscharakteristik*, etwa in Hinblick auf die Kennwerte zum Beschleunigungsvermögen und zur Kraftentfaltung (Drehmoment in Newtonmeter), innerhalb derer vom Kfz-Käufer eine Variante ausgesucht wird. Aufgrund seiner *Abmessungen* und seiner *Fahrzeugmasse* (Eigengewicht plus Zuladungskapazität) weist es eine bestimmte *Verkehrsmächtigkeit* (140) auf, die das *Bewegungspotenzial* (27) auf der Fahrbahn ausmacht. Ohne noch den praktizierten Fahrstil von Kfz-Lenkern oder eine Konditionierung (72) durch eine Automat-Kette (19) ins Spiel zu bringen, ergibt sich daraus schon eine breite Vielfalt an Kfz-Mustern, die durch die herkömmliche Fahrzeug-Klassifizierung (54) nur grob untergliedert wird. Dem bei der behördlichen Zulassung von autonomisierten Kraftfahrzeugen gerecht zu werden, könnte sich noch als erforderliche Aufgabe herausstellen.

➤ Kraftfahrzeugmuster (als Klassifizierung)

Jede Standardisierung von Automat-Ketten (19) muss auf die für eine Automatisierung der Fahrdynamik relevanten Leistungsmerkmale der auszurüstenden Fahrzeuge abgestellt sein. Daher kann es sich herausstellen, dass die üblichen gesetzlichen Definitionen von Kraftfahrzeugtypen und -klassen diesbezüglich zu kurz greifen, sodass in einer Anlehnung an diese eine sachgerechte Erweiterung vorgenommen werden sollte. Insbesondere ist eine Verschränkung mit den SAE-Standards (-Levels der Automatisierung 21) ins Auge zu fassen. Aber auch die Aspekte der Konditionierung (72) und der Fahrbetriebsmodalitäten (48) von automatisierten bzw. autonomisierten Kraftfahrzeugen ist in die Betrachtung mit einzubeziehen.

Daraus ließe sich ein Katalog von Kraftfahrzeugmustern entwickeln, der offen bleibt und mit den technologischen Entwicklungsständen und mit der Marktmigration der Produkte installiert in den Kraftfahrzeugen mitwächst. Eine überschaubare Kategorisierung des Kfz-Bestandes kann nach dem bestimmungsgemäßen Gebrauch definiert durch das Kraftfahrgesetz angelehnt an die Führerscheinklassen (A-F), nach Modell-Ausführung des Automobilherstellers auf der Basis der üblichen motorischen Leistungsangaben und nach Automatisierungsgrad ("a0 bis a5"), wie weithin gebräuchlich nach SAE-Levels (21), erfolgen. Derart wird eine Kontextualisierung mit dem Mobilitätssystem handhabbar gemacht und ist als eine ausreichend differenzierte Merkmalszuschreibung für die *Interakteurs-Relationsmatrizen* (77, 97) greifbar.

➤ Kreise der Betroffenheiten*

Damit sind zunächst jene „sozialen" Gruppen gemeint, die in irgendeiner Weise als Verantwortliche, als Handelnde, als Anwendende oder als Erduldende mit der Automatisierung im Straßenverkehr konfrontiert (sein) werden. Denn von der Marktmigration der Produkte zur Automatisierung und Autonomisierung der Kraftfahrzeuge sind nicht nur die Käufer und Kfz-Halter betroffen, sondern alle Mobilitätsgruppen, die mit dem Straßenkraftfahrbetrieb Schnittflächen (100) auf den Fahrwegen teilen. Somit wird die **unmittelbare Betroffenheit im Verkehrsgeschehen** angesprochen.

Darüber hinaus stellt die fortschreitende Automatisierung im Zuge der Erneuerung des Kfz-Bestandes alle jene vor Herausforderungen, die für den *Straßenverkehrsbetrieb* (108) organisatorisch und technisch Verantwortung tragen. Es handelt sich um *Behörden*, die Zulassungen von in Kraftfahrzeugen installierten Automatisierungstechnologien erteilen, wie das Kraftfahrbundesamt (KBA) und *Prüf-Institutionen*, die befugt sind, Zertifizierungen vorzunehmen. Schließlich gehören jene *Planungsträger* dazu, die örtliche Regulationen (96) erlassen, sowie die *Straßenerhalter*, die für die baulich-technische Unterhaltung der Fahrwege und Nebenanlagen zuständig sind. Vorweg sind es aber die *Legisten* der Gesetzgeber, die die allgemein gültigen Regeln des Straßenverkehrs normieren und auf die technologischen Innovationen reagieren müssen.

Die akteursbezogenen Betroffenheiten im täglichen Verkehrsgeschehen weisen vielfältige Ausprägungen auf. Diese sind einerseits grundlegender Natur, andererseits zeitigen sie auch operative Auswirkungen, wie

- *Betroffenheit des Kfz-Halters als Käufer*in und Nutzer*in* eines Kfz-Modells in Hinblick auf Mehrkosten bei der Anschaffung und die Nützlichkeitserwartungen im Kraftfahrbetrieb *("Driver's Use Cases"* 129*)*

- *Betroffenheit der Mobilitätsgesellschaft* (87) in Hinblick auf die erhofften Dienstbarkeiten für gewisse benachteiligte Gruppen zur Erleichterung und Erweiterung ihrer Mobilitätsausübungen *("Societal Use Cases")*

- *Betroffenheit als Kfz-Lenker*in* in Hinblick auf die Beeinflussung des Fahrverhaltens „im Hintergrund" der Automat-Kette *("Backend")*

- *Betroffenheit als Verkehrsteilnehmer*in* gegenüber einem automatisierten oder autonomisierten Kraftfahrzeug, dessen Automatisierungsgrad und Verkehrsteilnahme-Modus (144) nicht offensichtlich ist und dessen Fahrverhalten deswegen nicht ausreichend eingeschätzt werden kann.

➢ Künstliche Intelligenz

Im Kontext mit der Autonomisierung der Kraftfahrzeuge (23) wird häufig der Begriff der Künstlichen Intelligenz (kurz „KI") bemüht, was so viel heißen soll, dass die *kognitiven Leistungen und moralischen Fähigkeiten* menschlicher Kfz-Lenker*innen auf die Kfz-inhärente Automat-Kette (19) übertragen werden sollen. Die Gewinnung künstlicher Intelligenz fußt auf einer Erfahrungsdokumentation und Vorfallserforschung (151) mittels einzelner Fahrzeuge (eingesetzt in ihren gewohnten Verkehrsräumen) oder von dafür vorgesehenen Kfz-Flotten in Breitbandeinsätzen. Diese Erfahrungssammlung, als "Deep Learning" bezeichnet, bedarf einer Erfassungssystematik und einer Schlussfolgerungslogik, die als Ergebnisse ihrerseits diskussionswürdig sein werden.

Wenn aber die Kfz-Lenkenden von der verantwortlichen Steuerung ihrer Fahrzeuge, wenn auch nur zeitweilig und entlang von dafür ausgewiesenen Fahrwegkantenzügen (52), entbunden werden, stellt sich in weiterer Konsequenz die Frage des *Verantwortungsüberganges* (130) an andere schuldzuweisungsfähige Personen, sollte es fatale Fehlleistungen des Automat-Systems, spätestens mit der Verbreitung von Level a4, geben. Diese Zuweisung wird entlang der Wertschöpfungskette (Händler, Markenvertrieb, OEM, Teile-Zulieferer, Hard- und Software-Entwickler) rückwärts gerichtet werden müssen, womit Hersteller und Zulieferer in den Fokus rücken.

Gerade in Hinblick auf die Automatisierungstechnologien handelt es sich eben nicht nur um eine Produkthaftung für rein technisch bedingte Unzulänglichkeiten, sondern mit Blick auf den Verantwortungsübergang (130) wird auch die *Entscheidungsalgorithmik* offenzulegen und geeignet zu prüfen sein. Dazu gehört die *Kfz-inhärente Szenarien-Modellierung* (120) zur situativen Wahl der Handlungsoption bei der Laufwegbahnung (78). Der Judikatur allein wird man die Auflösung einer solchen Grundsatzfrage nicht aufhalsen können, weil sich zuvor behördliche Zulassungsverfahren damit auseinandersetzen müssen. Dadurch kann rückwirkend auch eine Behördenhaftung für die Güte der Zulassungskriterien entstehen, die sich nicht allein ex-post auf das Sammeln von Erfahrungen nach erteilter Zulassung („mal sehen, was passiert") stützen darf.

➢ (Straßenbegleitende) Land- bzw. Flächennutzung

Die städtebauliche und freilandschaftliche Umgebung stellt mit ihren jeweiligen Flächen- und Gebäudenutzungen samt ihren Zugängen bzw. Zufahrten erschließungstechnisch die Quellen und Ziele der Verkehrsbewegungen dar. Ihre Nutzungsstruktur repräsentiert spezifische Mobilitätsbedürfnisse, die typische Verkehrsaufkommen auslösen. Für die Implementierung der Automatisierung des Straßenkraftfahrbetriebs (106) kommen zwei Aspekte als Randbedingungen zum Tragen. Erstens evoziert die

Nutzungsdichte (von Wohneinheiten, Arbeitsplätzen oder der Logistik) das Ausmaß und die Frequenz des Verkehrsaufkommens und zweitens stellt die Konzentration von Funktionsstandorten Anforderungen an die Qualität der Zugänglichkeit, was sich auf die Zusammensetzung der Verkehrsarten und die Formen der Mobilitätsausübung auswirkt.

Bild 30-32: Schnittstellen zwischen der Flächennutzung in der Umgebung und der Straßenerschließung

In der territorialen Nutzungsverteilung spiegeln sich darin *städtebauliche Konzepte*, wie des *Funktionalismus, also der Trennung der Standorte nach Funktionen,* oder der *Gartenstadt*, wider. Dabei ist auf Sensibilitäten der dort vermehrt auftretenden Gruppen von Verkehrsteilnehmern mit spezifischen Verhaltensauffälligkeiten Rücksicht zu nehmen, wie bei Schulstandorten, Seniorenresidenzen, Einkaufszentren, Veranstaltungsstätten u.a.m. Außerdem ergeben sich zwischen solchen Funktionsstandorten und dem öffentlichen Raum als allgemein nutzbare Verkehrsflächen Schnittstellen (101) zu proprietären (= nicht im öffentlichen Eigentum befindlichen) Verkehrsflächen, wie solchen von Wohnanlagen oder Gewerbestandorten zur inneren Erschließung, die unterschiedlichen Zugangs- und Befahrungsregelungen (24) unterliegen können (vgl. Darst. 16, 28).

Die Darstellung 13 bildet eine nach außen gerichtete Erweiterung der Stadtkante und gleichzeitig eine innere Verdichtung und Konversion von älteren Siedlungsstrukturen ab. Daraus können sowohl die epochetypischen städtebaulichen Erschließungskonzepte als auch der aktuelle Anpassungsbedarf abgelesen werden. Letzterer steht unter der Rahmenbedingung kaum eine horizontale Ausdehnung von Verkehrs- bzw. Abstellflächen für den Kraftfahrverkehr verfügbar zu haben, wenn nicht weiterhin Grünraum geopfert werden soll. Inwieweit hier die Automatisierung des Straßenverkehrs Anwendung finden kann und mit welchen Auswirkungen durch die individuelle Automatisierung der Kraftfahrzeuge zu rechnen sein wird, ist eine noch offene Frage. Da es sich um eine alpine Stadtlage (Innsbruck) handelt, stellen Geländeknicke bis hin zu Steilstrecken in der Verkehrstopographie eine besondere Herausforderung dar. Die Durchwirkung mit privaten Gartenflächen, noch landwirtschaftlich genutzten Standorten und wohnnahen Erholungsgebieten schafft ein bunt von Mobilitätsgruppen frequentiertes Wegenetz unterschiedlicher Regulationen und Beschränkungen.

Darst. 13: Vielfalt der Bebauungsstrukturen und Landnutzungsmuster in einem Stadterweiterungsgebiet als Bedingungsrahmen für die Mobilitätsausübung

➤ Laufweg / Laufwegbahnung*

Der Laufweg eines Verkehrsteilnehmers entspricht der individuellen Routenplanung von der Quelle der Verkehrsbewegung zu einem Ziel zur Erfüllung eines Fahrt- bzw. Wegezweckes (51). Die *Laufwegbahnung* ist dazu die Realisierung entlang eines Fahrweges in Korrespondenz mit den vorzufindenden Befahrungsbedingungen und in Interaktion mit den anzutreffenden Bewegungskörpern (26) im Umfeld (128) auf der Fahrbahn.

➤ Laufweg-Kantenzug (Laufweg-Risiko-Analyse)

Soll beispielsweise eine Risikoanalyse für die Laufwege bestimmter verkehrsteilnehmender Mobilitätsgruppen (144) vorgenommen werden, werden die Fahrwege der Route in Kanten zerlegt und die dort lauernden Risiken für kritische Annäherungen (16) und Interaktionen auf den Schnittflächen und -stellen (100 f.) mit anderen verkehrsteilnehmenden Gruppen erfasst und bewertet (vgl. Darst. 14).

Das gilt insbesondere für Laufwege von besonders verletzlichen Verkehrsteilnehmern (149) und vor allem dann, wenn sich ihre Laufwege mit denen der motorisierten Verkehrsteilnehmer kreuzen, begegnen oder mischen sollten (Mischverkehr 84). Hierzu empfiehlt sich eine duale Sichtweise, die einerseits die analytische Brille eines verletzlichen Verkehrsteilnehmers aufsetzt und andererseits die Schnittstellen (101) aus dem detektierenden Blickwinkel des Kraftfahrzeuges erfasst, um daraus ein Anforderungsprofil für die Kfz-inhärente Automatisierungskette (19) aufzustellen. Am Ort der Fahrwegkante kann der so identifizierte kritische Interaktionsraum mit Hilfe von *In-situ-Szenarien* (68, 118) für Testanordnungen (121) anschaulich gcmacht werden. (vgl. Darst. 10).

Darst. 14: Laufweg-Risikoanalyse für den Radfahrverkehr an einem städtischen Hauptstraßenknoten

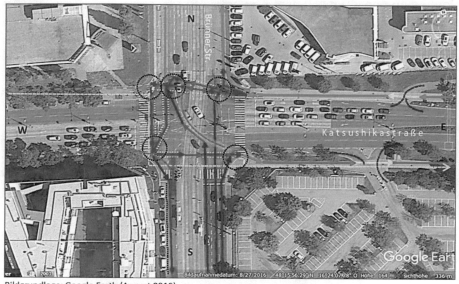

Bildgrundlage: Google Earth (August 2016)

Legende zur Darstellung:

Geschehnisraum: **Vollständiger Kantenzug im Geschehnisraum:**

Richtung des Kantenzuges (Laufweges) eines Bewegungskörpers von Quelle nach Ziel (angrenzende Geschehnisräume): zum Beispiel R$_3$→

Stückelung des Kantenzuges nach *Merkmale der Kanten* (Befahrbarkeit nach unveränderlichen physisch-baulichen-verkehrsorganisatorischen Randbedingungen) und *Eigenschaften der Kanten* (Befahrbarkeit nach zufälligen Interventionen im Verkehrsablauf)

Radverkehr im MIV-Fließverkehr: ——→   Radverkehr auf markiertem Fließverkehrsstreifen: ——→

Radverkehr quert ÖV-Gleise im MIV-Fließverkehr: —→   Radverkehr auf markiertem Radfahrstreifen: ——→

Radverkehr auf abgesetztem Radweg im Einbahnverkehr: ——→   Radweg gekreuzt von MIV-Zufahrt: ·····→

Radverkehr parallel zum Fußverkehr auf abgesetzter Fahrbahn im Gegenverkehr: ←– –→

Dreh- und Angelpunkte des nichtmotorisierten Verkehrs: ◯
(Aufeinandertreffen von Laufwegen in einer VLS-Phase)

Intervenierende Annäherungen zwischen Kfz und Nichtmotorisiertes Fahrzeug während einer VLS-Phase:

Kfz den Radverkehr-Laufweg querend angesichtig/nicht angesichtig:

Kfz gegenläufig tangierend angesichtig/nicht angesichtigt: Kfz rechtsabbiegend tangierend:

Kfz-NmFz gleichlaufend konvergierend: ━━━━━   Kfz in/aus Längsparkstreifen fahrend: ············

➤ Laufwegsortierung

Eine der heikelsten Fahrmanöver (50) bzw. Interaktionen mit anderen adjazenten Fahrzeugen ergibt sich beim Einlenken auf einen Richtungsfahrstreifen vor Knoten, weil bei dichtem Verkehrsaufkommen (etwa auf Level of Service C bis D) oder/und zu Ende gehender VLS-Grünphase gegenseitige Rücksichtnahme (99) und hohe Aufmerksamkeit gefordert sind, die menschliche Kfz-Lenker in der Regel routiniert meistern. Vereinigungen oder Auffächerungen von Fahrstreifen im Ablauf von Knoten oder im Zug einer Fahrwegkante stellen ähnliche Anforderungen bei der individuellen

Laufwegbahnung auf der Fahrbahn (vgl. Darst. 9). Dabei handelt es sich um kein außergewöhnliches Thema, wenngleich die Verkehrsunfallforschung sich phänotypisch damit zu befassen hat.

Bild 33-35: Laufwegsortierung im Zulauf von Knoten im Mischverkehr

33

34

35

Im Falle der Autonomisierung des Kraftfahrbetriebes (23) sind dann die Entscheidungsalgorithmen zur Vermeidung von kritischen Annäherungen (16) oder Nötigungen anderer, vielleicht noch nicht hochautomatisierter Kraftfahrzeuge gefragt, wobei die Konditionierung der Automat-Kette (71, 19) ins Spiel kommt. Denn es ist zu fragen, ob eine große Verkehrsmächtigkeit (140) zu größerer Vorsicht veranlasst oder sie zur Vorteilnahme (99) ausgenutzt wird.

Einen entscheidenden Einfluss zur Koordinierung der Fahrzeugbewegungen innerhalb einer solchen Interaktionsbox (64) kann die *Interkonnektivität* (68) ausüben, also der Datenaustausch zwischen den Fahrzeugen im Zufallskollektiv (152), falls diese nicht durch ein übergeordnetes Verkehrsmanagement ohnehin „vorsortiert" werden und daher nicht mehr zufällig auf der Fahrbahn zusammentreffen können. Das bedeutet, dass standardisierte Priorisierungsregeln algorithmisch in der Automat-Kette jedes Kraftfahrzeuges verankert werden müssten, die zwar auf Marke und Modell abgestimmt sind, aber nicht „unsolidarisch" ausgelegt sein dürften. Das betrifft somit die Gewährleistung von *Sicherheitsblasen* (104) und *Freihaltelinsen* (57) für die Fahrzeuge innerhalb eines *dynamischen Interaktionsraumes* (oder *„Sailing Interaction Space"* 65, s. Darst. 30). Es erscheint zwar weit hergeholt, aber Flugzeuge verfügen über solche Automatiken für Fällen von "Near Misses" in der Luft.

➤ Lenker-Präsenz* (Stufen der...)

Je nach Automat-Level (a2 bis a6, 21) eines Kraftfahrzeugmusters (74) ausgestattet mit unterstützenden oder selbsttätigen Funktionalitäten ist die Rolle des Kfz-Lenkers bzw. der *Beitrag der „humanen Funktionalität"* bei der Fahrzeugsteuerung zu konkretisieren. Bis Level 3 bleibt der Kfz-Lenker vollverantwortlich – trotz mancher Eingriffe der Automat-Kette in die Fahrdynamik – für die Bewegungen auf der Fahrbahn, auch wenn kurzzeitig die Lenker-Präsenz unter bestimmten Bedingungen am Fahrweg reduziert werden darf. Dieses Übergangsstadium ist aber mit Grauzonen der Unsicherheit verbunden. Auf Level 4 wird das Kraftfahrzeugmuster zur vollautonomen Laufwegbahnung (a4) über kürzere oder längere Strecken befähigt und dafür zugelassen. Das ist aber noch nicht das Ende der Fahnenstange, denn schließlich wird langfristig ein *fahrer- bzw. personalloser Kraftfahrbetrieb* (a5, a6) im Straßennetz von den Technologie-Promotoren, wie ein Kraftfahrverkehr von „Robo-Taxis", angestrebt.

Die Stufen der Lenker-Präsenz bzw. -Absenz sind zwar eng mit dem Ausstattungsgrad mit Automatisierungsfunktionalitäten und dem Wirksamwerden der gesamten Kfz-inhärenten Automat-Kette (19) bei der Fahrzeugsteuerung verknüpft, dennoch sind die Stufen der Lenker-Präsenz nicht gleichbedeutend mit dem Automatisierungslevel (21) des Kraftfahrzeuges. Diese Levels eröffnen die technologischen Gelegenheiten zur teilweisen Entlastung oder zeitweiligen Ablösung des Kfz-Lenkers bei der Laufwegbahnung, die rechtlichen Implikationen und die Bedingungen für einen *Verantwortungsübergang* (130) zum Automat-System sind jedoch noch klar zu legen (s. Darst. 30 als Komponente in einem Zufallskollektiv, 152). Außerdem bleibt die Frage offen, ob und unter welchen Bedingungen der Lenker die *Level-Potenz* (120, vgl. Darst. 26) einstellen wird können.

Außerdem ist die Frage der Entscheidungshoheit des Kfz-Lenkers bzw. Kfz-Halters über den *Fahrbetriebsmodus* (48) generell oder situativ, also der *Lenker-Souveränität* (82), anzusprechen. Das hängt eng mit den Erwartungen an den Kundennutzen derartiger Automat-Systeme zusammen. Ferner könnten örtliche Regulationen (96) in Teilen des Straßennetzes das Wirksamwerden einer Automat-Stufe u.a. aus Gründen der Verantwortlichkeit oder aus verkehrspraktischen Erwägungen (z.B. in Wohnstraßen oder in Begegnungszonen sowie auf Freiflächen-Stellplatzanlagen von Einkaufszentren) unterbinden

Die Lenker-Präsenz kann graduell zurückgenommen werden bis zur völligen Absenz in seiner Funktion als Kfz-Führer. Folgende A̲bstufungen sind künftig technologisch *denkbar*, ob, wie und wo sie *machbar* erscheinen, ist eine anderweitig zu behandelnde Frage:

- *Vollverantwortlich steuernd und mäßig unterstützt* (durch Servo-Funktionen) *und geleitet* (durch Verkehrsinformationsdienste und Navigationstools on board). Dieser Status entspricht mehrheitlich der Gegenwart und dem Automatisierungslevel a2.

- *Vollverantwortlich steuernd, aber dabei hochunterstützt* (durch leitende und warnende sowie notfalls eingreifende Funktionalitäten, siehe unter ADAS, 49). Dieser Status wird am Fahrzeugmarkt verschiedentlich schon angeboten. Die Durchdringung im Kfz-Bestand ist noch nicht überschaubar, gilt aber mittlerweile als Standard am Käufermarkt. Die Auswertung der Erfahrungen mit den Anwendungen in der Fahrpraxis und den allenfalls damit zusammenhängenden Vorfällen (150 f.) steckt noch in den Kinderschuhen (NCAP, 91). Der Status entspricht dem Automatisierungslevel a3.

- *Zeitweilig verantwortlich steuernd*, jedoch unter bestimmten Voraussetzungen von der Steuerung von Fahrmanövern (50) entlastet. Ist der Lenker dann aber auch von Verantwortung gänzlich oder teilweise entbunden? Dieser Status, der entspräche Automatisierungslevel a4, der das Fahrzeug zum teil- bzw. vollautonomen Fahren befähigt, wirft noch etliche Grundsatzfragen auf, so zum *Verantwortungsübergang* (130), zu den *geeigneten Fahrwegen* oder *Verkehrsräumen* (140) hierfür und zur praktischen Anwendung im Kraftfahrbetrieb (s. auch *"Human-Machine-Interaction"* 62). Es wird noch weiterer psychologischer Experimente in Hinblick auf den *Stress-Pegel* und die *Übernahmebereitschaft* von Kfz-Lenkern bedürfen, da es sich um Grenzsituationen handelt, wo und wann zur vollen Lenker-Präsenz zurückgewechselt werden muss und kann. Die Argumente für diesen Status haben derzeit eher den Charakter von Versprechungen, wofür die Wahrheitsbeweise erst zu erbringen sein werden. Zuvor müssen ohnehin noch die Funktionalitäten der Automat-Kette (19) die Stresstests in vielfältigen Testanordnungen (121) technologisch verlässlich bestehen.

Diese Beschreibung der Lenker-Präsenz im Zuge der Realisierung eines Laufweges bzw. einer Wegekette (151) ist im Diskurs auf höherer Ebene angesiedelt eine Frage des prinzipiellen bzw. rechtlichen Umganges mit der künftigen Rolle und des Selbstverständnisses eines Kfz-Nutzers, wie nachfolgend als Lenker-Souveränität angesprochen wird. Dazu wird sich außerdem eine Diskussion über die Notwendigkeit und die Ausrichtung einer künftigen Lenker-Ausbildung auftun.

➤ Lenker-Souveränität*

Damit soll der *Selbstbestimmungsgrad über den Einsatz* und die *durchgängige Verantwortlichkeit für die Steuerung* seines Kraftfahrzeuges durch einen Kfz-Lenker beschrieben werden. Die Lenker-Souveränität stößt dann auf ihre Grenzen, wenn durch irreversible Eingriffe von einer externen Verkehrslenkung oder durch die im Fahrzeug installierte Automat-Kette (19) ein Lenker in seiner Steuerungstätigkeit mit seinem Einverständnis abgelöst oder aber ohne sein Zutun übermächtigt („overruled") wird. Damit findet in beiden Fällen ein Verantwortungsübergang (130) zum externen oder internen Automat-System statt, für deren Steuerungsentscheidungen bei fatalen Vorfällen Verantwortlichkeiten durch schuldfähige Personen festgemacht werden müssten, die jedoch weder vor Ort noch für die misslungenen Fahrmanöver (50) tätig waren, weil beispielweise Randbedingungen in der Algorithmik nicht ausreichend berücksichtigt worden waren. Ein tragischer Präzedenzfall aus der Luftfahrt ist anhand der tödlichen Abstürze der Boeing 737-MAX evident geworden und sollte zum Nachdenken über die *Übermacht* von Computerprogrammen, aber ebenso über mangelhafte behördliche Zulassungsverfahren veranlassen.

Grenzfälle in der Zuordnung von Verantwortlichkeit können sich dann herausstellen, wenn der Kfz-Lenker einzelne Automat-Funktionalitäten vorübergehend stilllegen kann, andere aber wirksam bleiben. Die temporäre *Ausschaltmöglichkeit* von Tempomat und Notbremsfunktion hat bereits zu tragischen Auffahr-Unfällen durch Schwerfahrzeuge geführt, wobei aber menschliches Versagen konstatiert wurde. Es zeigt aber das schwierige Verhältnis in der *Lenker-Fahrzeug-Beziehung* auf, wenn keine klaren Zuordnungen normiert werden. Ein Teilschuldzuweisung und -aufteilung zwischen Mensch und Automat-Kette wäre wohl eine problematische Angelegenheit, wenn sie zur Regel gemacht werden würde.

➤ Level of Service (kurz LoS)

Diese zeitfensterabhängige Einstufung des Verkehrszustandes entlang von Fahrwegen soll die Wirkungszusammenhänge zwischen der vorgefundenen Fahrwegkapazität anhand der Streifigkeit der Fahrbahn (109), der Kfz-Dichte (Anwesenheit innerhalb einer Fahrwegkante) und der gemittelten Fließgeschwindigkeit verdeutlichen. Abgeleitet aus den US-amerikanischen *Highway Manuals* wurde eine 6-stufige ordinale Skala (A, B, C, D, E, F) als Bewertung der Verkehrsqualität gebräuchlich, die in Fundamentaldiagrammen zur Leistungsfähigkeit von Fahrwegen im Richtungsverkehr für die Kapazitätsbemessung der Verkehrsplanung konkretisiert wird.

Zahlreiche Abwandlungen wurden in Hinblick auf europäische Straßennetze vorgenommen, wobei die Fernstraßen sich besser dazu eignen als die untergeordneten Straßenkategorien (105). Übersetzt in eine Beschreibung kann von einem *freien* Verkehrsfluss (Stufen A bis B), einem *gebundenen* Verkehrsfluss (Stufen C und D) bis zu einem *stockenden Verkehrsfluss* (Stufen E und schließlich F) gesprochen werden. Die mittleren Stufen versprechen die höchste bewältigbare Verkehrsmenge am Fahrweg, da sich die Fahrzeugabstände und die Fließgeschwindigkeit optimal aufeinander abgestimmt im mittleren Spektrum befinden. Freilich schränkt das einerseits den *Freiheitsgrad* des einzelnen Fahrzeuges in Hinblick auf sein Fahrverhalten ein, andererseits bleibt der Verkehrsfluss bei akzeptabler Fließgeschwindigkeit aufrecht (s. Darst. 23). Dabei stellt sich ein Mittelmaß in der Fahrdynamik ein, wenn schwere Nutzfahrzeuge und hochgezüchtete

Personenkraftwagen im selben Geschwindigkeitsband unterwegs sind. Ausreißer im Fahrverhalten können allerdings als „Staumacher" wirken und dazu beitragen, den Level abzusenken.

Darst. 15: Tagesgang des Verkehrszustandes als Level of Service an Zählstellen mit hohem Schwerverkehrsanteil in Wien

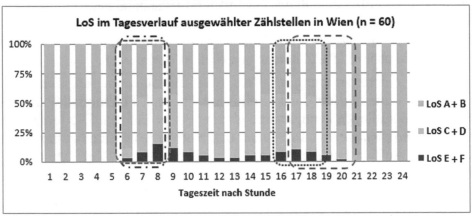

Beispiel für den Tagesgang des Verkehrszustandes in Level of Service (hier: A = A+B „freier" , C = C+D „gebundener", E = E+F „stockender Verkehrsfluss") für Automat-Zählstellen an Fahrwegkanten im Hauptstraßennetz mit bedeutendem Schwerverkehr (Quelle: EFLOG, 2014, mit Daten der Zählstellenauswertung 2010 für Wien: KÄFER Verkehrsplanung für Magistrat der Stadt Wien, MA 18)

Legende zur Überarbeitung der Grundgrafik:

Werktägliche Morgenspitze mit Überlagerung von gemischtem Nutzfahrzeugverkehr und Berufspendlern im Pkw (und in Bussen)

Nachmittägliche und abendliche Verkehrsspitze in stärkerer zeitlicher Entzerrung mit früher einsetzendem Rückpendlerverkehr und in den Abend hineinreichendem Auslieferungsverkehr mit Lkw

➢ Mischverkehr

Dieser häufig und eher beliebig verwendete Begriff soll generell die gemischte Benutzung von Fahrbahnen durch alle dort zugelassenen Gruppen des motorisierten und nicht-motorisierten Verkehrs bezeichnen. Der *Straßenfahrbetrieb* (105) im Mischverkehr tritt überall dort auf, wo die straßenräumlichen Voraussetzungen für eine Entflechtung, wie eigene baulich abgesetzte Radwege oder ÖV-Trassen, nicht gegeben sind oder die Erschließungsfunktion der Fahrwege in der Fläche des Siedlungsgebietes eine solche Trennung nicht zweckmäßig erscheinen lässt. Eine gewisse Korrelation ist zwischen der Funktion eines Fahrweges anhand der Straßenkategorisierung (105) in der Netzhierarchie und der Regelungen in Bezug auf den Mischverkehr festzustellen. Je höherrangig desto geringer bzw. selektiver wird der Anteil von Mischverkehren auf der Fahrbahn entlang von Fahrwegkanten vorgesehen sein. Dazu ist aber eine Differenzierung des Begriffes und des Verständnisses darüber erforderlich.

Bild 36-38: Mischverkehre in urbanen Umgebungen unterschiedlich organisiert und baulich gestaltet

– Verkehrsflächenorganisation im Straßenraum:

Zu allererst betrifft es die *Organisation der Verkehrsflächen* (132), welche Teile einer Fahrbahn für gemischte Verkehre als *Mehrzweckfahrstreifen* für alle Verkehrsteilnehmer am Fließverkehr markiert sind und welche für andere Verkehrsteilnehmer als den Kraftfahrbetrieb (72) bevorzugt gekennzeichnet sind oder überhaupt reserviert sind. Das trifft vor allem für Radfahrstreifen oder Schutzwege zur Fußgängerquerung zu, aber auch für Nutzfahrzeuge oder Einsatzfahrzeuge können Fahrstreifen (wie „Kriechspuren" für Lkw auf Steigungsstrecken) gesondert vorgesehen sein. In jüngster Zeit werden mancherorts Abstellstreifen für Pannen auf Autobahnen zeitweilig zu den Verkehrsspitzen zur Befahrung freigegeben, wenn es sich um mehrstreifige Richtungsfahrbahnen handelt (s. Bild 45 u. 100). Derart wird eine gewisse Selektionierung von verkehrsteilnehmenden Bewegungskörpern (26) auf der Fahrbahn erzielt, wodurch einerseits der unterschiedlichen Charakteristik der Fahrdynamik der Verkehrsmittel mit Bulks von schnelleren und langsameren Fahrzeugen, andererseits der differenzierten Verkehrsmächtigkeit (140) Rechnung getragen werden kann.

– Verkehrsgeschehen im Straßenkraftfahrverkehr:

Zum Zweiten ist es der Blick auf das *Verkehrsgeschehen*, wie vielfältig gemischt die verkehrsteilnehmenden Gruppen, auch zeitabhängig betrachtet, entlang einer Fahrwegkante (52) auftreten und welche Interaktionen zwischen ihnen beobachtet werden können. Es handelt sich einerseits um den *Fahrzeug-Mix* im Kraftfahrverkehr (72) in Hinblick auf Kfz-Klassen (wie 8+1 nach dem Kraftfahrgesctz bzw. der Definition der Bundesanstalt für Straßenwesen BASt), deren Zusammensetzung (nicht nur deren Menge als Fahrzeugdichte) einen bedeutenden Einfluss auf die Kapazitätsausschöpfung des Fahrweges gemessen als *Level of Service* (LoS, 83) ausübt.

Daraus resultieren mehr oder weniger Handlungsoptionen für die Laufwegbahnung (78) aufgrund offener *Trajektorienräume* (127) auf der Fahrbahn. Insbesondere im flächenerschließenden Straßennetz wird den Interaktionen zwischen den Kraftfahrzeugen und den besonders verletzlichen Verkehrsteilnehmern (149) spezielles Augenmerk zu widmen sein, nämlich sowohl im Richtungsverkehr am Fahrstreifen als auch im querenden, kreuzenden und allenfalls entgegenkommenden Verkehr (wenn z.B. der Radfahrverkehr entgegen der Einbahnführung fahren darf oder bei besonders beengtem Straßenprofil im Wohngebiet). Übrigens, die ungeregelte, aber nicht regelwidrige *Querung von Fußgängern* bei untergeordneten Straßen wird ein weiteres Schwerpunktthema in Hinkunft sein, weil die Prädiktion (94) ihres Auftretens und Bewegungsverhaltens besonders schwerfällt.

– Kfz-Mix nach Automat-Potenz und Verkehrsteilnahme-Modi:

Zum Dritten wird sich die besondere Herausforderung einstellen, wenn im Kraftfahrzeug-Mix nicht nur die Fahrzeugmuster verschiedener Gebrauchstypen und Kraftentfaltung zu betrachten sein werden, sondern sie sich zusätzlich durch ihren *Automatisierungslevel* (21) unterscheiden werden. Wenn außerdem noch die Gelegenheit bestehen würde, dass eine für den Kraftfahrbetrieb verantwortliche Person Wahlmöglichkeiten hinsichtlich der *Automat-Potenz* (Up- and downgrading s. Darst. 26) vorfindet und den *Dependenz-Modus* (41) einstellen kann, dann wäre der Kfz-Mix nahezu unüberschaubar für die Verkehrsteilnehmer geworden. Sollten daher solche Gelegenheiten technologisch ausgereift und zulassungsfähig sein, wird eine Fülle internationaler Regelungen und örtliche Regulationen fällig werden. Aber das dürfte vorerst noch Zukunftsmusik sein.

– Methodisches Herantasten an Szenarien auf der Fahrbahn:

Dazu können spekulativ auf einem Szenenfeld *Szenarien* (115, 118) kreiert werden, bei denen auf einer Fahrwegkante eine zufällige Mischung von unterschiedlich ausgerüsteten Kraftfahrzeugen ein *Zufallskollektiv* (152) bildet (s. Darst. 26 u. 30). In einer Auswahl könnte der *Kfz-Mix* aus Oldtimer-Modellen (Level a0, a1), langgedienten, nicht nachgerüsteten Personenkraftwagen (a2), hochautomatisiert ausgerüsteten Fahrzeugmustern unter Lenkerverantwortung (a3), für das autonomisierte Bewegen befähigten Fahrzeugen mit Anwesenheit eines Lenker, der sich aber anderen Aktivitäten zuwenden möchte (a4), und außerdem noch aus Kraftfahrzeugen als Bewegungsroboter (a5), mit oder ohne Insassen unterwegs, bestehen.

Die zahlreichen Abwandlungen von *Szenenfeld-Szenarien* (115, 118) unter Ceteris-paribus-Bedingungen offenbaren dann die Komplexität der zu lösenden Aufgabenstellungen. Solche Zukunftsbilder evozieren nicht nur eine Fülle von grundlegenden Forschungsfragen, sondern lösen für eine Vielzahl an betroffenen Entscheidungsverantwortlichen *Klärungsbedarf* aus, der letzten Endes einen *Handlungsbedarf* nach sich zieht. Vorausgesetzt wird dabei, dass die Technologien in ihrer Einsatzfähigkeit (46) ausgereift sein müssen, ehe ihre *Verkehrstauglichkeit* (143) in konkreten Umfeldern (128) von Fahrwegen geprüft werden kann.

– Politisch-planerische Aspekte der Implementierung:

Schließlich ergeben sich angesichts der zunehmenden Komplexität des Verkehrsgeschehens zunächst Vorfragen zu den *methodischen Herangehensweisen* zur *Eruierung des Erkenntnisbedarfs* und zur *Aufklärung des Sachstandes* der Technologieentwicklungen sowie zur *Auswahl von Analysezugängen* und schlußendlich zum *Entwurf von Testanordnungen* (121). Dieser Diskurs wird von den einflussreichen Stakeholdern taktisch nur exklusiv und disziplinär segmentiert geführt und auf rein technologische Aufgabenstellungen fokussiert. Dahingegen werden Fragestellungen einer verkehrlich zweckmäßigen und gesellschaftlich verträglichen Implementierung in den Straßenverkehrsbetrieb (108) oftmals beiseite geschoben. Wenn der geschilderte Fahrzeug-Mix (86) bei der Automatisierung des Straßenkraftfahrverkehrs (106) Probleme aufwerfen sollte, weil nicht zur erhofften Harmonisierung und Modulation der Verkehrsbewegungen beigetragen werden kann, dann könnten Forderungen laut werden, *verkehrsorganisatorische Begleitmaßnahmen* (132) restriktiver Natur anzudenken.

Solche Überlegungen könnten in eine *selektive Entmischung* im Fahrzeugbestand, in eine *funktionelle Entflechtung* im Straßenraum (107) mithilfe von Vorzugsspuren oder in eine *Segregation* (Beschränkungen auf automatisierte Kfz in gewissen Verkehrsräumen) im Straßennetz münden. Dass dann möglicherweise Mobilitätsansprüche und Bewegungsfreiheiten (32) zugunsten der kommerziellen Technologisierung des Straßenverkehrs geopfert werden, ist rechtzeitig zu thematisieren. Damit zeichnet sich das Erfordernis für *strategische Weichenstellungen* verkehrspolitischer und disziplinenübergreifender Natur ab. Dazu werden Handlungsfelder zählen, wie infrastrukturseitig zu Spezifizierungen für die künftige Gestaltung der *Netzorganisation* auf der Grundlage von reformierten Richtlinien für den Entwurf und die *Aufrüstung von Fahrwegen* sowie automobilseitig für die *Standardisierung von Automat-Funktionalitäten* und deren *Systemeinbindung* in Hinblick auf die *Interkonnektivität* (68) auf der Fahrbahn und mit einem übergeordneten Verkehrsmanagement. Ferner könnte das *Verkehrsmonitoring* analytisch erweitert werden, etwa was die Verkehrsunfallstatistik (141) und die Vorfallsforschung (150) anbelangt.

➤ Mobilitätsgesellschaften

Wird der Blick auf die Verkehrserzeugung und die Mobilitätsgebräuche gerichtet, wie sie im *Modal Split* (89) zum Ausdruck kommen, dann sind die Wechselbeziehungen zwischen der Wohnumwelt mit ihrer Lage und Struktur im Siedlungsraum und der Bewohnerschaft aufschlussreich, denn es prägen sich derart soziodemographisch und soziokulturell beeinflusste Mobilitätsgebräuche aus, sodass für bestimmte Verkehrsräumen (140) spezifische Mobilitätsgesellschaften kennzeichnend werden.

Darst. 16: Erste und letzte Meile einer Wegekette im Straßenkraftfahrverkehr einer gartenstädtischen Eigenheim-Siedlung mit reduziertem Wegenetz

> Stellplatzzufahrt auf Privatgrund
> Zugang zu Hauseingang

Ein suburbanes, von Eigenheimen geprägtes Wohngebiet unterscheidet sich von einer Großwohnanlage sowohl von der Zugänglichkeit der Wohnstätten durch die Erschließung als auch von den Benutzungsgewohnheiten der Verkehrsmittel sowie im Selbstverständnis der Mobilitätsausübung durch die verkehrsteilnehmenden Gruppen. Die Koppelung von Eigenheimen mit privaten Stellplätzen, übrigens von den Baubehörden oft vorgeschrieben, und dem regelmäßigen Pkw-Gebrauch ist offensichtlich.

➢ Mobilitätsgruppen (im Straßenverkehr)

Die Bedürfnisse verkehrsteilnehmender Gruppen bei der Ausübung ihrer Mobilität im öffentlichen Straßenraum (107) und ihre gruppentypischen Verhaltensmuster bei Interaktionen (63) mit anderen Verkehrsteilnehmern auf der Fahrbahn dürfen weder aus dem gesellschaftlichen Diskurs über die Automatisierung der Mobilität und der Verkehrsabwicklung noch aus der Forschung und Entwicklung solcher Technologien ausgeklammert bleiben.

Bild 39-41: Verhaltensauffälligkeiten von nichtmotorisierten Personen bei Querung einer Hauptstraße

Alle verkehrsteilnehmenden Bevölkerungsgruppen sind als gleichberechtigte Anteilnehmer im Straßenverkehr anzusehen, auch wenn sich ihre *Laufwegbahnung* (78) auf verschiedene *„ Verkehrs(hilfs)mittel "* (135) und sowohl technisch als auch individuell auf sehr unterschiedliche Bewegungspotenziale (27) stützt. Die Koexistenz aller Mobilitätsgruppen wird im Straßenraum (107) städtebaulich funktionell gestaltet und auf den Fahrwegen verkehrsflächenorganisatorisch (132) hergestellt.

Nur auf den Fernverkehrsstraßen ist der *Straßenkraftfahrbetrieb* (106) vorrangig oder ausschließlich vorgesehen. In der Straßennetzhierarchie sind daher *Schnittstellen* (101) *nach Straßenkategorien* (105) und *Schnittflächen* (100) entlang der Fahrwege unvermeidlich. Je nach städtebaulichen Konzepten der Epochen und nach örtlichen Strukturgegebenheiten werden die flächenerschließenden und die verbindenden Wegenetze entweder nach den Prinzipien des Mischverkehrs (84) auf der Fahrbahn oder der funktionellen Wegetrennung zwischen den Mobilitätsgruppen, insbesondere dem Kraftfahrverkehr und den nichtmotorisierten Verkehrsteilnehmern, vorgenommen. Sowohl die Massenmotorisierung als auch die standörtlichen Konzentrationstendenzen in der Stadtentwicklung haben einen immer größeren Flächenbedarf für die Abstellung der Kfz verursacht. Dadurch konkurrenziert der ruhende „Nichtverkehr" die produktiven und reproduktiven Flächennutzungen (76) ebenso wie die Flächenansprüche des Fließverkehrs und der nichtmotorisierten Gruppen in urbanen Gebieten.

➤ Modal Split

Damit ist ein in der Mobilitätsforschung und Verkehrsplanung gebräuchlicher Indikator gemeint, der die Aufteilung der Wege bzw. Fahrten einer Bevölkerung auf die verfügbaren Verkehrsträger beschreibt. Anhand dessen werden die Motive für die *Verkehrsmittelwahl* von Personengruppen untersucht, um deren Bedürfnislagen, Erwartungen und die Angebote am Verkehrsmarkt nachvollziehen zu können. Dabei spielt die Konnektivität (Zugänglichkeit und Anbindung) der Siedlungsräume im Verkehrsnetz eine ausschlaggebende Rolle. Der Modal Split ist im Kontext der allfälligen Automatisierung im Mobilitätssystem eine wichtige Vorfrage, wo die empfänglichen und skeptischen Befindlichkeiten diesbezüglich in der Mobilitätsgesellschaft (87) zu verorten sind.

➤ „Moving Space"

Alle Verkehrsteilnehmer*innen beschreiben während ihrer Laufwegbahnung einen in Abhängigkeit von ihren Gestaltdimensionen schlauchartigen Raum, in der sie sich als Kubatur fortbewegen. Dieser drei-dimensionale Raum, den ein Bewegungskörper in seiner Fortbewegung bzw. mit seiner Fahrdynamik einnimmt, muss aber nicht ident mit den Konturen seiner physischen Gestalt (wie Luft über der Motorhaube oder der Ladefläche) sein. So definieren *Sicherheitsblasen* (104) virtuelle Räume, um spezifischen Verletzlichkeiten von verkehrsteilnehmenden Mobilitätsgruppen, v.a. bei *"Vulnerable Road Users"* (149), Rechnung zu tragen.

Darst. 17: Urbaner Hauptstraßenknoten als zufälliger Begegnungsraum aller Mobilitätsgruppen

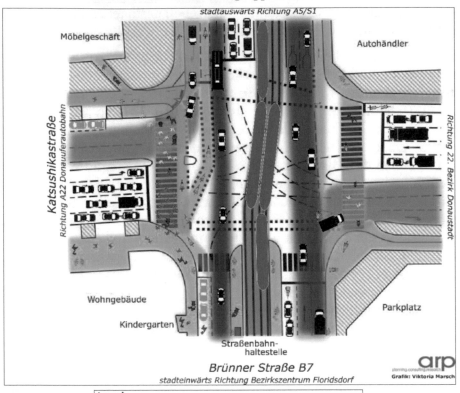

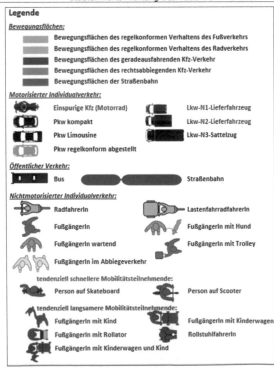

Demgegenüber kann ein „*Movement Space*" als gelegte Spur die schon zurückgelegte Wegstrecke dokumentieren und der noch zu frequentierende Laufweg auf der regelkonform vorgesehenen Verkehrsfläche fortgeschrieben werden. Die rezente Vergangenheit des Laufweges ist sozusagen wieder *geleerter Raum*, die momentane Verortung der *gefüllte Raum* und die eingeschlagene Trajektorie der Laufwegbahnung der *beanspruchte Raum* für die nächsten Sekunden.

Das klingt umständlich ausgedrückt, gewinnt aber angesichts der beabsichtigten Automatisierung der Verkehrsabwicklung im Zuge einer algorithmisch basierten Steuerung der Verkehrsmittel eine hohe Bedeutung sowohl für die Erzeugung der Kfz-inhärenten Prädiktionsszenarien als auch für die zeitnahe Prognose der Interaktionen seitens des Straßenkraftfahrbetriebes (106). Damit eröffnet sich ein weites Feld für Testanordnungen (121), wie für NCAP, und betrifft auch die Auswahl der Testumgebungen (ODD 91).

➤ (Euro) NCAP (European New Car Assessment Programme = Europäisches Neuwagen-Bewertungs-Programm)

Zum Zweck eines vereinheitlichten Testprogrammes für Neuerungen im Automobilangebot wurde eine Vereinigung mit Sitz in Brüssel gegründet, in der sich europäische Verkehrsministerien, Autofahrer-Clubs und Versicherungsdachverbände zusammengefunden haben. Die Organisation führt u.a. Crash-Tests mit neuen Pkw-Modellen durch und bewertet sie ordinal mit bis zu fünf Sternen. Die Tests sind nicht gesetzlich verankert, sondern dienen lediglich der Information der Autofahrer. Euro-NCAP ist Mitglied von Global-NCAP, einem weltweiten Verband für Fahrzeugsicherheit (zitiert nach Homepage und Wikipedia). Anzumerken ist, dass es sich um eine nützliche Konsumenteninformation handelt, die aber noch keine Sicherheitsbescheinigung darstellt. Dazu sind erweiterte und vertiefte Prüfverfahren notwendig, die vor der generellen Zulassung von Automat-Systemen in Kfz-Modellen durchgeführt werden sollten (s. Darst. 27 u. 31).

➤ *"Operational Design Domain" (ODD)*

Originalzitat: J3016 defines an Operational Design Domain (ODD) as "operating conditions under which a given driving automation system or feature thereof is specifically designed to function, including, but not limited to, environmental, geographical, and time of day restrictions, and/or the requisite presence or absence of certain traffic or roadway characteristics." [LA](3.22) ODD is the design domain of an ADS or a feature thereof with respect to its operation. J3016 introduced this concept in order to capture limitations for driving automation at levels 1, 2, 3 and 4. Level 5 ADS (full driving automation) has an unlimited ODD, which offers the same mobility as a human driver. An ODD may put limitations on 1. the road environment 2. the behavior of the ADS-equipped subject vehicle; and 3. state of the vehicle

Es handelt sich um eine sehr vielschichtige Begriffsdefinition, die die Schwierigkeiten mit der Komplexität des trivialen Verkehrsgeschehens umzugehen, widerspiegelt. Die äußeren Randbedingungen ("operating conditions") sind enorm vielfältig und müssen daher grundlegend systematisiert aufbereitet werden. Das ist die eine quasi informationspolitische Herausforderung, um geeignete Datengrundlagen in die Automat-Systeme einspeisen zu können. Sollte das gelingen, besteht die noch größere Herausforderung sie wirkungsvoll und vertrauenswürdig in die Interpretations- und Entscheidungsalgorithmik der Kfz-inhärenten Automat-Kette einzuflechten. Die hierzu vorgestellten methodischen Ansätze der Verräumlichung von *Umfeld* (128) für die Laufwegbahnung und der *Umgebung* (129) als Quelle von auf den Fahrweg einwirkenden Interventionen ("environmental, geographical and day-time restrictions") sollen beitragen, diese Randbedingungen unvoreingenommen in ihren Wirkungszusammenhängen und in ihrer Kontextualisierung, wie als Verkehrsraum (140), als Szenerien (110), Szenenfelder (115), Interaktionsräume (65), Szenarienfelder (118) u.a.m., darzulegen (vgl. Darst. 4).

➢ Opponenten*

Begreift man die Verkehrsabläufe auf einem Fahrweg als Spielfeld mit wechselnden Mitspielern, dann sind diese auch als Konkurrenten um die verfügbaren knappen Trajektorienräume (127) anzusehen. Theoretische Ansätze dazu liefern die mathematische Spieltheorie, die Wahrscheinlichkeitsrechnung und die Statistik, mit deren Hilfe, die *Relevanz* von Szenariengenerierungen und die *umfassende* Formulierung von Entscheidungsalgorithmen herausgestellt werden kann. Die Sichtweise geht davon aus, dass jedes rationale Entscheidungsverhalten eines Verkehrsteilnehmers auf die Verhaltensstrategien von „Gegenspielern" trifft, die ihrerseits ihren Vorteil bei Interaktionen suchen. Den prinzipiellen Verhaltensrahmen schaffen zwar die generellen Regulative der Straßenverkehrsordnung und die örtlich angezeigten Regulationen, aber regelwidriges oder rücksichtsloses Verhalten einzelner Verkehrsteilnehmer kann keineswegs ausgeblendet bleiben. Im Übrigen können praktizierte Regelwidrigkeiten unter speziellen Umständen manchmal auch vernünftig oder schadensverhütend sein (147 s. Verhaltensmotive).

➢ Phänotypische Fahrwegkante ≈ Interaktionsbox*

Damit wird das Zusammenspiel der physischen Befahrungsbedingungen (24) eines Fahrweges und dem sich dort abspielenden Verkehrsgeschehen (= Phänotyp) beschrieben. Phänotypische Fahrwegkanten, die derzeit gerne als Testarena für das autonomisierte Fahren herangezogen werden, sind dreistreifige Richtungsfahrbahnen von Überland-Autobahnen, weil dort der *Straßenkraftfahrbetrieb* (106) unter sich bleibt und die verkehrstopographischen Herausforderungen aufgrund der großzügigen Trassierungs-parameter vergleichsweise gering sind. Im Gegensatz dazu stehen Fahr-wegkanten, bei denen nicht nur der Mischverkehr (84) vorherrscht, sondern sich auch die Verkehre verschiedener Mobilitätsgruppen (88) auf ihren Laufwegen begegnen, kreuzen, queren oder sonstwie tangieren. Zusätzlich können noch verkehrsbedingte Interventionen aus dem Straßenraum (107) und seiner Umgebung (129) auf solche Interaktionsboxen (64) einwirken.

Bild 42-44: Phänotypische Fahrwegkanten in Korrespondenz mit der Szenerie der Umgebung

➤ *"Platooning"*

Als Sonderfall kann sich in der Verkehrsteilnahme (144 f.) von Kraftfahr-zeugen im Fließverkehr auch eine *organisierte Vergesellschaftung* ein-stellen, wenn ein Konvoi von Kraftfahrzeugen ähnlicher Kfz-Klasse und gleichen Laufweges sich mehr oder minder interkonnektiv verkettet, sich dabei aber in einer Korrespondenz mit anderen unbeteiligten Fahrzeugen die Fahrbahn aufteilen. Aus der Militärsprache herrührend wird diese Fahr-weise als englisch „Platooning" und auf Deutsch „Mot-Marsch" bezeich-net. Das wird heute schon ansatzweise praktiziert, wenn sich auf der rech-ten Fahrspur von Fernstraßen die Lastkraftwagen auffädeln, vorgeblich um dadurch Kraftstoff im Windschatten des voranfahrenden Lkw zu sparen.

Bild 45-47: Platooning als Realität und 5-G-basierte Interkonnektivität sowie Elektrifizierung des Fahrweges als Zukunftsoptionen

Auf privilegierten Fahrwegen, wie Bus- oder Lkw-Vorzugsspuren über längere Strecken, ist ein solcher Verkehrsteilnahme-Modus (144) als kollektivierte Fahrweise innengesteuert als solitärer Lkw-Konvoi oder außengelenkt durch den Straßenkraftfahrbetrieb des Infrastrukturbetreibers technologisch längerfristig vorstellbar. Vorausgesetzt die in Frage stehenden Fahrzeuge sind für das automatisierte Fahren entsprechend ausgestattet ebenso wie die Verkehrsweginfrastruktur. Damit könnten eine kapazitive Engpassteuerung auf überlasteten Routen und gewisse transportökologische Effekte erzielt werden. Die Gütertransporte auf manchen Fernrouten würden sich somit dem Eisenbahnnetzbetrieb annähern, aber verkehrslogistisch an Flexibilität dadurch einbüßen.

Dennoch müssten grundlegende Randbedingungen für den allgemeinen Kraftfahrverkehr auf Fernstraßen geklärt werden, wie etwa die Auffahrten und Ausfahrten (Exits) anderer Fahrzeuge auf Autobahnen oder die Standorte für die Bildung oder Auflösung von verketteten Konvois. Auf die Besetzung der Fahrzeuge mit Lenkerberechtigten wird wohl auch „On-Road" kaum verzichtet werden können. Für die Straßenplanung könnte sich die Frage stellen, ob nicht der linke Fahrstreifen der Richtungsfahrbahn für das verkettete Fahren im Punkt-zu-Punkt-Verkehr geeigneter sein würde.

➤ Prädiktion zur Laufwegbahnung / Prädiktionsszenarien* als Entscheidungsgrundlage für Steuerungsbefehle

Eine zu wenig diskutierte Schlüsselfunktion kommt den *Entscheidungs-algorithmen* innerhalb der *Kfz-inhärenten Automat-Kette* (19) zu, die permanent wirksam („neuronal") sein müssen, wenn es sich um Steuerungsbefehle für autonomisierte Fahrzeugbewegungen (a4+) handeln soll. Die Prädiktion umfasst eben nicht nur das Erkennen von offenen Trajektorienräumen (127), die für die Laufwegbahnung der nächsten Sekunden verfügbar sein werden, sondern auch die Abschätzung des Bewegungsverhaltens der adjazenten Verkehrsteilnehmer, um *Kfz-interne Szenarien* (120) generieren zu können, aus denen die Best-Variante für die Steuerung automatisch ausgewählt wird. Dabei kommt die *Konditionierung* (71) „entscheidend" ins Spiel. Solche „Entscheidungsbäume" zu konfigurieren, stellt noch eine enorme Herausforderung für die Forschung und Entwicklung der nächsten Jahre dar.

Der erforderliche Daten-Input umfasst neben den „Hausaufgaben", wie der Berücksichtigung der Fahrwegcharakteristik und der festen Hindernisse, das sensorische Wahrnehmen und das interpretierte Erkennen der gerade adjazenten Verkehrsteilnehmer und ihrer Verhaltensoptionen als Opponenten (92) auf dem Fahrweg sowie die Beachtung örtlich gekennzeichneter und gebietsweise geltender Verkehrsbeschränkungen.

Damit wird es aber noch nicht getan sein, denn die *Konditionierung des Kfz-Muster-eigenen Fahrstils* (72) in Hinblick auf Vorteilnahme und Rücksichtnahme (99) oder der *Modus der Verkehrsteilnahme* (144) *des Fahrzeuges* werden in die Prädiktions-Modellierung modulierend zu integrieren sein, um einerseits den verkehrsrechtlichen Vorschriften Genüge zu tun und andererseits den Komfortansprüchen der Kraftfahrzeughalter als Kunden zu entsprechen. Jedes Prädiktionsmodell wird auch eine „Exit-Strategie" als Sicherheitsnetz (*"Human-Machine-Interaction"*? 62) für „Unvorhersehbares" brauchen, falls die Verkehrssituation Ratlosigkeit in der Prädiktionsmaschinerie auslöst, wie das in pietätloser Weise ("Wer darf eher gefährdet oder gar getötet werden?") in Medien dargestellt worden ist.

➢ Radfahrverkehr

Der Radfahrverkehr ist Anteilnehmer am Straßenverkehr (108). Selbst, wenn ein eigenes Wegenetz zur Benutzung zur Verfügung steht, ist er mit seinen Ansprüchen im Straßenraum (107) nahezu überall vertreten. Da aber nur selektiv in Verkehrsräumen (140) eine eigenständige Netzentwicklung stattgefunden hat, spielt der Radfahrverkehr bislang eine „koexistentielle" Rolle im Straßenverkehr, wenn er im Fließverkehr als Mischverkehr (84) mit dem Straßenkraftfahrbetrieb (106) auftritt. Das umso häufiger je „niederrangiger" die befahrene Straßenkategorie (105) ausfällt.

Jedenfalls aber weisen Knoten mit dem Hauptstraßennetz kreuzende bzw. querende Schnittflächen (100) auf. Eher selten bekommt dabei der Radfahrverkehr eine Vorrangstellung gegenüber dem Kraftfahrverkehr bei der Signalisierung von lichtsignalgeregelten Knoten eingeräumt. In jüngster Zeit werden solche verkehrsorganisatorischen Vorstellungen zumindest andiskutiert. Vorgezogene Radfahrstreifen an der Stoplinie sind jedoch schon zur verkehrsplanerischen Praxis geworden.

Bild 48-50: Der Radfahrverkehr zwischen Kanalisierung und Individualisierung im Bewegungsverhalten

In Bezug auf eine angestrebte Automatisierung des Straßenkraftfahrbetriebes entstehen etliche Herausforderungen, inwieweit die Automat-Kette (19) der Kfz in Hinblick auf die Verletzlichkeit der Radfahrenden konditioniert wird, deren Erkennbarkeit (wie Ansichtigkeit bei diffusen Lichtverhältnissen) und deren Bewegungsverhalten schwieriger zu prädizieren ist als bei Opponenten (92) im Kfz-Verkehr. Eine weitere Herausforderung ergibt sich mit der Frage, ob und in welcher Weise eine „digitale" Einbeziehung der Einspurigen als „digitaler Schutzschild" zur besseren Erkennbarkeit und als Warnassistenz verwirklicht werden kann (vgl. Darst. 9).

➤ Real World versus Virtual World

Dieser häufig und beliebig gebrauchte Begriff ist als Gegensatzpaar mit „Virtual World" zu verstehen. Die „wahre" Welt des Verkehrsgeschehens schließt vor allem die *trivialen Alltäglichkeiten* ein, denen üblicherweise wenig Aufmerksamkeit geschenkt wird, weil sie rasch ins Unterbewusstsein verdrängt werden und kaum als Erinnerung abrufbar sind. Lediglich kumulativ gemachte, negativ empfundene Erfahrungen, wie der Stau zur Morgenverkehrsspitze an neuralgischen Orten, oder manche traumatischen Vorfälle werden eingeprägt.

Im Kontext der Automatisierung des Kraftfahrbetriebes gewinnt „Real World" enorm an Bedeutung, soll doch der Kfz-Lenker in seiner Routine teilweise abgelöst oder gar ersetzt werden. Dabei stellt sich immer mehr heraus, dass diese Trivialität in der Verkehrsabwicklung bislang nur lückenhaft untersucht wurde, sich aber schon bei ständig wiederholenden Szenen als hochkomplexe Prozessschritte und in variierten Szenenabfolgen äußert. Damit werden routinierte und verantwortungsvolle Entscheidungen in knappsten Zeitfolgen erforderlich, welche die Kfz-inhärente Automat-Kette (19, 120) zu lösen haben wird.

Man darf das pointiert als *Komplexität der Trivialität* bezeichnen. Das geht über das aus Computerspielen abgeleitete, oftmals idealisierte und ästhetisch generalisierte Design von animierten Computersimulationen weit hinaus, wie sie auf Promotion-Events und Messen dem Publikum dargeboten werden. Ein Diskurs mit Kreisen der schon jetzt oder aber künftig Betroffenen (75) darüber fehlt jedoch noch weitgehend.

➤ (Örtliche) Regulationen

Darunter werden alle konkret verorteten, durch Verkehrszeichen und Bodenmarkierungen sowie Lichtsignalanlagen dem Kfz-Lenker für sein Fahrverhalten angezeigten Gebote und Verbote sowie sonstigen Beschränkungen oder Freigaben *entlang eines Fahrweges* verstanden. Bodenmarkierungen können sowohl zwingenden (wie Sperrlinien) als auch den Verkehrfluss leitenden Charakter (wie bei Mehrstreifigkeit der Fahrbahn) haben. Örtliche Regulationen können zudem *Teile des Straßennetzes* betreffen, für die generelle Beschränkungen für die Befahrung von bestimmten Kfz-Mustern (wie Gewichts- und Höhenbeschränkungen bei Nutzfahrzeugen) bestehen oder für die nur eine zeitweilige Benutzung (wie Lieferzeitfenster, Nachtfahrverbote) zulässig ist.

Gebietsweise Einschränkungen des Fahrverhaltens in Bezug auf die weitere Reduzierung der Höchstgeschwindigkeit in Wohnzonen und Anliegerstraßen sowie Erschließungswegen, z.B. in Stellplatzanlagen, sowie das flächenhafte Gebot zur Rücksichtnahme (99) in *Begegnungszonen (Shared Space)*, können eingangsseitig ausgesprochen werden. Für *Privatwege* außerhalb des öffentlichen Straßennetzes können außerdem Sonderregelungen getroffen werden, so für die innere Erschließung und die Zufahrten in Großwohnanlagen, Bürokomplexen oder Handels- und Industriezonen (s. Bild 31).

Bild 51-53: Der Schilderwald örtlicher Verkehrsregulationen als Verwirrspiel für die Wahrnehmung

Die Fülle dieser Regulationen sollte der Kfz-Lenker wahrnehmen und sich daran halten. Daran knüpft sich nun die Aufgabenstellung für Automatisierungssysteme einerseits fahrzcugseitig, andererseits infrastrukturseitig, den aufgestellten Schilderwald, das Markierungsgeflecht am Boden und die wechselnden Lichtzeichen zusammenschauend zu erkennen, sinngemäß für die Laufwegbahnung zu erfassen und mit den Bewegungen der adjazenten Verkehrsteilnehmer abzustimmen. Das bedeutet für die Laufwegbahnung einen ständig laufenden Prozess der Interpretation, Prädiktion (94) und Szenariengenerierung (110, 120) durch die fahrzeuginhärente Automat-Kette (19) bei teil- oder vollautonomem Fahrmodus (21, 41) eines solitär oder adjazent verkehrsteilnehmenden Kraftfahrzeuges (41 f.).

➢ (Interakteurs-) Relationsmatrizen (IARM)*

Als ein methodisches Hilfsmittel zur Orientierung und Positionierung von Gruppen von Interakteuren ähnlicher Bewegungscharakteristik im Verkehrsgeschehen können Darstellungen als Relationsmatritzen hilfreich sein, um von Anbeginn eine nachvollziehbare Systematik, die zudem erweiterbar und vertiefbar gestaltet ist, für die Entwicklung von Testanforderungen von Automat-Systemen verfügbar zu haben (s. Darst. 18 u. 20).

Solche Relationsmatritzen können Relationen wie V2V, Vs2Vs, V2I, Vs2I, V2VRU u.s.f. darstellen (s. dazu 21), aus denen je nach Erkenntnisinteressen begründete oder nur zufällige *Interaktionsfelder* (97) paar-, spalten-, zeilen- oder agglomeratweise als Diskussionsgrundlage für die weitere Bearbeitung von Aufgaben herausgeschnitten werden (s. Darst. 18). Diese Matritzen erlauben einen systematischen Überblick über das Beziehungsgeflecht der interagierenden Gruppen in unterschiedlicher Differenzierungstiefe ihrer Schlüsselmerkmale, um daraus Frage- und Aufgabenstellungen zu entwickeln. Sie erlauben aber noch keine Antworten. In einer weiteren methodischen Annäherung können typische Szenerien und

Szenenbeobachtungen (110, 114) herangezogen werden. Derart lassen sich Testanordnungen (121) herausfiltern, die gewissermaßen wie zentrale „Abitur-Aufgaben" ausgearbeitet sind. Dabei können sich überraschende Schwachstellen der zu prüfenden Technologien oder beiderseitig Optimierungserfordernisse herausstellen (s. NCAP 91).

Darst. 18: Interakteurs-Relations-Matrix zwischen motorisierten Verkehrsmitteln und dem Radverkehr auf Fließverkehrsflächen des Straßenfahrbetriebes

Kfz-Klassen und Straßenbahn auf MIV-Fließverkehrsfläche	Radverkehr im MIV-Fließverkehr ohne Bevorzugung					mit Bevorzugung im MIV-Fließverkehr (durch Bodenmarkierung)				
	R_1	R_2	R_3	R_4	R_5	R_1	R_2	R_3	R_4	R_5
A	A-R_1	A-R_2	R_3-A	A-R_4	A-R_2	A-R_1	R_2-A	A-R_3	A-R_4	A-R_5
B_1	B_1-R_1	B_1-R_2	R_3-B_1	B_1-R_4	B_1-R_2	B_1-R_1	R_2-B_1	B_1-R_3	B_1-R_4	B_1-R_5
B_2	B_2-R_1	B_2-R_2	R_3-B_2	B_2-R_4	B_2-R_2	B_2-R_1	R_2-B_2	B_2-R_3	B_2-R_4	B_2-R_5
B^p	B^p-R_1	B^p-R_2	R_3-B^p	B^p-R_4	B^p-R_2	B^p-R_1	R_2-B^p	B^p-R_3	B^p-R_4	B^p-R_5
B_3	B_3-R_1	B_3-R_2	R_3-B_3	B_3-R_4	B_3-R_2	B_3-R_1	R_2-B_3	B_3-R_3	B_3-R_4	B_3-R_5
C	C-R_1	C-R_2	R_3-C	C-R_4	C-R_2	C-R_1	R_2-C	C-R_3	C-R_4	C-R_5
D	D-R_1	D-R_2	R_3-D	D-R_4	D-R_2	D-R_1	D-R_2	D-R_3	D-R_4	D-R_5
E	E-R_1	E-R_2	R_3-E	E-R_4	E-R_2	E-R_1	R_2-E	E-R_3	E-R_4	E-R_5
T	T-R_1	T-R_2	T-R_3	T-R_4	T-R_2	T-R_1	T-R_2	T-R_3	T-R_4	T-R_5

A   B

Legende zur Interakteurs-Relationsmatrix von Kraft- oder Triebfahrzeugen mit Fahrrädern

Gebrauchsfahrräder (R_1) Blau codiert = reaktiv (randfahrend) Rot codiert = initiativ (mittig fahrend)

Sportfahrräder (R_2)

hilfsmotorisierte Fahrräder (wie Pedelecs) (R_3)

Fahrräder mit Nachläufer-Anhänger (R_4)

Lastenfahrräder (auch zweispurig) (R_5)

Bewegungsflächen am Fahrweg aufgrund der Verkehrsflächenorganisation:

allgemeine Fließverkehrsfläche   bevorzugte baulich nicht separierte Radverkehrsfläche

Schnittflächen an Kreuzungen mit ÖV-Trasse   bevorzugte digital tabuisierte Radverkehrsfläche

Schnittfläche in Zufahrt und Schnittlinie zu parallelem Längsparkstreifen

Anmerkung: baulich getrennte Radwege sind als (kritische) Interaktionsräume in diesem Kontext nicht relevant, außer sie kreuzen Fließverkehrsflächen oder ÖV-Trassen. Mit der Autonomisierung der Kfz wären Radfahrstreifen als kritische Interaktionsräume entweder digital (tabuisieren) oder anderweitig zu organisieren.

Auswahl kritischer Interaktionsfelder (Ausschnitt aus der Matrix):

Z.B. zur Thematisierung „A" der Interaktionen Radfahr- und Schwerverkehr auf gemeinsamer Fließverkehrsfläche

A	C-R_1	C-R_2	R_1-C	C-R_4	C-R_2
	D-R_1	D-R_2	R_1-D	D-R_4	D-R_2
	E-R_1	E-R_2	R_1-E	E-R_4	E-R_2
	T-R_1	T-R_2	T-R_1	T-R_4	T-R_2

Z.B. zur Thematisierung „B" der Interaktionen an Schnittflächen von Radverkehr und ÖV-Trassen im Straßenraum

B	E-R_1	R_1-E	E-R_3	E-R_4	E-R_5
	T-R_1	T-R_2	T-R_3	T-R_4	T-R_5

Anhand der *Interakteurs-Relations-Matrix zwischen motorisierten Verkehrsmitteln und dem Radverkehr auf Fließverkehrsflächen des Straßenfahrbetriebes* (105, s. Darst. 18) soll der Zweck einer IARM verdeutlicht werden: Zunächst werden Kraftfahrzeuge (inklusive Straßenbahn) unterschiedlicher Fahrzeug-Kategorien vordefiniert in Hinblick auf ihre Einsatzbestimmung, ihr Bewegungspotenzial (27) und ihre Verkehrsmächtigkeit (140) mit unterschiedlichen Fahrradkategorien gekreuzt. Das setzt einen Fundus an klassifizierten Kategorien voraus, aus denen Interakteurspaarungen oder Interaktionsfelder ausgewählt werden können.

Die Interakteurspaarung in jedem Feld kann mit einer Zuschreibung der Bewegungsstrategie am Fahrweg versehen werden, in dieser Darstellung entweder als *intiativer Interakteur* (rot) oder als *reaktiver Interakteur* (blau) sowie als „spontan aktiver" Akteur (grün) gekennzeichnet. Jedes Feld ist zudem einer Fahrweg-Kategorie farblich hinterlegt in Hinblick auf die Befahrbarkeit (Mischverkehr mit oder ohne markierte Bevorzugung für den Radverkehr) zugewiesen. Daraus können nun zum Diskurs über eine Problem- bzw. Konflikterkennung einzelne Felder oder Agglomerate davon herausgeschnitten werden, etwa um konfliktäre Annäherungen (16) näher zu diskutieren oder Vermeidungsmaßnahmen zu überlegen.

Konkretisieren lässt sich das anhand von aufzufindenden Szenerien (110), z.B. mit hohem Anteil an Fahrradverkehr entlang eines Fahrwegkantenzuges, aber erst recht mit geringem Fahrradanteil, weil dann Kraftfahrzeuge vermutlich weniger Obacht gegenüber Radfahrenden an den Tag legen werden. Solches und andere Vorkommnisse lassen sich durch Szenenbeobachtungen (114) ergründen. Schließlich sind sodann die Grundsteine für Szenarienfeld-Konstruktionen (115) unter Einschluss der künftig einsetzbaren Automatisierungstechnologien gelegt.

➤ Rücksichtnahme versus Vorteilnahme (als Kriterien der Konditionierung, 72)

Eine heikle, weil mit ethischen Beweggründen zu verknüpfende Aufgabe, stellt sich für die Automobilhersteller als Entwicklungsträger und für die behördliche Zulassung als Wahrer grundsatzrechtlicher Bestimmungen bei der Überprüfung der Verkehrstauglichkeit (143, man könnte auch von Verträglichkeit sprechen) der Konditionierung (72) des Automat-Systems.

Dem Marken- und Modell-Marketing werden als bestimmende Triebkräfte wohl Grenzen zu setzen sein, die über die reine isolierte Komponententestung, wie sie etwa die ISO-Norm 26262 vorsieht, hinausgeht und die Komplexität der Verkehrspraxis zu integrieren vermag. Schließlich wird es unweigerlich einen Verantwortungsübergang (130) vom menschlichen Lenker zum Robotersystem geben, wenn von autonomisierten Fahrzeugbewegungen auf einem Fahrweg die Rede ist. Dann ergibt sich eine Spannweite, inwieweit das Bewegungspotenzial eines Kraftfahrzeugmusters (27,

74) in welchen Szenen und Interaktionen auf der Fahrbahn ausgenutzt werden soll bzw. ausgereizt werden darf.

Dieser Bewertungsprozess beginnt im Zuge der Automat-Kette (19) schon bei der *Detektion* (43) der beweglichen Objekte, ob diese als *adjazente Verkehrsteilnehmer*innen* (15) einzuschätzen sind und folglich einer *Prädiktion ihres Bewegungsverhaltens* (94, 29) als Teil der Objekterkennung unterzogen werden müssen. Das hat noch gar nicht mit der Konditionierung zu tun, wenn vorerst die *personale Integrität* (63) der anderen Verkehrsteilnehmer*innen ins *Kalkül für die Laufwegbahnung* (78) gezogen wird. Dabei greift die Konditionierung (72) in den Entscheidungsprozess ein, der Risiken und Eventualitäten (47) im Verhalten der adjazenten Opponenten (92) abzuschätzen hat.

Es handelt sich also um die *Kfz-inhärente Szenarienbildung* (120) als komplexer Abgleich der Handlungsoptionen auf der Fahrbahn, welche *Trajektorienräume* (127) offenstehen, und mit welchen Konsequenzen für die Interakteure zu rechnen sein wird, wenn ein bestimmtes Fahrverhalten im Rahmen des Bewegungspotenzials (27) des handelnden Fahrzeuges (vom Automat-System!) gewählt wird. Als die Szenarienauswahl modulierende und die Kraftentfaltung (außer in manchen Notfällen) limitierende Pole erweisen sich sodann die Prinzipien der *Rücksichtnahme* (wie „defensives Fahren" eines menschlichen Lenkers) und der *Vorteilnahme* (vergleichbar einer „sportlichen" Fahrweise) (99), die es als Herausforderung algorithmisch zu operationalisieren gelten wird.

➢ Schnittflächen entlang der Fahrwege

Solche besonderen Verkehrsflächen stellen im Straßenraum die Interoperabilität zwischen den verkehrsteilnehmenden Mobilitätsgruppen (88) im Verkehrsgeschehen her. Konkret sind damit alle jene befestigten und markierten Flächen gemeint, auf denen die unterschiedlichsten Verkehrsteilnehmer in möglichst regulierter Weise aufeinandertreffen. Die gegenseitige Bedachtnahme aufeinander ist bei regulierten Interaktionen nach örtlichen Verhaltensregeln vorherbestimmt, wie an lichtsignalgeregelten Knoten und Schutzwegen, wobei auf die Disziplin der Verkehrsteilnehmer vertraut werden muss, die leider nicht lückenlos durch alle gewährleistet ist.

Bild 54-56: Verschneidung der Fahrwege zur sicheren Laufwegbahnung für alle Mobilitätsgruppen an einem Hauptstraßenknoten

Solche Schnittflächen für die gemeinschaftliche Benutzung im „Mischverkehr" (84) sind als Mittel der verkehrsbaulichen Gestaltung und zur Organisation des Straßennetzes unverzichtbar. Sie setzen aber angesichts des dominanten Straßenkraftfahrbetriebes eine Vielzahl an örtlich angepassten Maßnahmen voraus, die die Kanalisierung, Taktung und Laufweg-Freigabe für die verschiedenen mobilitätstypischen Verkehrsströme möglichst konfliktarm sicherstellen sollen. Manchmal kann aber der Überblick für den einzelnen Verkehrsteilnehmer über den angestrebten Laufweg wegen der Kompliziertheit der Verkehrsorganisation leiden.

Bild 57-59: Schnittflächen der Bewegungsräume an Tram-Haltestellen und an einer Eisenbahnkreuzung an einem Knoten

Es gibt jedoch auch *potenzielle Schnittflächen*, bei denen es keine vorherbestimmten örtlichen Regeln gibt, aber örtlich alltägliche Gebräuche der Verkehrsanlage beobachtbar sind, wie die unregulierte Querung von Fahrbahnen durch schwach oder nichtmotorisierte Verkehrsteilnehmer*innen. So etwas kann aber generell regelkonform erfolgen, wenn markierte Querungen überhaupt fehlen oder auch zu weit entfernt liegen. Das trifft insbesondere in Wohnquartieren zu oder im weiteren Umkreis von publikumsträchtigen Sonderstandorte, wie von Schulen, Einkaufszentren oder straßenmittig angeordneten ÖV-Haltestellen. Alle erwähnten Umstände müssen im Zuge der stufenweisen Implementierung der Automatisierung des Straßenkraftfahrbetriebes (22) fahrzeuginhärent in der Automat-Kette (19) entweder vorherprogrammiert oder situativ in Echtzeit interkonnektiv vermittelt oder durch eine fahrwegabhängige Feinregelung des Fahrmodus berücksichtigt werden. Auf Human-Machine-Interaction (62), wobei ein Kfz-Lenker als Rückfallebene funktionieren soll, zu vertrauen, könnte sich als riskant herausstellen, wenn spontanes Reagieren notwendig sein würde.

➤ Schnittstellen im Verkehrsnetz*

Dabei handelt es sich hauptsächlich um Übergänge von einem zu einem anderen Wegeerhalter vielfach verbunden mit besonderen Randbedingungen der Befahrbarkeit, etwa was die Dimensionierung, Linienführung oder Ausleuchtung der Fahrwege und spezifische örtliche Regulationen betrifft. Das Netz der Fernverkehrswege unterliegt anderen Randbedingungen der Laufwegbahnung (78), als sie in den flächenerschließenden und standortanbindenden Straßenzügen vorherrschen.

– Schnittstellen in der Straßennetzhierarchie:

Das Straßennetz ist je nach Hauptfunktion als Fernverkehrswege, interregionale Verbindungen oder als flächen- und standörtlich-erschließendes Wegenetz hierarchisch gegliedert, was eine nach den funktionellen Erfordernissen differenzierte Ausstattung der Fahrwege je nach Straßenkategorie (105) nach sich zieht und umgebungstypische (Verkehrsraum 140; Szenerie, 110) Verkehrsabwicklungen (Umgebung 129; Szenenfeld 115) zur Folge hat. Damit verbinden sich demgemäß unterschiedliche Randbedingungen für das Verkehrsgeschehen (Geschehnisraum 61) sowie für die Interaktionen (Interaktionsbox 64) und Szenenabfolgen (Szenengenerationen 117) auf der Fahrbahn. Hierzu besteht noch Forschungsbedarf mit der Perspektive auf die Automatisierung des Straßenverkehrs.

Bild 60-61: Ausfahrt und Zufahrt als Schnittstellen an Stadtautobahnen mit Etagenwechsel als Herausforderung für die Detektion und die Prädiktion

Insbesondere in der Hinsicht, wo welche Anwendungen von Automatisierungsfunktionalitäten vorgeschrieben, erlaubt oder aber untersagt werden sollen und wie solche örtlichen bzw. an Straßenkategorien (105) festgemachten Regulierungen durch den Infrastrukturbetreiber operationalisiert werden könnten. Diese Übergänge, wo zu verorten und wie zu gestalten (Punkte oder Strecken, interkonnektive Überwachung, Ausweichräume), wird eine sowohl ordnungspolitische als auch verkehrsplanerische Herausforderung darstellen. Ein eindrückliches Beispiel liefern dazu Exits von Autobahnen, die planfrei mit getrennten Richtungsfahrbahnen trassiert auf das flächenerschließende Straßennetz im Siedlungsgebiet treffen, welches als Straßenraum (107) in die Nutzungsumgebung verwoben ist.

– Schnittstellen zu proprietären Anlagen für den Kraftfahrverkehr:

Darunter werden hier Verkehrsflächen für Kfz-Bewegungen außerhalb des öffentlichen Straßenraumes verstanden, die aber sehrwohl entweder von Kunden und Besuchern als auch von Zufahrts- und Benutzungsberechtigten befahren und für die Abstellung ihrer Kraftfahrzeuge benutzt werden dürfen. Die Regeln dieser Benutzung werden von den Standorteigentümern aufgestellt, dabei wird die Straßenverkehrsordnung im Regelfall gelten.

Die Aktivierung oder Deaktivierung von Kfz-inhärenten Automat-Systemen könnte künftig als Vorgabe für die Benutzung der Anlage vorgesehen werden. Die technische Ausstattung der proprietären Verkehrsanlage dafür obliegt dem Anlagenbetreiber, wobei Vorschriften der zuständigen Bau- und Anlagenbehörden für die Genehmigung der Gesamtanlage und ihres Betriebes jedenfalls einzuhalten sind.

Bild 62-64: Schnittstellen zu proprietären Verkehrsanlagen: Anmelden, Einklinken oder Ausschalten?

Einen besonderen Fall stellen Straßenverkehrsanlagen außerhalb des Geltungsbereiches der Straßenverkehrsordnung dar, also ein Kraftfahrbetrieb „Off Road", wobei spezielle Kraftfahrzeuge und fahrbare Gerätschaften ohne öffentliches Kennzeichen unterwegs sein können, wenn sie das proprietäre Gelände, wie Bergbaue, Flugplätze, Großindustrienanlagen oder Güterumschlag-Terminals etc., nicht verlassen. Dazu sind isolierte Automatisierungslösungen der Transportbewegungen im Binnenverkehr, etwa in Erweiterung der Indoor-Logistik, auf dafür eingerichteten Fahrwegen je nach Bedarf vorzufinden, wobei solche Konzepte maßgeschneidert teuer kommen und Inkompatibilitäten mit dem öffentlichen Straßenkraftfahrbetrieb auftreten können, sobald mit diesem Schnittflächen geteilt werden.

Bild 65-67: Nichtöffentliche Verkehrsanlagen von Containerterminals und auf Flughafen-Vorfeldern

➢ Sensorik / Sensortechnologien

Die Sensorik steht am Beginn der Wirkungskette des Kfz-inhärenten Automat-Systems (29) zur *Laufwegbahnung* (78). Dazu liefert sie permanent die verkehrsbedingt momentanen Inputdaten für den Aufgabenbereich *Detektion* (43) und stützt sich hierzu auf verschiedene Sensor-Technologien, wie *Radar, Ultraschall, Laser (LiDAR = „Light Detection and Ranging")* oder *Kamera*, je nach dem, welche Reichweiten im Detektionskegel (44) für die *Prädiktion* (94) offener Trajektorienräume (127) erfasst werden müssen.

Die Signale der Sensorik müssen durch die Detektion entschlüsselt bzw. interpretiert (Objekterkennung und Verhaltenseinschätzung derselben) und unnütze Informationen weggefiltert werden. Des Weiteren sind die in Hinblick auf Adjazenz (15) relevanten Daten der momentanen Bewegungen auf der Fahrbahn mit exogen eingespeicherten Daten über die Trassierungsmerkmale des Fahrweges und allenfalls über den aktuellen Fahrbahnzustand zu verknüpfen. Die Sensorik stellt das Hardware-gestützte Instrumentarium für den umfassenderen Aufgabenbereich Detektion (43) bereit, bildet also noch nicht die Lösung, sondern die Voraussetzung für eine zweckmäßige Laufwegbahnung eines hochautomatisierten bzw. autonomisierten Kraftfahrzeuges. Die Positionierung der Sensorik am Fahrzeug sollte zerstörungssicher und verschmutzungsunanfällig erfolgen.

Bild 68-69: An der Karosserie eines Lieferfahrzeuges angebrachte laserbasierte Sensoren für LiDAR und Fahrerassistenz-Display bei teilautonomem Fahrmodus

➢ Sicherheitsblase*

Diese beschreibt die von einem Fahrzeug bzw. einem anderen verkehrsteilnehmenden Bewegungskörper (26) einzuhaltenden, situativ erforderlichen Sicherheitsabstände, um *konfliktäre Annäherungen* (16) zwischen adjazenten Verkehrsteilnehmern und deren Notfall-Reaktionen zu vermeiden. Die Sicherheitsblase ist drei-dimensional 360° rundum einen Bewegungskörper als „Moving Space" (89) zu denken. Dabei sind die durch den Verkehrszustand am Fahrweg bedingten Fließgeschwindigkeiten (s. Darst. 23) und die Verkehrsmächtigkeit (140) oder die Verletzlichkeit (148) sowie das Bewegungspotenzial (27) der Opponenten (92) maßgebliche Kriterien für die akute Dimensionierung der Sicherheitsblase über alle Fahr- bzw. Bewegungsmodi aufgrund des Automatisierungsgrades hinweg.

Zur Gewährleistung dieser Sicherheitsblase wird nicht nur eine Fülle von hinterlegten Daten erforderlich sein, z.B. über das Bewegungspotenzial von Kraftfahrzeugmustern (27, 74), sondern es werden auch komplexe Rechenleistungen dem Automat-System abverlangt, sofern nicht eine interkonnektive Harmonisierung der Fahrzeugbewegungen trotz vielfältigem Fahrzeug-Mix stattfinden wird können.

➢ Straßenfahrbetrieb

Dazu zählen alle Verkehrsteilnehmer*innen, die die Fahrwege in sinnvoller Vorwärtsbewegung entlang rollen. Das beinhaltet auch gegenläufige Bewegungen, etwa von Radfahrenden, sofern es zugelassen ist. Denn Straßenfahrbetrieb bedeutet außerdem eine Obsorge der Straßenerhaltung für einen ordnungsgemäßen Fahrbetrieb Vorkehrungen zu treffen, etwa was die Instandhaltung von Bodenmarkierungen oder den Winterdienst anbelangt.

➢ Straßenkategorisierung

Sie stellt eine an Entwurfsrichtlinien zur Anlage von Straßen angelehnte Systematik zur Kategorisierung in Hinblick auf kapazitive Merkmale der Befahrbarkeit und zur Klassifizierung in Hinblick auf die Verkehrsfunktionen in der Netzhierarchie und im städtebaulichen Kontext dar. Damit soll eine auf die Netzinfrastruktur bezogene Bewertungsgrundlage für Verkehrsbewegungen geschaffen werden, um logische Auswahlverfahren für die Prüfung der *Verkehrstauglichkeit* (143) von Automatisierungssystemen zu ermöglichen. Außerdem könnte dadurch die *Eignung* bestimmter Straßenkategorien für die Automatisierung des Straßenkraftfahrverkehrs (106) thematisiert werden (s. "Original Design Domain" 91).

Darst. 19: Beispielhafter Ausschnitt einer V2I-Matrix für Fernverkehrsstraßen zur Auswahl von Testanordnungen

Kfz-Klassen unterschiedlicher Automatisierungslevels auf MIV-Fließverkehrsflächen „Überland"	Straßenkategorien nach Netzfunktion und Regelprofilen (V2I)							
	Autobahnen und Schnellstraßen				Überlandstraßen			
	I_2	I_{2a}	I_3	I_4	II_2^G	II_4	II_{2+}	II_{2k}
B_1^{a2} [Fahrzeug]	$B_1^{a2}\_I_2$	$B_1^{a2}\_I_{2a}$	$B_1^{a2}\_I_3$	$B_1^{a2}\_I_4$	$B_1^{a2}\text{-}II_2^G$	$B_1^{a2}\text{-}II_4$	$B_1^{a2}\text{-}II_{2ü}$	$B_1^{a2}\text{-}II_{2k}$
B_1^{a3} hochautomatisiert	$B_1^{a3}\_I_2$	$B_1^{a3}\_I_{2a}$	$B_1^{a3}\_I_3$	$B_1^{a3}\_I_4$	$B_1^{a3}\text{-}II_2^G$	$B_1^{a3}\text{-}II_4$	$B_1^{a3}\text{-}II_{2ü}$	$B_1^{a3}\text{-}II_{2k}$
B_1^{a4} teilautonom	$B_1^{a4}\_I_2$	$B_1^{a4}\_I_{2a}$	$B_1^{a4}\_I_3$	$B_1^{a4}\_I_4$	$B_1^{a4}\text{-}II_2^G$	$B_1^{a4}\text{-}II_4$	$B_1^{a4}\text{-}II_{2ü}$	$B_1^{a4}\text{-}II_{2k}$
B_1^{a5} vollautonom	$B_1^{a5}\_I_2$	$B_1^{a5}\_I_{2a}$	$B_1^{a5}\_I_3$	$B_1^{a5}\_I_4$	$B_1^{a5}\text{-}II_2^G$	$B_1^{a5}\text{-}II_4$	$B_1^{a5}\text{-}II_{2ü}$	$B_1^{a5}\text{-}II_{2k}$

Legende:

zwei-/drei-/vierstreifige Richtungsfahrbahn in Normbreite: ⇒ (der Pfeil markiert das Kantenende) — mit verkehrstauglichem Abstellstreifen: - · - ·➤

Richtungsfahrstreifen überbreit: ➡ zusätzlicher Richtungsfahrstreifen bei Steigungsstrecken (Kriechspur): - - -➤

Richtungsfahrstreifen mit reduzierter Breite: → Fahrbahn im Gegenverkehr mit reduziertem Profil bzw. Fahrweg mit Engstellen: ◄—►

➤ Straßenkraftfahr/-verkehr/-betrieb (≠ Straßenverkehr)

Darunter wird hier das Zusammenspiel von Kraftfahrzeugen bei ihrer Laufwegbahnung auf dem Fahrweg und ihren wechselseitigen Interaktionen in einem Zufallskollektiv (152) verstanden. Dabei gilt das Interesse dem unterschiedlichen *Automatisierungsgrad* der beteiligten Kraftfahrzeuge und ihrem *Fahrbetriebsmodus* (48) im Fahrzeug-Mix (86) auf der Fahrbahn. Der *Straßenkraftfahrverkehr* (106) ist ein analytischer Zugang mit Fokus auf den beobachteten Fließverkehr von Kraftfahrzeugen in Teilen des Straßennetzes. Wenn sodann daraus Schlussfolgerungen gezogen werden, wie der Fließverkehr nach der Programmatik der Straßenverkehrsordnung (108), nämlich die *Sicherheit*, die *Leichtigkeit* und die *Flüssigkeit* des Straßenverkehrs zu gewährleisten, angesichts der technologischen Angebote zur Automatisierung der Fahrzeugbewegungen auf den Fahrwegen verbessert werden könnte, steht der *Straßenkraftfahrbetrieb* im Mittelpunkt der Bemühungen. Eine Randbemerkung noch: *Verträglichkeit* sollte künftig in der Straßenverkehrsgesetzgebung als Zielkriterium ergänzt werden, wie immer in weiterer Folge eine Konkretisierung (Klima, Umwelt, Planung) vorgenommen werden wird.

Darst. 20: Beispielhafter Ausschnitt einer V2V-Matrix für Interaktionen zwischen unterschiedlich motorisierten und automatisierten Kraftfahrzeugen

Kfz-Klassen nach Automatisierungslevels auf MIV-Fließverkehrsflächen und Schienenfahrzeuge des ÖPNV	Motorräder und PKW			Nutzfahrzeuge und abgestellte Kfz					
	A	B_1^{a2}	B_2^{a2}	B_3^{a2} = N1	$B^{p/a2}$	C^{a2} = N2	D^{a2} = N3	E^{a2}	T
A	A-A	$A\text{-}B_1^{a2}$	$A\text{-}B_2^{a2}$	$A\text{-}B_3^{a2}$	$A\text{-}B^{p/c2}$	$A\text{-}C^{a2}$	$A\text{-}D^{a2}$	$A\text{-}E^{a2}$	A-T
B_1^{a2}	$B_1^{a2}\text{-}A$	$B_1^{a2}\text{-}B_1^{a2}$	$B_1^{a2}\text{-}B_2^{a2}$	$B_1^{a2}\text{-}B_3^{a2}$	$B_1^{a2}\text{-}B^{p/a2}$	$B_1^{a2}\text{-}C^{a2}$	$B_1^{a2}\text{-}D^{a2}$	$B_1^{a2}\text{-}E^{a2}$	$B_1^{a2}\text{-}T$
B_1^{a3} hochautomatisiert	$B_1^{a3}\text{-}A$	$B_1^{a3}\text{-}B_1^{a2}$	$B_1^{a3}\text{-}B_2^{a2}$	$B_1^{a3}\text{-}B_3^{a2}$	$B_1^{a3}\text{-}B^{p/a2}$	$B_1^{a3}\text{-}C^{a2}$	$B_1^{a3}\text{-}D^{a2}$	$B_1^{a3}\text{-}E^{a2}$	$B_1^{a3}\text{-}T$
B_1^{a4} teilautonom	$B_1^{a4}\text{-}A$	$B_1^{a4}\text{-}B_1^{a2}$	$B_1^{a4}\text{-}B_2^{a2}$	$B_1^{a4}\text{-}B_3^{a2}$	$B_1^{a4}\text{-}B^{p/a2}$	$B_1^{a4}\text{-}C^{a2}$	$B_1^{a4}\text{-}D^{a2}$	$B_1^{a4}\text{-}E^{a2}$	$B_1^{a4}\text{-}T$
B_1^{a5} vollautonom	$B_1^{a5}\text{-}A$	$B_1^{a5}\text{-}B_1^{a2}$	$B_1^{a5}\text{-}B_2^{a2}$	$B_1^{a5}\text{-}B_3^{a2}$	$B_1^{a5}\text{-}B^{p/a2}$	$B_1^{a5}\text{-}C^{a2}$	$B_1^{a5}\text{-}D^{a2}$	$B_1^{a5}\text{-}E^{a2}$	$B_1^{a5}\text{-}T$
B_2^{a2}	$B_2^{a2}\text{-}A$	$B_2^{a2}\text{-}B_1^{a2}$	$B_2^{a2}\text{-}B_2^{a2}$	$B_2^{a2}\text{-}B_3^{a2}$	$B_2^{a2}\text{-}B^{p/a2}$	$B_2^{a2}\text{-}C^{a2}$	$B_2^{a2}\text{-}D^{a2}$	$B_2^{a2}\text{-}E^{a2}$	$B_2^{a2}\text{-}T$
B_2^{a3} hochautomatisiert	$B_2^{a3}\text{-}A$	$B_2^{a3}\text{-}B_1^{a2}$	$B_2^{a3}\text{-}B_2^{a2}$	$B_2^{a3}\text{-}B_3^{a2}$	$B_2^{a3}\text{-}B^{p/a2}$	$B_2^{a3}\text{-}C^{a2}$	$B_2^{a3}\text{-}D^{a2}$	$B_2^{a3}\text{-}E^{a2}$	$B_2^{a3}\text{-}T$
B_2^{a4} teilautonom	$B_2^{a4}\text{-}A$	$B_2^{a4}\text{-}B_1^{a2}$	$B_2^{a4}\text{-}B_2^{a2}$	$B_2^{a4}\text{-}B_3^{a2}$	$B_2^{a4}\text{-}B^{p/a2}$	$B_2^{a4}\text{-}C^{a2}$	$B_2^{a4}\text{-}D^{a2}$	$B_2^{a4}\text{-}E^{a2}$	$B_2^{a4}\text{-}T$
B_2^{a5} vollautonom	$B_2^{a5}\text{-}A$	$B_2^{a5}\text{-}B_1^{a2}$	$B_2^{a5}\text{-}B_2^{a2}$	$B_2^{a5}\text{-}B_3^{a2}$	$B_2^{a5}\text{-}C^{a2}$	$B_2^{a5}\text{-}C^{a2}$	$B_2^{a5}\text{-}D^{a2}$	$B_2^{a5}\text{-}E^{a2}$	$B_2^{a5}\text{-}T$

➤ Straßenlage (eines verkehrsteilnehmenden Bewegungskörpers)

Eines der Faktorenbündel, welches neben *Bewegungspotenzial* (27) und *Verkehrsmächtigkeit* (140) die Bewegungsäußerungen von Verkehrsteilnehmer*innen ausmacht, insbesondere wenn sich die Person zur Fortbewegung eines Fahrzeuges bedient, ist die dynamische Positionierung auf der Fahrbahn, wo und wie immer sie frequentiert wird. Die Straßenlage kann die *Linienführung der Laufwegbahnung* betreffen, das *Wank- und Kipp-Verhalten* bei Unebenheiten, die *Schleuderneigung* bei Bogenfahrten oder das erhöhte *Sturzrisiko* bei einspurig unterwegs befindlichen Verkehrsteilnehmenden. Sie prägt damit auch den Flächen- und Raumanspruch, etwa was die *Schleppkurven* bei engen Bogenfahrten (wie im Kreisverkehr) vor allem von langgestreckten oder mehrgliedrigen Kraftfahrzeugen sowie bei Schienenfahrzeugen im straßenbündigen Verkehr anbelangt. Das ist mit den mechanisch bedingten *Wendekreisen* der Fahrwerke korreliert. Die Sicherheitsblase (104) als beanspruchter fiktiver Bewegungsraum („Moving Space", 89) ist demzufolge nicht nur von der eigenen Fahrgeschwindigkeit und der Relativgeschwindigkeit zu voraus- und hinterherfahrenden Fahrzeugen abhängig, sondern verformt sich auch durch die charakteristische Linienführung der Fortbewegung des betrachteten Fahrzeug-Musters, wie etwa bei Motorrädern.

➢ **Straßenraum** (≠ Fahrbahn)

Ein solcher wird durch Eingrenzungen (45) definiert, die den Bewegungsraum (33, s. „Moving Space" 89) der verschiedenen verkehrsteilnehmenden Gruppen auf öffentlichen Verkehrsflächen organisieren. Eine wesentliche formale, aber nicht unbedingt funktionelle Grenzziehung findet zwischen dem öffentlichen Gut und der privaten Nutzungsstruktur statt. Erstere wird durch eine *Straßenfluchtlinie* (Fahrbahnen samt allgemein nicht befahrbaren Nebenanlagen) und letztere wird durch *Grundstücksgrenzen* im geodätischen Plan sowie im amtlichen Bebauungsplan wiedergegeben.

Bild 70-72: Urbane Straßenräume aus der Sicht der täglichen Benutzung in der Mobilitätsausübung

Daneben sind die städtebauliche Ausformung von Straßenräumen und die freilandschaftliche Einbettung eines Fahrweges als *Szenerien* (110) nicht wegzudenken, auch wenn die Automatisierung der Kraftfahrzeuge in den Mittelpunkt der Thematisierung gerückt wird. Denn, es könnten politische Entscheidungen auf örtlicher Ebene erforderlich sein, wo welche Anwendungen von Automatisierungsfunktionalitäten zugelassen, vorgeschrieben oder ausgeschlossen werden sollen,

Diesbezüglich spielt die Korrespondenz zwischen dem erschließenden Straßenraum und der vorherrschenden Gebietsnutzung eine maßgebliche Rolle, die sich in der *Straßenkategorisierung* (105) widerspiegelt. Eine Frage, die sich in innerstädtischen Geschäftsbezirken, in den vorörtlichen Wohnvierteln oder vor heiklen Standorten (wie Schulen, Stadien, ÖV-

Knoten) mit hoher Passantenfrequenz stellen wird sowie auch innerhalb privater Verkehrsanlagen, etwa von Einkaufszentren oder Bürotürmen.

Bild 73-75: Urbane Straßenschluchten als Geschehnisräume aus der entrückten Vogelperspektive

➤ Straßenverkehr (≠ Straßenkraftfahrverkehr)

Darunter wird die notwendige Erweiterung auf alle auf einer Straßenkategorie zugelassenen verkehrsteilnehmenden Mobilitätsgruppen und ihrem Verkehrsverhalten (147) verstanden. Das betrifft insbesondere Verkehrsteilnehmer mit einspurigen, schwach- oder nicht-motorisierten Verkehrsmitteln im Verkehrsfluss auf der Fahrbahn (zusammengefasst als „Straßenfahrverkehr") und kreuzende Zufußgehende, wo immer sie auftreten können, also nicht nur auf Schutzwegen konzentriert.

➤ Straßenverkehrsordnung (StVO) / Straßenverkehrsgesetz (StVG)

Darin werden auf nationaler Ebene und international in den wesentlichen Grundlagen durch die *Wiener Konvention* der Europäischen Wirtschaftskommission der UNO (UNECE) abgestimmt, die „Spielregeln" für die Abwicklung des Straßenverkehrs festgelegt. In Details gibt es allerdings in Hinsicht auf die Automatisierung des Straßenverkehrs bedenkenswerte Unterschiede, etwa die zulässigen Höchstgeschwindigkeiten auf den Fernstraßen betreffend oder die Lichtsignalisierung von Knoten. Die StVO bildet einen grundlegenden Rahmen für die Gestaltung der Fahrwege, die Zulassung von verkehrsteilnehmenden Mobilitätsgruppen auf bestimmten Straßenverkehrsflächen, wie auf Autobahnen und Schnellstraßen (A) sowie Autostraßen (A) bzw. Kraftfahrstraßen (D) oder in Begegnungszonen, und die Verhaltensmaßregeln (wie zur Vorranggebung und Abstandhaltung) bei der Verkehrsabwicklung zwischen den Verkehrsteilnehmern.

> ## Straßenzustand

Darunter werden die allgemeinen Merkmale der Befahrbarkeit eines Fahrweges (24) verstanden, die sich auf den Erhaltungs- und Verschleißzu-
stand des Verkehrsbauwerkes beziehen und daher nicht einer kurzfristigen
Veränderung der Fahrbahneigenschaften, wie bei Nässe oder Eiseskälte,
unterliegen.

> ## Streifigkeit der Fahrwege

Darunter ist mehr zu verstehen als nur die Anzahl von Richtungsfahrstreifen für den Fließverkehr. Vielmehr handelt es sich um die Verkehrsflächenorganisation (132) der Fahrwege, um sowohl den Straßenkraftfahrbetrieb (106) als auch den Straßenverkehr (108) der weiteren verkehrsteilnehmenden Gruppen möglichst „verkehrssicher, flüssig und leicht (=
komfortabel)" gemäß den Grundsätzen der StVO abführen zu können. Die
Profilbreite der Kfz-Fahrstreifen (2,75 bis 3,50 m) ist für die Wahl der
Fahrgeschwindigkeit ein wesentliches Merkmal. Das bedeutet, eine Vielzahl an Bewegungsflächen für die Verkehrsteilnehmer (s. Darst. 3) funktionell so festzulegen, zu dimensionieren und baulich angemessen auszu-
statten, dass die Zufälligkeit der Verkehrsströme einigermaßen in einen
geordneten Verkehrsablauf mündet. Aber gerade diese Vielschichtigkeit
der Benutzbarkeit durch die Verkehrsteilnehmer muss von den Automat-
systemen erkannt werden, um die Handlungsoptionen szenarienhaft
bewerten zu können, wenn ein *individuell harmonisches und kollektiv
verkehrsdienliches Fahrverhalten* gewährleistet werden soll.

*Bild 76-78: Bewegungsstreifen nach Mobilitätsdienlichkeit und -freundlichkeit
("how to share space")*

Eine grundlegende Orientierung für diese noch bevorstehenden Aufgaben
der Systementwicklung der Automatisierung des Kraftfahrbetriebes (19)
wie auch des Straßenverkehrsbetriebes (108) bietet ein Katalog der Straßenkategorien (105), wie er aus Entwurfsrichtlinien ableitbar ist. Daraus
werden im nächsten Schritt analytische Beobachtungen des Verkehrsverhaltens (147) angestellt, um phänotypische Szenen in Zufallskollektiven
(152) bzw. in dynamischen Interaktionsräumen (65) herauszufinden.
Solche Szenen stützen sich einerseits auf fahrdynamische Standardsituationen bei der Laufwegbahnung (78), andererseits können Eventualitäten
(47) aus der geometrischen Analyse von Bewegungsräumen (33) entlang

von Fahrwegen rekonstruiert werden, auch wenn sie noch nicht beobachtet wurden.

So entstehen *Szenenfeld-Konstruktionen* (115), bei der die Fahrwege nach ihrer Verkehrsflächenorganisation (132) differenziert werden. Dazu lassen sich Fahrwege in befahrbare Verkehrsflächen mit Benutzungsprioritäten gliedern, allen voran Richtungsfahrstreifen für den hauptsächlich motorisierten Fließverkehr, Mehrzweckstreifen (z.B. mit ÖV-Verkehrsmitteln, oder frei für den Radfahrverkehr), Gegenfahrstreifen, Sperrflächen, Begleitfahrbahnen, Laufwegsortierung vor Knoten und Exits, Zufahrstreifen und Fahrstreifenvereinigung u.a.m. Denn alle Flächen, die die Detektion (44) zunächst akut als befahrbar, also ohne feste Hindernisse, erkennt, sind unabhängig von generellen oder örtlichen Benutzungsregeln *offene Trajektorienräume* (127) für die fahrzeugeigene Szenarienbildung (120).

➤ Szenario / Szenariengenerierung als Oberbegriffe

Darunter wird generell ein Zukunftsbild verstanden, das als argumentativ vertretbare Spekulation gewertet werden kann (≠ Vision, ≠ Utopie). Im hier angewandten Gebrauch werden technologische Innovationen der Automatisierung den Fahrzeugen, den Verkehrsteilnehmern und der Infrastruktur als Annahmen zugeordnet, wodurch real beobachtbare Szenen von Verkehrsabläufen (Szenen-Generationen 117) zu Szenarien weiterentwickelt werden können, die als Ausgangslage für Testanordnungen (121) dienen sollen. Dazu wird nachfolgend eine mögliche Vorgangsweise geschildert.

➤ Szenerie (städtebauliche, freilandschaftliche) / Szenerienfindung

Um zu realitätsbezogenen Testanordnungen zu gelangen, die sowohl die Befahrungsbedingungen der Fahrwege (24) in der Straßennetzhierarchie abbilden als auch die Randbedingungen der Umgebung (129) mit einbeziehen, sind systematische und repräsentative Explorationen in den städtebaulichen und landschaftlichen Verkehrsräumen anempfohlen, die solche Szenerien auffinden lassen. Die städtebaulichen Entwürfe und die stadthistorischen Entwicklungen schaffen allein schon in Kerneuropa sehr unterschiedliche „geometrische" Voraussetzungen für die Automatisierung des Straßenverkehrs, wie anhand von *Grand Paris* ins Bild gesetzt wird.

Die Darstellung 21 hingegen zeigt den Szenerienwechsel am Beispiel einer Fahrt zur Szenerienfindung im Sektor von Wien-Nord phänotypisch auf. Diese Tour zeigt eine Abfolge von hochurbanen, geschlossenen verbauten Straßenräumen, aufgelockert suburban gemischt genutzten Standorten mit zahlreichen Zufahrten bis zu periurbanen Straßenverläufen durch die Vororte, die teils von Nebenfahrbahnen zu den Gewerbestandorten begleitet werden. Schließlich wird der Autobahnring im Umland erreicht, der zum Lärmschutz und als Grünbrücken eingehaust wurde.

Bild 79-84: Szenerien und Szenen im vielfältigen Straßennetz von Grand Paris

Bild 85-86: Szenerien im radialen Hauptstraßennetz in Wien-Floridsdorf

Darst. 21: Szenerienfindung entlang einer Rund-Route im Sektor Wien-Nord anhand örtlicher Verkehrsregulierungen

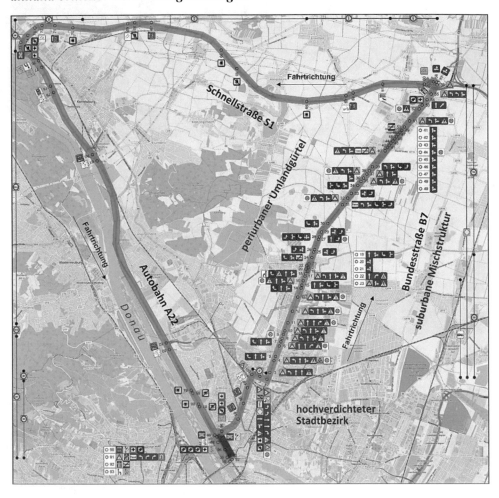

Bild 87-88: Szenerien im übergeordneten Straßennetz des periurbanen Umlandes

Siehe dazu die Szenen-
feldkonstruktion in Dar-
stellung 24 auf S. 118

Zu Darst. 21: Legende Szenerienfindung entlang einer Rund-Route im Sektor des Ballungsraumes Wien-Nord

Statische Randbedingungen der Fahrbahninfrastruktur anhand verkehrsorganisatorischer Regulierungen entlang einer Ausfallsstraße und von Autobahnabschnitten

Legende

- Lage und Nummerierung der verkehrsorganisatorischen Randbedingung
- Verkehrslichtsignalanlage
- Kreisverkehrsknoten
- kreuzende Straßenbahntrasse
- erhöhter SchülerInnenverkehr
- andere Gefahren
- Vorrangstraße
- veränderter Verlauf der Vorrangstraße
- FußgängerInnen-Schutzweg
- RadfahrerInnen-Schutzweg
- kombinierter Schutzweg

- Fahrstreifenreduktion
- passives Einordnen lassen des einfädelnden Verkehrs
- aktives Einordnen in Lücken des Verkehrsflusses
- Verlassen des aktuellen Verkehrsflusses über Ausfahrt
- Fahrstreifen für gebotene Fahrrichtung
- aktives Umkehren in Lücken des Verkehrsflusses
- linksabbiegender Gegenverkehr
- möglicher Zufahrtsverkehr aus Nebenstraßen
- Ortsgebiet Anfang/Ende
- Tunnelabschnitt Anfang/Ende
- Autobahn Anfang/Ende

- kritische Rechtskurve im Fahrbahnverlauf
- ÖV-Haltestelle
- örtliche Geschwindigkeitsbegrenzung
- Autobahnkreuz/-dreieck
- Autobahnausfahrt
- Rasstättenzufahrt
- getrennte Straßenbahntrasse
- weiterfahrtbedingtes Einordnen auf den richtigen Fahrstreifen

- Route mit einem Richtungsfahrstreifen
- Route mit zwei Richtungsfahrstreifen
- Route mit drei Richtungsfahrstreifen
- Route mit vier Richtungsfahrstreifen
- Geltungsbereich eines Attributes der Randbedingungen

➤ Szenenbeobachtung

Diese ist die wichtigste, von wirtschaftlich getriebenen Interessen unabhängige und damit objektivierte Erkenntnisquelle für die Szenengenerierung und die Szenarienkonstruktion. Szenenbeobachtungen, mit welchen Mitteln auch immer gewonnen, erlauben einen subsidiär-demokratischen und breit verständlichen Einstieg in die Technologiedebatte, ohne dass unbedingt technische Vorkenntnisse vorausgesetzt werden. Sie sprechen die Alltagserfahrung der Mobilitätsausübung an, unterstützt durch fachliche Diagnose.

Eine bloße kurzzeitige Szenenbeobachtung gibt die Darstellung 22 anhand einer Autobahnauffahrt in städtisch beengter Umgebung wieder, wo weder der Strom des zufließenden Verkehrs noch der Hauptstrom auf der Richtungsfahrbahn abzureißen scheinen. Das macht die Interaktionen der Einflechtung der auffahrenden Kraftfahrzeuge und der Reaktionen der unmittelbar betroffenen Fahrzeuge auf dem rechten Fahrstreifen sowie der mittelbar betroffenen Fahrzeuge auf der Fahrbahn des zufließenden Verkehrs so interessant, weil sich für die Opponenten (92) ständig wechselnde Handlungsoptionen ergeben, die je nach Konditionierung (72) der einzelnen Fahrzeuge (bzw. von deren „Control Master", 35) unterschiedlich verlaufen können. Somit resultiert aus den Standardsituationen einer gewöhnlichen Autobahnauffahrt bei leidlich fließendem Verkehrszustand (ca. LoS D) ein breites Spektrum an spieltheoretischen Überlegungen zur Automatisierung des Straßenkraftfahrbetriebes, sowohl was die Fahrzeuge als auch die Straßeninfrastruktur in Bezug auf Interkonnektivität (68) betrifft.

Darst. 22: Szenenbeobachtung an einer Schnittstelle als Anregung für ein Test-Drehbuch „Real World"

Szenenbeobachtung: Berlin A 100 (Hundekopf West) Auffahrt Messedamm Richtung Süden (werktags, vormittags, September)

Kritische Interaktion: Einfädeln in Verkehrsstrom
Abstandhaltung und Lücke im Grenzbereich
Noch ausreichender Abstand und Lücke
kritischer Abstand bei Notbremsmanöver
Regelwidriges Einfädeln über Sperrlinie
Motorräder dem kritischen Interaktionsraum
ausweichend auf den 3. Fahrstreifen

➤ Szenenfeld (-Konstruktion, -Analyse)*

Das Szenenfeld ist als ein *indikativ beschriebener Handlungsraum* abgeleitet und ausgewählt anhand der Szenerienfindung zu verstehen, der topographisch verortet und geodätisch als Fahrweg-Kante mit ihren physischen Angebotsmerkmalen für die Befahrung (nach Straßenkategorien) definiert ist. Diese differenziert sich als konstante Randbedingung aber wesentlich durch die veränderliche *Inanspruchnahme des Fahrweges*, sodass sich unterschiedliche Szenenfelder am selben Ort durch die Verkehrszustände je nach Zeitfenstern herleiten lassen. Diese Verkehrszustände (als *Level of Service* klassifiziert, 83) äußern sich indikativ durch die beobachtbaren *Fahrzeugdichten* und messbar durch die erreichbaren *Fließgeschwindigkeiten* sowie durch die sich dynamisch öffnenden bzw. volatilen *Trajektorienräume* (127), die Handlungsoptionen für die Bewegungsobjekte (Kfz u.a.) erlauben (s. Darst. 23 unten).

Darst. 23: Szenenfeld-Konstruktion für ausgewählte Fahrwegkanten im gerichteten Fließverkehr

Konstitutive Faktoren der Szenenfeld-Konstruktion (als hypothetisches Basisdiagramm)

-------- (Oberer) Grenzwert der Fahrzeugdichte ——— Eintrittsschwelle der Fahrzeugdichte

↕ Spannweite der unteren und oberen Schwellenwerte der Fahrzeugdichte (nach Kantenlänge und Kantenverweildauer) in Abhängigkeit von der Fahrwegkapazität (i. W. nach Streifigkeit) für ein Szenenfeld

↕ Spannweite der unteren und oberen Schwellenwerte der Fließgeschwindigkeit (im Verkehrsstrom) in Abhängigkeit vom Fahrzeugmix für ein Szenenfeld

-------- (Unterer) Grenzwert der Fließgeschwindigkeit

------- maximale Grenzkapazitätsausschöpfung des Fahrweges (bei gerade noch fließendem Verkehrsstrom)

------- minimale Fließgeschwindigkeit für gerade noch fließenden Verkehrsstrom (Schwellenwert zur Erstarrung)

Szenenfeld A*: Leitet sich von Verkehrszuständen auf einer Fahrwegkante (Straßenabschnitt) ab, die ein hohes Maß an Freiheitsgrad für das individuelle Steuern eines Kfz auf seinem Laufweg gestattet. Daher reicht das Spektrum von der Fahrzeugdichte null (keine Interaktionen zwischen Kfz möglich bzw. erforderlich) bis zu einer Kfz-Dichte an der Schwelle zur Adjazenz, wo auf andere Kfz reagiert wird, ohne aber im Fahrfluss noch wesentlich beeinträchtigt zu werden, was im Übergangsbereich von Level of Service (LoS) B zu C zu liegen kommt.

Szenenfeld C*: Leitet sich von Verkehrszuständen auf einer Fahrwegkante ab, die ein hohes Maß an Handlungsoptionen für das individuelle Steuern eines Kfz mit sich bringen, weil auf viele adjazente Kfz reagiert werden müsste, wenn ein möglichst ungebrochener Fahrfluss und eine möglichst konfliktfreie Laufwegbahnung erzielt werden soll. Daher ist das Spektrum von einer Fahrzeugdichte gekennzeichnet, die adjazente Fahrzeuge im Umfeld in lockerer Abfolge und mäßig wechselnder Dichte aufweist. Daraus resultiert auch das hohe Ausmaß an Handlungsoptionen bei Interaktionen verbunden mit dem ambivalenten Entscheidungskalkül der Vorteilnahme und der Rücksichtnahme, weil die Fahrwegkapazität Varianten in der Laufwegbahnung zulässt. Übrigens tendiert der LoS C im Übergang zu D zur maximalen Leistungsfähigkeit beim Durchfluss von Fahrzeugen an einer Fahrwegkante bei moderater Fließgeschwindigkeit des Verkehrsstromes.

Szenenfeld D*: Leitet sich von Verkehrszuständen auf einer Fahrwegkante ab, bei der die Fahrzeugdichte zum bestimmenden Faktor für die Laufwegbahnung wird und die Fahrgeschwindigkeit nicht mehr durch Lücken im Verkehrsfluss auf dem Fahrweg zwanglos gewählt werden kann. Es ist der Übergang zum gebundenen Verkehr, der sich durch „Ziehharmonika"-Bewegungen im Verkehrsfluss und durch wechselnde Lücken bei der Fahrstreifenwahl für die Laufwegbahnung auszeichnet. Es ist ein typischer Zustand zu Starklastzeiten des Fließverkehrs, der zu einer erzwungenen Kollektivierung, d.h. einer gewissen Harmonisierung im Fahrverhalten, veranlasst.

Szenenfeld E*: Leitet sich von Verkehrszuständen auf einer Fahrwegkante ab, die nur mehr einen sehr geringen Freiheitsgrad für das individuelle Steuern eines Kfz auf seinem Laufweg zulassen, der gegen null tendiert, wenn der Stopp&Go-Verkehr nur ein aufgezwungenes Reagieren auf das gerade vorherrollende Kfz erlaubt. Es herrscht allgemein ausgedrückt Stau, weil das Verkehrsaufkommen die Leistungsgrenze der Fahrwegkapazität erreicht hat. Ein durch Verkehrsbeeinflussungsanlagen regulierter Zu- und Abfluss kann aber verhindern, dass der Fahrweg zum „Parkplatz" wird. Diese Zuflussregulierung könnte bei einem automatisierter Straßenverkehr bereits an den Quellen der Verkehrserzeugung ansetzen, wie bei Großabstellanlagen.

Als Anwendungsräume für das Entwerfen und Durchspielen von Szenarien (110 ff.) eigenen sich Fahrwegkanten als Interaktionsboxen (64, s. Darst. 24), wo zuvor Szenen bei unterschiedlichen tageszeitlichen Verkehrszuständen (vgl. Darst. 14) ausreichend beobachtet werden konnten, sodass sie als repräsentativ gelten können, aber auch überraschend sich ergebende Eventualitäten (47) dürfen darüber nicht außer Acht bleiben. Daraus lassen sich im Zeitgang eines Werktages anhand von Zeitfenstern mit typischem Verkehrsaufkommen „Szenenfelder" ableiten, die eine große Bandbreite an verkehrsdynamischen Randbedingungen für die Laufwegbahnung mit sich bringen, mit denen die Automat-Kette (19) in den Kfz umzugehen haben wird.

➢ Szenengenerierung / Szenen-Generationen*

Szenen werden initial von einem Verkehrsteilnehmer ausgelöst bzw. angestoßen, worauf andere Verkehrsteilnehmer in der Folge reagieren. So ergibt sich bei einer gewissen Dichte an Verkehrsflüssen eine Szenenabfolge, die hier als *Generationen* bezeichnet werden, weil sie Varianten in den Handlungsoptionen enthalten können. Die Szenengenerierung wird meist durch örtliche Verkehrsregulierungen als Handlungsrahmen vorherbestimmt, womit die statischen Randbedingungen der Verkehrsanlagen und der -organisation auf ihre Tauglichkeit für die Automatisierung des Straßenverkehrs (105 ff.) mit in den Prüfungsumfang einbezogen werden.

Nachfolgend werden zwei prinzipielle Möglichkeiten der Szenengenerierung dargestellt. Zum einen wird dazu eine Interaktionsbox bzw. Fahrwegkante ohne jeglichen Verkehr herangezogen (Darst. 24), zum anderen eine Fahrwegkante mit beobachtetem Fließverkehr (Darst. 25) als Ausgangssituation für eine Szenarienkonstruktion (118).

In Darstellung 24 wird anhand einer ungewöhnlichen örtlichen Verkehrsregelung, nämlich einer Serie von Linksabbiege-Gelegenheiten ohne eigenen Abbiegestreifen in einbahngeführte Wohnanliegerstraßen hinein (s. Bild 87), die denkbare Abfolge von Szenen von Fahrzeugbewegungen durchgespielt. Zunächst ohne dass eine Zuordnung von Kraftfahrzeugen und deren Fahrzeugklassifizierungen vorgenommen wird sowie noch ohne der Interaktionsbox (64) einen Verkehrszustand (148) zuzuweisen.

Bei der Fahrwegkante handelt es sich um eine schnurgerade Überland-Straße durch ein periurbanes Siedlungsgebiet mit zwei überbreiten Fahrstreifen im Gegenverkehrsbetrieb, wobei die Bodenmarkierung auf die Überfahrbarkeit zum Abbiegen hinweist (s. Bild 87). Eine Komplikation könnte die Busbucht (im Bildhintergrund) ohne angezeigte Fußgängerquerung mit sich bringen. Solche Szenerien lassen sich am besten durch explorative Befahrungen finden.

Darst. 24: Szenengenerierung anhand einer vorgefundenen Szenerie im peri-urbanen Umland von Wien (vgl. Bild 87, S. 112)

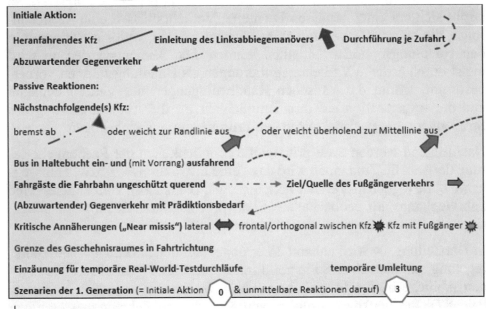

➤ In-Situ-Szenarien-Konstruktion* / Szenarienfeld-Konstruktion*

Die Konstruktion von Szenarienfeldern baut auf der Herleitung von Sze-nenfeldern (115) auf, indem die aus der Real-World-Beobachtung gewon-nenen Bilder von Verkehrszuständen (Bedingungen des Fließverkehrs, wie sie sich im Fahrzeugmix von Zufallskollektiven, 152, abbilden) innerhalb einer Fahrwegkante (52) bzw. Interaktionsbox (64) um technologische Attribute der Automatisierung bei den Fahrzeugen und an der Fahrwegin-frastruktur ergänzt und erweitert werden. Dadurch können in taktisch-stra-tegischen Szenarien-Varianten Prüffragen zur Verkehrstauglichkeit (143) aufgestellt und dafür praxisrelevante Testanordnungen entworfen werden (s. Darst. 25).

Als Interaktionsbox (64) zur Beobachtung könnte der Vorlaufbereich zu einer Autobahn-Ausfahrt definiert werden, innerhalb dessen sich das beobachtete Zufallskollektiv der Kraftfahrzeuge in einem dynamischen Interaktionsraum (sozusagen als „Verkehrsamöbe", 65) fortbewegt und interagierend sich die Fahrzeugpositionierungen verändern (vgl. Darst. 5 und Bild 23). So lange bis sich der Verkehrsstrom aufteilt, weil einige Fahrzeuge von der Autobahn abfahren, und diese Fahrwegkante als Interaktionsbox ihr Ende findet, wenn andere Fahrzeuge auf die Autobahn auffahren. Aber es handelt sich vorerst noch um eine Verkehrsfluss-Simulierung, wobei nur die Entfaltung der Fahrdynamik aufgrund des jeweiligen Bewegungspotenzials (27) der Kraftfahrzeuge und des Fahrstils von deren Lenker variiert werden.

Darst. 25: Dreistreifige Richtungsfahrbahn: Von der Szenenbeobachtung zur Szenarienfeld-Konstruktion

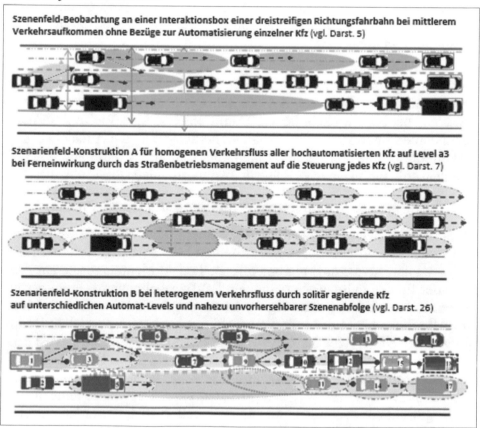

Das ***Szenarienfeld*** hat „*In Situ*" eine Geographie im Verkehrsnetz, die sich aus der Netzorganisation und der Straßenraumausstattung als Bedingungsrahmen ableiten lässt. Innerhalb dieses Betrachtungsbereiches („*Kante*" im

Netz oder *„Interaktionsbox"* im Detail als „Spielfeld" der Verkehrsteil-nehmer) spielen sich in überschaubaren Zeitfenstern von einigen Sekunden bis wenigen Minuten Szenenabfolgen in Varianten *(„Szenen-Generatio-nen"* 117) ab. Im Beispiel von Darstellung 25 beginnt die Szenenabfolge bei t0 mit dem Eintritt des Kfz Nr. 1 in das ausgewählte Szenarienfeld („Entry") und endet mit dessen Ausfahrt („Exit"), wobei der Zeitrahmen, also die Verweildauer der beteiligten Kraftfahrzeuge vom Verkehrszustand (hier Level of Service D im Übergang zu E) abhängig ist. Es handelt sich diesfalls um eine *„Moving-Block"-Betrachtung* in einer begrenzten Inter-aktionsbox als Grundlage für vielerlei Szenarienkonstruktionen.

Mit der Zuweisung von Automatisierungslevels (21) an die achtzehn Kraft-fahrzeuge in Darstellung 25 unter der Annahme von Aktivierungen oder Deaktivierungen (hier bezeichnet als *Automat-Level-Potenz*, s. Darst. 26) derselben werden sodann Szenarienfelder generiert, was durch weitere Zu-schreibungen wie der Fahrstilkonditionierung (72) noch verfeinert werden kann. Aber immer noch unter der Bedingung, dass alle Fahrzeuge als „solitäre" Bewegungskörper am Verkehr teilnehmen (145), ob nun human vollverantwortlich gesteuert oder im "Human-Interaction-Modus" (62) teilautonom fahrend.

Zu jedem Kfz wird eine „Erzählung" über sein Fahrverhalten und seine Handlungsoptionen zur Steuerung der Laufwegbahnung (78) beigefügt, woraus sich die Varianten des Verkehrsgeschehens im Sekundenzeit-fenster t_0 bis t_n entwickeln lassen. Damit entsteht eine Vielzahl an inter-dependenten Interaktionen im Zufallskollektiv (152), die Aufschluss über Gefahrenmomente erbringt und Erkenntnisse für die Konditionierung (72) erlauben soll, um in weiterer Folge in Testanordnungen (121) einzufließen.

➤ Kfz-inhärente Szenariengenerierung nach Level-Potenz

Diese Art der Szenariengenerierung geschieht fahrzeugintern weitgehend außerhalb der Einflußnahme eines präsenten Lenkers in der Automat-Kette (19) des Fahrzeuges zur Eruierung offener Trajektorienräume und zur Aus-wahl der für den Fahrtzweck optimalen Laufwegbahnung in einem perma-nenten Prozess der Adjustierung der Steuerungsbefehle an die Kfz-Moto-rik. Allerdings bleibt dann die Frage offen, ob und unter welchen Bedin-gungen der Kfz-Nutzer die *Level-Potenz* (Darst. 26) einstellen wird kön-nen, indem der *Fahrbetriebsmodus* (48) für den aktuellen Fahrtzweck (51) und die beabsichtigte Route sowie die jeweils genehme *Automat-Level-Potenz* als *Down-Grading* (86) ausgesucht wird. Das würde einer indivi-duell gewählten oder einer situativen, weil örtlich verordneten „De-Autonomisierung" (40) der Fahrzeugsteuerung entsprechen.

Darst. 26: Skizze zu einem Szenarienfeld „Kfz-Mix verschiedener Automat-Levels im Solitär-Fahrbetriebsmodus" auf einer dreistreifigen Richtungsfahrbahn

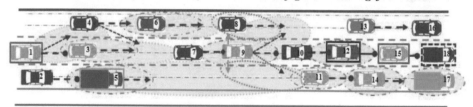

nicht identifizierbar (a0) oder Oldtimer-Kfz auf Level a1

Standard der herkömmlichen Kfz-Muster auf Level a2 (gemessen am durchschnittlichen Alter des Kfz-Bestandes der Fahrzeugklasse)

hochautomatisiertes Kfz auf Level a3 mit Fahrerassistenz- und Notfall-Systemen für den hoch-unterstützten Kraftfahrbetrieb bei voller Lenker-Verantwortung

voll-automatisiertes Kfz auf Level a4 ausgerüstet für (teil)autonome Fahrzeug-bewegungen und für den Human-Machine-Interaction-Fahrmodus im solitären Verkehrsteilnahme-Modus

Kfz im Stillstand auf dem Fahrweg aufgrund der Start-Stopp-Funktionalität (nicht dargestellt)

Kfz akut mit deaktiviertem Automat-Level von a3 auf Level-Potenz a2 (**a2**/a3)

Kfz akut mit deaktiviertem Automat-Level von a4 auf Level-Potenz a3 (**a3**/a4)

Kfz akut mit deaktiviertem Automat-Level von a4 auf Level-Potenz a2 (**a2**/a4)

Überforderung des Automat-Systems und Aufforderung zur Übernahme durch Lenker (*a2<a4*)

„Mobiler Staumacher"

– – – ►Fahren im Verkehrsfluss – – ─● im Sicherheitsabstand – – ◆ im Notbrems-abstand

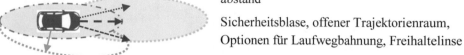

Sicherheitsblase, offener Trajektorienraum, Optionen für Laufwegbahnung, Freihaltelinse

➢ Testanordnung(en)

Je nach Maßstabsdimension der Szenerie (110), die den räumlichen Rahmen für die Szenariengenerierung (117 f.) abgesteckt hatte und die daraus abgeleiteten Testaufgaben geliefert hat, erstreckt sich ein Testraum geometrisch der Länge, der Breite und der Tiefe nach (s. Darst. 4) sowie geodätisch auch nach Höhenschichten gegliedert. Die Dreidimensionalität stellt nämlich für die Detektion und Prädiktion eine Herausforderung dar.

*Darst. 27: **Ablauf von Testschritten von der Konzeption einer Testanordnung bis zur deren Durchführung durch Akteure des Automotive-Sektors***

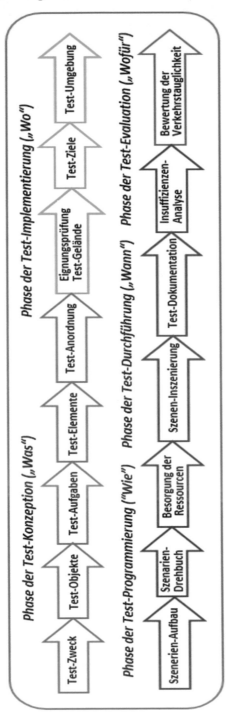

Während die abschließenden Prüfungen der einzelnen Automat-Funktionalitäten und deren systemisches Zusammenspiel in der Automat-Kette (19) wohl im Realmaßstab unter komplexen Verkehrsbedingungen durchzuführen sein werden, können in der Entwicklungsphase schrittweise zur Komponententestung bzw. ersatzweise zur System-Vortestung von Fahrleistungsaufgaben vereinfachte (Vor-)Testverfahren zur Anwendung kommen, wie nachfolgend ausgeführt wird.

- als **Computer-generierte Simulationen (CGS):**

Diese dienen dazu, um Szenarien spieltheoretisch fundiert (und nicht hauptsächlich nur werbekommunikativ motiviert) durchzuspielen, damit u.a. der Aufwand für Mikro-Realtests und in weiterer Folge für Test unter realen Maßstabsbedingungen abgeschätzt werden kann. CGS sind vermutlich nicht für schlussendliche Nachweise für Zulassungen geeignet, sondern sollten vielmehr zu deren Vorbereitung und Begleitung als „digitaler Test-Zwilling" dienen. Wichtig wäre es, Transparenz über die Entscheidungsalgorithmen herzustellen, ansonst bleibt es ein „Video-Narrativ".

- in **Modellbau-Labors als Mikro-Realtest (MiRT):**

Solche Labors unter Dach dienen dazu, mit Modellen und Dummies in verkleinerten Maßstäben in komplexeren und flexibel umbaubaren Modellgeländen (wie das beispielsweise Eisenbahnbetriebslabore von Technischen Universitäten machen) Szenen probeweise nachzustellen, um „Drehbücher" für Testanordnungen inspiriert durch reale Beobachtungen des Verkehrsgeschehens zu entwickeln. Die Frage ist etwa, welche Sensorik-Technologien sich in verkleinerten Maßstäben realitätsnahe testen lassen.

- als **Sets im proprietären Freigelände:**

Dabei werden mit Prototyp-Fahrzeugen auf designten Musterstraßen und mit Real-Statisten oder Roboter-Dummies Szenen nachgespielt. Solcherart sind die Freiheiten für Testanordnungen sehr groß, sofern der Aufwand für die Errichtung der Testumgebungen getragen werden kann. Es gibt die unternehmensnahen Testgelände der Automobilindustrie, wie *Boxberg* im Norden von Baden-Württemberg, oder mietbare Testgelände von industrie-externen Betreibern, wie der *Lausitz-Ring* im südlichen Brandenburg oder *Zala-Zone* im Südwesten von Ungarn. Übrigens sind Automobil-Rennstrecken, wie der *Nürburgring* in der Eifel oder der österreichische *Ring bei Spielberg* (s. Bild 83) in der Steiermark, nicht ständig ausgelastet und daher könnten dort realitätsnahe Testserien „in Ruhe" abgewickelt werden. Einige dieser Strecken sind auch wegen ihrer Verkehrstopographie (146) als Teststrecken für die Detektionsaufgabe bemerkenswert. Sie wären zudem auch ein Schauplatz für unabhängige Beobachtungen durch Fachleute, die Prüfungsaufgaben stellen. Schließlich kommen auch Truppenübungsgelände mit Siedlungskulissen, die gerade nicht frequentiert werden und auch nicht der strengen Geheimhaltung unterliegen, oder aufgegebene Militärflugplätze, wie Penzing (Oberbayern), prinzipiell in Frage, wo Testkulissen aufgebaut werden können.

Bild 89-91: Exklusive Fahrsituationen auf proprietären Rennstrecken und Testgeländen

- auf **Teststrecken im öffentlichen Straßennetz als Realsimulationen:**

Dazu können Fahrwegkanten zu ausgesprochenen Schwachlastzeiten des Verkehrsaufkommens dienen, die für Test-Settings kurzzeitig gesperrt werden können, wenn eine Umfahrungsmöglichkeit im benachbarten Straßennetz zur Verfügung steht (vgl. Darst. 23). Akute Sanierungs- abschnitte (wie bei Brückenbaustellen) zwischen Exits, deren Äste nicht unmittelbar von den Baumaßnahmen betroffen sind, bieten sich temporär ebenfalls dazu an, wenn vielleicht der Straßenbetreiber selbst ein Interesse an bestimmten Testdurchführungen haben sollte.

- auf **Teststrecken im öffentlichen Straßennetz unter Realverkehrsbedingungen:**

Für Tests von noch nicht allgemein zugelassenen Komponenten und Syste- men können Teststrecken genehmigt werden. Dazu werden gegenwärtig gerne mehrstreifige Richtungsfahrbahnen als *Interaktionsboxen* (64) her- angezogen. Die unfreiwillige Mitwirkung unbeteiligter Verkehrsteilneh- mer bei Interaktionen auf der Fahrbahn sollte dabei ebenso, freilich daten- geschützt, dokumentiert werden, wie die fahrdynamischen Manöver der Testfahrzeuge selbst. Nicht zuletzt, um herauszufinden, ob sich nicht nöti- gende oder verwirrende Situationen für die unbeteiligten Testteilnehmer ergeben haben. Dazu legen die Genehmigungsbehörden sogenannte „Codes of Practice" als Rahmen für die straßenverkehrsrechtlichen Aus- nahmen und die Bedingungen für die Dokumentation der Testfahrten fest.

- in **Testregionen als Verkehrsraum**:

Ein Verkehrsraum (140) weist unterschiedliche, aber doch regional- typische Randbedingungen im Straßennetz auf, etwa an den Schnittstellen (101) der Straßennetzhierarchie. Dabei verdienen die Befahrungsbedin- gungen (24) nach Straßenkategorien (105) und in typischen Interaktions- boxen (64) derselben eine differenzierte Betrachtung, inwiefern Sensitivitäten in der Interrelation zwischen den Funktionalitäten der Kfz-inhärenten Automat-Kette (19) und den spezifischen Infrastrukturausstattungen der Fahrwege sowie der örtlichen Verkehrsorganisation auftreten. Dazu treten noch Unterschiede im Verkehrsaufkommen auf, etwa den Fahrzeug-Mix (86) betreffend und im Tagesgang. Schließlich ist eine Testregion, wie ein Stadtteil, ein Verkehrskorridor oder ein Ballungsraum, ein Aktivitätsraum für alle Verkehrsteilnehmenden im Mobilitätssystem, deren Betroffenheiten (75) darüber nicht vergessen werden dürfen.

Je nach dem, welcher Testraum gebraucht wird, um Interdependenzen mit den Randbedingungen des Fahrweges in Hinblick auf dessen Befahrbarkeit (s. Darst. 19) oder um Interaktionen mit anderen Kraftfahrzeugen (s. Darst. 20) sowie mit besonders verletzlichen Verkehrsteilnehmern (s. Darst. 2 u. 18) nachzustellen, handelt es sich um testaufgabengerecht zu definierende, einzugrenzende und abzusichernde Testfelder, wie:

- das *Umfeld* (128) *auf der Fahrbahn* (z.B. anhand einer Interaktionsbox oder einer verkehrstopographisch exponierten Fahrwegkante, 64)

- die *Umgebung* (129) *des Straßenraumes* (z.B. anhand eines Geschehnisraumes typischer städtebaulicher Nutzungsprägung)

- die *Umwelt des Erschließungsgebietes* oder Korridors mit abwechselnden Befahrungsbedingungen (24) oder spezifischen Verkehrsaufkommen, wie ein hoher Anteil an Schwerverkehren zu Wirtschaftszonen oder Güterterminals oder mit konzentrierten Verkehrsspitzen zum Schichtwechsel.

Für die Testdurchgänge auf öffentlichen Verkehrsflächen sollten Sicherheitsbedingungen gelten, sobald unbeteiligte oder womöglich uninformierte Verkehrsteilnehmer (Kennzeichnung der Fahrzeuge und/oder der Teststrecken?) betroffen sein sollten. Schließlich sollten des Weiteren klare Anforderungen an die Dokumentation und die Nachweisführung aufgestellt werden, die einer unabhängigen Überprüfung durch Fachleute standhalten und eine transparente Beurteilung der Einsatzreife und Verkehrstauglichkeit (143) der getesteten Automat-Applikationen ermöglichen.

➤ Test-Drehbuch („Story Telling")

Nachdem die Auswahlverfahren über die Örtlichkeiten und die Interakteure abgeschlossen sind, kann ein Drehbuch über die zu in Szene zu setzenden Interaktionen nach Maßgabe der Bewegungspotenziale (27) und der Verkehrsmächtigkeit (140) der zu involvierenden Interakteure verfasst werden. Jedem Bewegungskörper werden dazu, abgeleitet aus realen Szenenbeobachtungen oder imaginiert durch Randbedingungen, die denkmögliche Verkehrssituationen im Sinne von Eventualitäten (47) umfassen, eine Geschichte seines Bewegungsverhaltens oder mehrere Geschichten seiner Handlungsoptionen zugeschrieben. Die rasch unüberblickbare Komplexität wird durch die Eingrenzung auf eine Interaktionsbox (64) oder einen Laufweg-Kantenzug und die beschränkte Zahl der beteiligten Bewegungskörper (26) im Griff behalten. Freilich dürfen diese Reduktionen nicht zu weit getrieben werden, denn der Maßstab bleibt der alltägliche Straßenverkehr in Geschehnisräumen (vgl. Darst. 25, 26 u. 30).

➢ Test-Interakteure

Die Auswahl an verkehrsteilnehmenden Bewegungskörpern kann in einem mehrstufigen Ziehungsverfahren (als eine Art von Zufallsgenerator, siehe dazu 152) auf der Grundlage des Erkenntnisinteresses über das Verhalten einzelner Testkandidaten in kritischen Interaktionen anhand von Szenenbeobachtungen in typischen Szenerien (110) erfolgen. Für die Auswahl ergeben sich daher verschiedene Zugänge, die wesentlich von den Interessenslagen betroffener Mobilitätsgruppen (Kreise der Betroffenheiten 75) beeinflusst werden sollten. Wichtig erscheint daher eine Systematisierung der Entscheidungsgründe für die Auswahl von Interakteuren, wie sie als Relationsbedingungen, vor allem durch das Bewegungspotenzial (27) und die Verkehrsmächtigkeit (140) zum Ausdruck kommen. Dazu dienen die *Interakteurs-Relations-Matrizen* („IARM" 97), die solche Auswahlprozeduren erleichtern können.

➢ Test-Setting

Darunter kann die Summe aller zur Durchführung einer Testanordnung gehörigen Vorbereitungen verstanden werden, die mit den Zielen verknüpft sind, Transparenz, Nachvollziehbarkeit und Überprüfbarkeit herzustellen. Dabei entsteht ein zu bewältigender Zielkonflikt zwischen der unternehmerischen Vertraulichkeit und dem öffentlichen Interesse an Aufklärung, was über eine Konsumenteninformation hinausgeht. Denn über allem sind es das Prüfungsthema und das Erkenntnisinteresse, die *Verkehrstauglichkeit im Straßenverkehr* (143, 108) und die *Verträglichkeit bei der Implementierung in das Mobilitätssystem* (42) festzustellen.

Ein solches Test-Setting benötigt zuvorderst ein *Anforderungsprofil* als Pflichtenheft, anhand dessen die Erfüllung der Aufgaben durch die dafür vorgesehenen Funktionalitäten im Rahmen der fahrzeuginhärenten Automat-Kette (19) in Testanordnungen eingebaut und in dafür hergerichteten Test-Settings in Szene gesetzt werden kann. Die Test-Settings sollten daher konkrete Angaben über die *Fahrweg-Befahrungsbedingungen* (24) beinhalten und die Eignungskriterien für die *Fahrweg-Imitation* für die jeweilige Testanordnung bewerten. Hierfür können die Straßenkategorisierungen (105) und die Interaktionsboxen (64) als relevante Fahrwegkanten entlehnt der Realität hilfreich sein. Dazu als beispielhaftes Detail, ob und wie Bordsteinkanten und Fahrbahnteiler physisch imitiert werden, ohne ständig Beschädigungen an Testfahrzeugen zu verursachen oder aufwändige Umbauten vornehmen zu müssen.

Ein Test-Setting bedarf zu seiner physischen Einrichtung zum einen einer *Testkulisse der Umgebung* des Straßenraumes aus der einerseits *simulierte Interventionen* von Bewegungskörpern zu erwarten sind und andererseits *Täuschungseffekte für die Detektion* (43), wie durch Blendung oder Spiegelung an Fassaden oder als Gimmicks der Produktwerbung, entstehen können. Zum anderen braucht es eine möglichst realitätsnahe *Fahrweg-Imitation*, die Variationen der Befahrungsbedingungen (24) gemäß der Szenariengenerierung auch ohne größere Umbauten erlauben würde. Damit sind zunächst grob die infrastrukturseitigen Voraussetzungen für die Durchführung von Testanordnungen beschrieben.

Zu guter Letzt ist die personelle *Bildung einer Interakteursgemeinschaft* zu organisieren. Das bedeutet, *Test-Fahrzeuge, Test-Piloten und Test-Komparsen* sind auszuwählen, die die Szenen in der aufgebauten Szenerie (110) durchspielen. Natürlich ist dabei *der Beobachtung und Dokumentation der Szenenabfolgen* für die nachfolgende Analysephase große Bedeutung beizumessen. Schließlich sollen Adaptionen bei den Testanordnungen (als Sensitivitätstests) bei festgestellten Schwächen der automatisierten Verkehrsabläufe Aufschlüsse über technologische Defizite erlauben und zu Verbesserungsmöglichkeiten anregen.

Dazu wird in der Literatur im Allgemeinen eine „Testumgebung", also ein Teil eines Straßennetzes, angesprochen, wo Testfahrten stattfinden, deren Anforderungsprogramm jedoch kaum deklariert wird und deren Fahrzeuge keinerlei Kennzeichnung dazu tragen. Über Tests auf proprietären Testgeländen ist noch weniger bekannt. Lediglich von Tests nach NCAP (91) werden fallweise Ergebnisse bekannt, jedoch kaum zu den Automat-Funktionalitäten.

➤ Trajektorienraum / Trajektorienfindung

Als Trajektorienraum ist jene befahrbare Verkehrsfläche im Vorderfeld (128) eines Bewegungskörpers (v.a. von Kfz, aber nicht nur für diese) zu verstehen, die je nach Eigenarten des Bewegungsobjektes, als Handlungsoption momentan für eine Steuerungsentscheidung zur individuellen *Laufwegbahnung* (78) offensteht. Es handelt sich also um ein Bündel als offen stehend detektierter Bewegungsbahnen, die sich im „Wohlverhaltensfall" von Leitlinien der Fahrweg-Infrastruktur und von Sicherheitsblasen (104) anderer verkehrsteilnehmenden Bewegungskörper absetzen.

So gesehen ergibt sich – praktischerweise im aufgerundeten Dezimeter-Bereich gemessen – eine infrastrukturelle Ideallinie am Fahrstreifen und eine verkehrsbedingt optimale Abstandshaltungslinie zu den *Sicherheitsblasen* adjazenter (15) Verkehrsteilnehmer. In der Analyse der Verkehrsabläufe durch Beobachtung würde sich eine „Schwerelinie oder -band" mit Gradienten zum Rand (Links- oder Rechtslastigkeit) innerhalb der dokumentierten Trajektorienverläufe und somit ein *effektiver Trajektorienraum* (127) herausstellen. Dieser wäre in Hinblick auf eine Szenenfeldanalyse (115) zu interpretieren, ob kritische Interaktionen wahrscheinlich sind, die die Kapazität des Fahrweges absenken würden.

Bild 92-94: *Offene Trajektorienräume aus der Perspektive eines Kraftfahrzeuges und der Verkehrsbeobachtung*

Handlungsoptionen der Laufwegbahnung des solitär agierenden Kfz nach Wahrscheinlichkeit:

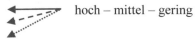 hoch – mittel – gering

Befahrbare Bewegungsräume des Fahrweges: ◄─────►

Offene Trajektorienräume auf der Fahrbahn: ◄───►

Beanspruchter Trajektorienraum: ◄------►

➤ Umfeld

Dabei handelt es sich um einen für den Laufweg beanspruchten Raum, den ein Bewegungskörper auf der Verkehrsfläche (wie ein Kfz auf der Fahrbahn) zur Realisierung seiner Laufwegbahnung momentan (als Sicherheitsblase 104) und prädiktiv (als Trajektorienraum 127) für die nächsten Fahraktionen anpeilt. Das Umfeld gliedert sich aus dem Sichtwinkel eines verkehrsteilnehmenden Bewegungskörpers in (s. auch Darst. 4):

– das **Vorderfeld** (150):

Dieses ergibt sich aus dem natürlichen Blickwinkel, den ein*e Verkehrsteilnehmer*in ohne Verdrehungen des Kopfes zur optischen Wahrnehmung auf den offenen Trajektorienraum hin erfassen kann. Wesentlich sind dabei die Handlungsoptionen zur Steuerung der Fortbewegung für die Laufwegbahnung. Durch den Einsatz von Sensortechnologien (104) zur Detektion in der Automat-Kette erweitert sich tendenziell das Vorderfeld.

– das **Hinterfeld:**

Es betrifft alle vermittelten Wahrnehmungen (via Spiegel oder Kamera) über die bereits zurückgelegte Strecke des Laufweges. Nämlich für den Fall, dass die Wahrnehmung von nachkommenden Fahrzeugen die Steuerungsentscheidungen für die Laufwegbahnung beeinflussen sollte (wie die „Rückversicherung" durch Spiegelarbeit beim Fahrstreifenwechsel).

– die **Eingrenzungen:**

Solche (45) ergeben sich entweder als harte unüberfahrbare Hindernisse, wie Stahlleitschienen und Betonleitwände, Tunnelwandung u. dgl., oder als physisch überfahrbare verkehrsregulierende Bodenmarkierungen oder sonstige die Fahrbahn teilende oder begleitende Nebenanlagen (wie Lärmschutzanlagen). In beengten Straßenräumen können auch Gebäudekanten oder Einzäunungen unmittelbare Eingrenzungen darstellen. Die *Bordsteinkante* ist im Allgemeinen für ein zweispuriges Kraftfahrzeug keine unüberwindbare Barriere, stellt jedoch eine physisch erkennbare und spürbare Grenzlinie dar. Sie könnte als „digitalisierte" Leitlinie zur seitlichen Abstandhaltung und zur Kfz-Lenkung ausgestattet werden (vgl. Darst. 30).

Bild 95-97: Eingrenzungen nach dem Grad ihrer Rigorosität (= Un-/Überwindlichkeit) und der Schärfe der Wahrnehmbarkeit

95

96

97

➢ Umgebung

Darunter werden hier alle, nicht dem Kraftfahrverkehr auf einem öffentlichen Fahrweg bestimmten, aber ihn begleitenden und benachbarten anderen Verkehrsflächen, wie getrennte Fuß- oder Radwege, Straßenbegleitgrün, nicht befahrbare Nebenanlagen, Platzanlagen oder Schienentrassen verstanden, die den *Straßenraum* (107) bis zu einer *Bauflucht* (23) oder einer Freiflächennutzung umfassen. Die privaten Erschließungswege in die Tiefe der benachbarten Bebauung oder Freiflächen hinein erweisen sich als Ziele und Quellen der Verkehrsbewegungen, die *intervenierende Interaktionen* (68) auf dem Fahrweg auslösen können (wie Zu- und Ausfahrten aus Stellplatzanlagen). Die Verkehrserzeugung (131) der den Straßenraum begleitenden Boden- und Geschoßflächennutzungen ist eine wesentlich zu beachtende Randbedingung für die Abwicklung des *Straßenverkehrs* in seiner Gesamtheit (108), insbesondere in Hinblick auf eine Automatisierung des *Straßenkraftfahrverkehrs* (106).

➢ "Use Case(s)" versus „Utility Field(s)"*

Der von der Automobilindustrie gebrauchte Begriff zielt zunächst auf den Kundennutzen, der als Marketing-Argument zur Durchsetzung der Automatisierungs-Technologien (s. "Deployment" 42) eingesetzt wird. Er wurde aber auch von der Forschung als Leitthema aufgegriffen, weil daran Versprechen für eine sicherere und breiter verfügbare Mobilität für benachteiligte bzw. beeinträchtigte Personen geknüpft werden. Dem an die Seite zu stellen, wäre allerdings ein Anwendungsraum, wo sich die *Nützlichkeit* für die verkehrliche Praxis beweisen lässt. Indem die Anwender (= Nutzergruppen), die Anwendungen (wie von Assistenzsystemen und Automatisierungsfunktionalitäten für den (teil-)autonomen Kraftfahrbetrieb) und die Anwendungsräume (auf öffentlichen und privaten Verkehrsflächen) verschränkt betrachtet werden, um eine Bewertung der Anwendbarkeit und der Nützlichkeit auch im Sinne einer Gemeinwohlabschätzung sowie eine Kosten-Nutzen-Bewertung vornehmen zu können.

Die Zugrundelegung von hier so bezeichneten *„Utility Fields"* bedarf der Zuschreibung von typischen Fahrmanövern (50) und Interaktionen, etwa bei Zufahrten zu Sozialeinrichtungen, womit für den Fließverkehr auf den Fahrwegen die „Interaktionsbox" (64) angesprochen wird. Zudem sind so manche städtebaulichen Konzepte, wie die der "Neighbourhood Units" (16) mit ihren spezifischen sozialen Daseinsäußerungen, durchaus geeignete Anwendungsräume, weil sie an der Quelle und am Ziel von Verkehrsbewegungen ansetzen und zur Zone niedriger Geschwindigkeiten im Wohnquartier gehören. Darüber hinaus fungiert der Straßenraum, je nach Kulturkreis, subsidiär als Aufenthaltsraum, wo Mischverkehr (84) herrscht.

In einer weiteren Vorgehensweise können „Utility Fields" aus der Laufweganalyse (78) von Wegeketten (151) entlang von Fahrwegkanten abgeleitet werden. Dazu bietet sich eine der häufigsten Mobilitätsausübungen an, nämlich die Berufspendelwege von der Wohnstätte zur Arbeitsstätte. Diese lassen sich sowohl gut verständlich erläutern als auch über einen ausreichend validen Beobachtungs- und Dokumentationszeitraum (z.B. im Jahreslauf) praktisch aufzeichnen. Dadurch können die Implementierungsbedingungen, z.B. entlang welcher Kantenzüge teilautonomes Fahren in Frage kommen könnte und wo besser nicht, zumindest für einen definierten, halbwegs repräsentativen Laufweg, vorabgeklärt werden.

➢ Verantwortungsübergang* (von einer agierenden Person zu einem Automatsystem)

Diesem Begriff wird noch eine Schlüsselrolle bei der Implementierung hoch automatisierter Betriebsformen ("SAE-Level" 21), sowohl was den individuellen Kraftfahrbetrieb (72) als auch was den öffentlichen Straßenverkehrsbetrieb (108) betrifft, zukommen. Zum Ersten handelt es sich um den Verantwortungsübergang von einem/einer Kfz-Lenkenden zum Kfz-inhärenten Automat-System (19), wobei einerseits der Zeitpunkt oder Zeitraum während einer Fahrt, andererseits die verorteten Schnittstellen (101) oder Schnittstrecken auf dem Fahrweg noch zu klären sein werden, damit sich das Kraftfahrzeug autonomisiert auf seinem Laufweg weiterbewegt. Auch wird sich die Frage der Signalisierung der akut betriebenen *Automat-Level-Potenz* (s. Darst. 26) nach außen zu anderen Verkehrsteilnehmern im adjazenten Umkreis stellen. Das könnte eine Art Warnleuchte sein, die den gerade praktizierten Fahrbetriebsmodus (48) bzw. den Automatisierungs-grad des Kfz anzeigt. Oder es erfolgt dazu ein interkonnektiver Daten-austausch, wenn alle Fahrzeuge auf einer Fahrwegkante in einen automa-tisierten Straßenkraftfahrbetrieb (22) eingeklinkt sein sollten.

Damit wird zweitens die Konsequenz deutlich, dass es sich nicht nur um einen solitären Akt eines/einer Kfz-Lenkenden handeln wird können, nach freier Wahl den *Verantwortungsübergang* (130) überall zu setzen, sondern die Verkehrsplanung geeignete Fahrwegkanten im Straßennetz definieren wird müssen und der Infrastrukturbetreiber den Fahrweg dafür auszurüsten haben wird. Dann könnte des Weiteren sich die Frage auftun, inwieweit der Straßenbetreiber in den Verantwortungsübergang einzubinden sein wird. Eine *Herstellerverantwortung* für Fahrzeug und Automat-Systeme wird soundso unumgänglich sein, wie es bei den Abgas-Emissionen oder den Crash-Normen der Fall ist, deren Einhaltung verantwortet werden muss.

➢ Verhalten / Verhaltensmotive im Verkehrsgeschehen

Das Verkehrsverhalten (147) eines <u>agierenden</u> Bewegungskörpers (26) setzt sich aus einer Kette von konsekutiv gesetzten Bewegungsäußerungen (27) im Zuge der Laufwegbahnung (78) zusammen, die vom Bewegungs-potenzial (27) des jeweiligen Verkehrsteilnehmers und seiner Verkehrs-hilfsmittel (136), wenn solche verwendet werden, und von seinem prakti-zierten *Bewegungs- bzw. Fahrstil* abhängen. Dieser unterliegt in gewisser Weise der <u>Motivation</u>, wie ein Laufweg zurückgelegt werden soll, etwa ob *„Eiligkeit"* als Motiv im Vordergrund steht, weil Zeitdruck gefühlt wird, oder das *„Flanieren"* als Genusserlebnis der Mobilität gerade aktuell ist.

Es kann aber ebenso gut die *Unsicherheit* in der Verkehrsteilnahme (144) ausschlaggebend sein, ein risiko-minimierendes Verkehrsverhalten (147) einzuschlagen, weil der Fahrweg entweder nicht hinreichend bekannt ist oder gerade deswegen, weil aufgrund der Kenntnis der Örtlichkeiten kon-fliktäre Annäherungen (16) befürchtet werden. Letzteres betrifft insbeson-dere Verkehrsteilnehmer mit *geringer Verkehrsmächtigkeit* (140) und *be-sonderer Verletzlichkeit* (148), wie Zufußgehende oder Radfahrende. Die Beobachtungen von verkehrsteilnehmenden Mobilitätsgruppen an diesbe-züglich kritischen Interaktionsboxen oder Fahrwegkanten (52) kann solche Verhaltensweisen offenbaren. Dabei kann das *Prinzip der Regelkonformi-tät* mit dem *Vernunftprinzip* in Widerstreit geraten; Regelwidrigkeiten kön-nen manchmal auch vernünftig und schadensvorbeugend sein, etwa wenn "VRUs" (149) sich sicher fühlen wollen und auf Fußwege ausweichen.

➢ Verkehrserzeugung

Darunter wird hier jede Verkehrsbewegung eines Verkehrsteilnehmers ver-standen, die an einer Quelle entsteht oder an einem Ziel endet, sofern es sich nicht um einen vorübergehender Stillstand des verkehrsteilnehmenden Bewegungskörpers im Verkehrsfluss aufgrund des Verkehrszustandes oder einer Verkehrsregulierung wie an lichtsignal-geregelten Knoten handelt. Das betrifft vor allem Anhaltezeiten an Knoten oder zur Vorranggewährung, wodurch Wellen im Verkehrsstrom ausgelöst werden können. Die Verkehrserzeugung ist eng mit der Ausübung von Daseinsgrundfunktionen (35) und den damit verbundenen *Fahrtzwecken* (51), wie Berufspendelverkehr oder Lieferverkehr, und den dazu dienenden *städtebaulichen Funktionsstandorten* (76) als Quellen bzw. Ziele korreliert. Meistens handelt es sich um zeitfenstertypische Phänomene, die als Ursache für das Auftreten von Verkehrsspitzen gelten.

➤ Verkehrsflächenorganisation / Verkehrsflächenaufteilung

Darunter wird hier das für die Bewegung der Mobilitätsgruppen in einem Verkehrsraum (140) verfügbare und dazu infrastrukturell ausgestattete Flächenangebot verstanden, welches für die Bedürfnisse der verschiedenen Mobilitätsgruppen entweder funktionell mit regulativen (markierte Bewegungsflächen, wie Schutzwege, Fuß-, Radwege) oder baulichen Maßnahmen (separierte Wegesysteme) aufgeteilt wird („share traffic space").

Unter straßenräumlich eingeschränkten Verhältnissen, wie in altstädtischen Kerngebieten, gartenstädtischen Siedlungen oder in spezialisierten Standorträumen (Messegelände, Klinikum, Hochschulcampus u.ä.), die öffentlich anfahrbar sind, behilft man sich mit den Verkehrsfluss modulierenden Maßnahmen der Verkehrsorganisation. Damit soll ein Mischverkehr (84) der Mobilitätsgruppen unter geschwindigkeitsreduzierten *„Bewegungsäußerungen"* (27) und aufeinander Bedacht nehmenden Annäherungen (16) ermöglicht werden (bekannt als „Shared Space"-Konzepte). Zuflussregulierungen (z.B. für Lieferzeitfenster in Geschäftsstraßen oder bei Vollauslastung von Halteplätzen) können mittels „Geofencing" (59) erfolgen. Die allfällige Überwachung des modulierten Verkehrsverhaltens (147) kann über übliche stationäre Einrichtungen, über GPS-Tracking oder u.U. über Drohnen (beides ist in Hinblick auf Datenschutz bedenklich) oder einfach durch Ordnungsorgane gewährleistet werden.

Das Beispiel anhand eines seit Jahrzehnten additiv wachsenden Stadtteils zeigt überdies auf, wie sich die städtebaulichen Konzepte in der Verkehrsorganisation der Erschließung gewandelt haben. Das reicht von der freien Abstellung der Personenkraftwagen in der Wohnsiedlung über die Sammelgaragierung bis zur Verbannung in Tiefgaragen, um eine autoverkehrsberuhigt innere Erschließung der Wohnquartiere zu ermöglichen. Dennoch müssen die Wohngebäude und die Versorgungseinrichtungen für den Siedlungsbetrieb (wie Lieferservices, Handwerksverkehr oder Müllentsorgung) und für Notfälle befahrbar bleiben. Gleiches gilt für den Universitäts-Campus, etwa was die Feuerwehrzufahrten anbelangt.

Bild 98-103: Verkehrsflächenorganisation der Quartierserschließung im Wandel der Konzepte und Epochen

Die Vielfalt der festgestellten Funktionsflächen für die Mobilitätsausübung im untersuchten Stadtteil deutet auf den Handlungsbedarf für die Wegenetzbetreiber hin, denn darunter sind nicht nur öffentliche (kommunale und landesseitige) Straßenerhalter künftig betroffen, sondern auch private Wegeerhalter. So ergeben sich zahlreiche Schnittstellen (101) der Verantwortlichkeit und der Zugangsberechtigungen. Im verwobenen Netz der Bewegungsflächen wird sich die Frage stellen, wo welcher Automatisierungsgrad bzw. welche Anwendungen von Automat-Funktionen von Kraftfahrzeugen zugelassen oder aber ausgeschlossen werden sollen.

Darst. 28a: Legende zur Verkehrsflächenverteilung eines wachsenden Stadtteils

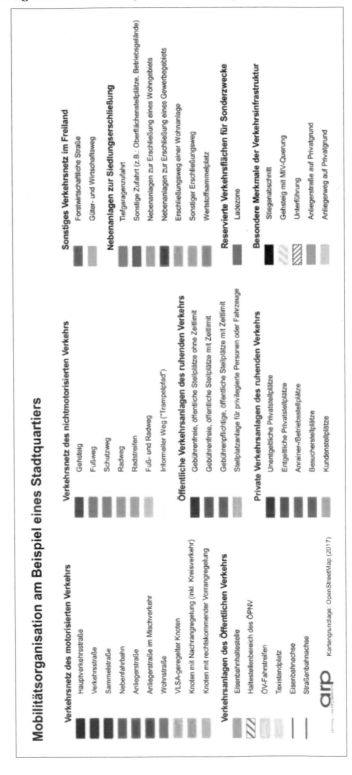

Darst. 28: Verkehrsflächenverteilung für Mobilitätsgruppen in einem wachsenden Stadtteil (Innsbruck-Hötting West)

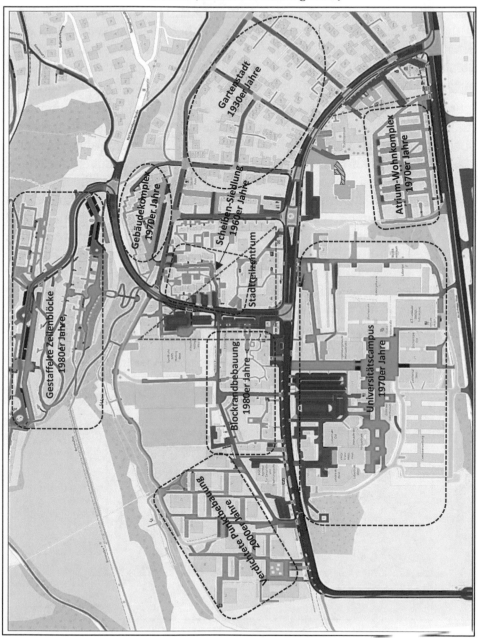

➤ Verkehrs(hilfs)mittel im Straßenverkehr

Ein Verkehrsmittel im Straßenverkehr ist zunächst eine rollfähige, zumeist auch angetriebene Konstruktion, um die Raumüberwindung und den Transport von Personen und Gütern leistungsfähiger zu bewerkstelligen, als es der Mensch tun könnte. Diese Verkehrsmittel können in Hinblick auf ihre

Kontaktfläche mit dem Fahrweg ein- oder zweispurig, in besonderen Fällen auch drei- bzw. mehrspurig sein. Im Regelfall ist die lastentragende Plattform zweiachsig oder drei-bis vierachsig (z.B. bei Nutzfahrzeugen bzw. Aufliegern) am Fahrwerk abgestützt. Ein Fahrzeug kann eine zwei- oder seltener eine mehrgliedrige Einheit als Bewegungskörper bilden, wie die Kombination von Zugmaschine und Sattelauflieger als häufiges Beispiel zu nennen ist. Ein Lang-Lkw mit 25m Länge ist dann schon dreigliedrig.

Spurgeführte Verkehrsmittel auf Schienen (wie häufig fahrbahnbündige Straßenbahnen) oder geführt durch sonstige Leiteinrichtungen (Spurbusse, Oberleitungsbusse) können Schnittflächen (100) mit den Fahrwegen aufweisen oder die Fahrbahnen streckenweise mit dem Straßenverkehr teilen. Ihr begrenztes und „eigenartiges" Fahrverhalten ist im Mischbetrieb speziell zu berücksichtigen, wobei außerdem typische Merkmale als Befahrungsbedingungen von Verkehrsräumen (140) bzw. -regionen (141) für die Automatisierung des Straßenverkehrs zu bedenken sein werden. In besonderen Einsatzfällen sind auch Sonderkonstruktionen, etwa Raupenfahrzeuge (große Kontaktfläche) im Baustellenverkehr, oder (jedenfalls ohne Straßenzulassung) Luftkissenfahrzeuge (keine unmittelbare Kontaktfläche während der Fortbewegung) fahrzeugtechnisch möglich.

Darst. 29: Schema der Kantenfahrdynamik in Abhängigkeit vom Verkehrszustand

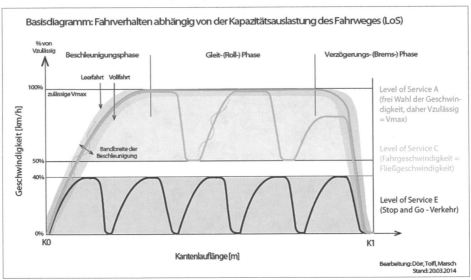

Diese fahrzeugtechnischen Variationen beeinflussen die Fahrdynamik ebenso wie die jeweils aktuelle (!) Gesamtmasse des bewegten Fahrzeuges, dessen Leistungskennwerte dementsprechend volatil an Grenz- bzw. Schwellenwerte, wie an *Motorkennfeldern* zwischen den interdependenten Faktoren Drehmoment und Drehzahl ablesbar wird, stoßen. Die Steuerung der Fahrdynamik elektronisch- und softwareunterstützt muss zugleich die gerade akuten Befahrungsbedingungen des Fahrweges (24) mit ins Kalkül ziehen, wenn der Bewegungsfluss nicht einbrechen soll. Das *automatische* Getriebe kann das bekanntlich, um eine Beharrungsgeschwindigkeit einigermaßen zu gewährleisten. Das ABS (Anti-Blockier-System) sichert Bremseffizienz und bietet einen gewissen Schleuderschutz bei außergewöhnlichen Fahrmanövern (50).

Wie werden nun diese seit langem bewährten Automat-Komponenten des Antriebsstranges künftig mit den Automat-Funktionalitäten der Fahrzeugsteuerung im komplexen Verkehrsgeschehen zusammenwirken? In diesem Kontext wird die graduelle *Ausschöpfung des Bewegungspotenzials* des Kraftfahrzeugmusters (27, 74) und die *Konditionierung des Fahrbetriebsmodus* (48) anzusprechen sein. Denn diese Zielgrößen werden von der Kfz-internen Szenarienbildung (120) und der Steuerungsprädiktion (94) abzugleichen sein, wenn ein Kfz-Lenker nicht mehr präsent sein wird. Denn es soll weder Stopp-and-Go noch Schlangenlinie gefahren werden, was ansonst das autonomisierte Kraftfahrzeug zu einem unharmonischen Bewegungskörper im Fließverkehr machen würde.

Aber die Fahrbahn ist, von wenigen Ausnahmen wie auf Autobahnen abgesehen, kein Heimspiel des Straßenkraftfahrverkehrs (106), sondern wird speziell in urbanisierten Gebieten von der Vielfalt der schwach oder nicht-motorisierten bzw. der kaum oder gar nicht automatisierbaren verkehrsteilnehmenden Gruppen in irgendeiner Weise frequentiert. Diese Gruppen bedienen sich entweder aus Gründen persönlicher Einschränkungen bei der Ausübung ihrer Mobilitätsbedürfnisse oder aus sportlichen Motiven heraus einer Vielzahl von *Verkehrshilfsmitteln*. Diese sind in der Regel rollfähig und funktionieren gleichsam als symbiotisches System mit der Person, die ein solches Gerät verwendet, um sich leichter, sicherer, schneller oder auch erlebnisreicher und damit vielleicht riskanter fortzubewegen (vgl. Darst. 2). Zwar wird die Verkehrsplanung darauf achten, deren Laufwege entweder verkehrsorganisatorisch als eigene Fahrstreifen oder sogar baulich abgesetzt vom Straßenkraftfahrbetrieb auf eigenen Wegen zu ermöglichen, aber selbst dann ergeben sich *kritische Schnittflächen im Straßenraum* (100).

Eine „koexistentielle" Rolle spielt dabei der *Radfahrverkehr* (95), der sich wechselweise auf den Fahrbahnen des Kraftfahrverkehrs in Fahrrichtung oder, wenn beschildert erlaubt, auch entgegen bewegt. Radverkehr auf einem eigenen Radwegenetz, kreuzt im Regelfall Fahrbahnen oder muss sich mancherorts den Weg mit dem Fußgängerverkehr teilen. Im „koexistentiellen" Fließverkehr im einstreifigen Richtungsverkehr, ist das Überholen des Radfahrverkehrs oder ähnlicher Fortbewegungsmittel unvermeidlich, es muss daher die ungesicherte Sicherheitsblase der Radfahrenden und der Gegenverkehr beachtet werden sowie des Weiteren der nachfahrende Verkehr. Diesen Verkehrsablauf hat der menschliche Lenker eingeübt, aber für die Automatisierung des Kraftfahrbetriebes (19) stellt das noch eine enorme Herausforderung dar, weil eine Fülle von Entscheidungsschritten algorithmisch in die Automat-Kette (19) eingebaut werden müssen. Erschwerend kommt hinzu, dass das Bewegungsverhalten des schwach- oder nichtmotorisierten Verkehrs erstens noch kaum ausreichend untersucht wurde und zweitens auch mit geringerer Disziplin gerechnet werden muss, selbst wenn das nur Eventualitäten (47) sein sollten.

Bild 104-107: Kraftfahrzeuge und andere Verkehrshilfsmittel im Straßenverkehr

104

105

106

107

➤ Verkehrslenkung / Verkehrsmodulation / Laufwegsortierung

Die Verkehrslenkung der Fahrzeugbewegungen geschieht durch die Linienführung der Trassierung der Fahrwege und die Dimensionierung des Straßenprofils mit seiner Aufteilung auf Fahrstreifen. Diese exogenen Randbedingungen sind je nach Straßenkategorie (105) und Verkehrsfunktion der Fahrwege an Richtlinien orientiert, soweit die Topographie das zulässt oder Kunstbauten in der Trassenführung Raum dafür schaffen. Um Interaktionen zwischen den Fahrzeugen oder mit weiteren Verkehrsteilnehmern geregelt abzuwickeln, werden Bodenmarkierungen auf der Fahrbahn (47) aufgebracht oder geringmächtige Oberflächengestaltungen (wie Fahrbahnteiler als Querungshilfen für nichtmotorisierte Verkehrsteilnehmer oder Querschwellen zur Geschwindigkeitsreduktion) angebracht, die die Trajektorienräume (127) für die Laufwegbahnung organisieren bzw. zuweisen. Deren Breite bei der Fahrstreifenmarkierung soll helfen, die Fahrgeschwindigkeiten zu modulieren. Bei Mehrstreifigkeit in Fahrrichtung können sich ein Zusammenfallen oder eine Auffächerung von Fahrstreifen ergeben, womit sich ein kritischer Interaktionsraum (68) bildet, wer wem die Vorfahrt überlässt (z. B. nach dem Reißverschluss-Prinzip).

Vor Knoten höherrangiger Straßen wird nach räumlicher Möglichkeit eine Sortierung der Laufweg-Relationen vorgenommen, vor allem dann, wenn die Verkehrslichtsignalanlage in ihrem Phasenprogramm darauf ausgerichtet ist. Solche *Laufwegsortierungen* stellen spezifische Interaktionsboxen (64) dar, weil sie klar eingrenzbar sind, aber beobachtbar regelmäßig mit Unsicherheiten im Fahrverhalten der Zufahrenden verknüpft sind (s. Darst. 9). Bei Fahrwegen höherrangiger Straßenkategorien werden zusätzlich zur Orientierung auch Überkopfanzeigen für die Laufwege bzw. Fahrstreifen installiert, die auch dynamische Anzeigen zur Verkehrslenkung umfassen können.

Bild 108-110: Verkehrsbeeinflussung durch zeitflexibles Fahrstreifenmanagement und interkonnektives Monitoring sowie VLS-Steuerung I2Vs

Eine *Verkehrslenkungsanlage* im Zuge einer Fahrwegkante kann in Abhängigkeit vom akuten Verkehrszustand Geschwindigkeitslimits, Fahrstreifenzuweisungen oder andere Beschränkungen, z.B. für Schwerfahrzeuge, signalisieren. Damit geht die örtliche Verkehrslenkung in ein zentrales Verkehrsmanagement für Teile des Straßennetzes über. Das kann sogar eine *Zuflussregelung* in Engpassstrecken oder in überlastete Verkehrsräume hinein (z.B. Einfahrt in Innenstädte, Blockabfertigung bei Tunnel- oder Brückenabschnitten, 140) beinhalten.

Als Pionieranwendungen werden dafür Lichtsignal-geregelte Knoten im Zuge von urbanen Hauptstraßen mit einer Vielfalt von IK-Technik ausgerüstet. Eine Verkehrslenkungsanlage ist nur so gut wie die Überwachung ihrer Gebote an die Kfz-Lenker; künftig könnte die Verkehrslenkung interkonnektiv „I2V" (21, 68) direkt in das Fahrverhalten des Kraftfahrzeuges eingreifen sowie widrigenfalls Fehlverhalten angemessen korrigieren.

➢ Verkehrsmächtigkeit*

Die Verkehrsmächtigkeit eines *verkehrsteilnehmenden Bewegungskörpers*, insbesondere von schweren Kraftfahrzeugen als dominante Akteure im Straßenverkehr, setzt sich aus mehreren Aspekten betrachtet zusammen. Das wichtigste quantifizierbare Kriterium ist die *kinetische Masse* (71), also die potenzielle Krafteinwirkung der gesamten Fahrzeugmasse inklusive ihrer Transportgüter bei einer bestimmten Fahrgeschwindigkeit sowie Winkel- und Neigungsdisposition auf der Bewegungsbahn gegenüber anderen adjazenten Verkehrsteilnehmern bei kritischen Interaktionen auf der Fahrbahn (47). Zur Verkehrsmächtigkeit zählt des Weiteren der Anspruch an *Verkehrsflächengebrauch*, wie er in der geometrischen Darstellung der *Sicherheitsblase* (104) seinen Niederschlag findet. Ferner ergibt sich im dichten Verkehrsfluß eine *Sichtverstellung* durch großvolumige Fahrzeuge.

Bild 111-113: Verkehrsmächtigkeit als Ausdruck, Flächenanspruch und Realität im Fließverkehr

Diese physikalischen Komponenten der Verkehrsmächtigkeit äußern sich zudem in einer *psychologischen Auswirkung* auf die interagierenden Verkehrsteilnehmer*innen, die sich vernünftigerweise gegenüber verkehrsmächtiger auftretenden Akteuren eher nachgebend verhalten. Diese Verhaltensweisen wirken über die *Gestaltwahrnehmung* (Formgebung der Fahrzeuge) zwischen den Verkehrsteilnehmern, was in der Selbsteinschätzungen der Akteure emotional im Gefühl der *Überlegenheit* oder der *Unterlegenheit* münden kann. Damit können sich die ambivalenten Verhaltensweisen der *Rücksichtnahme* (99) oder der *Vorteilnahme* bei Interaktionen verbinden. Ein Signal zum Imponiergehabe kann darüberhinaus ein Mittel des Marketings sein, das Karosserie-Designer beisteuern.

➢ Verkehrsraum

In der Betrachtung des Verkehrsgeschehens in den Straßennetzen stellt der Verkehrsraum eine „synoptische" territoriale Entität (Raumeinheit) dar, in der die Verkehrserzeugung (131) und Mobilitätsausübungen in Abhängigkeit von der Land- und Gebäudenutzungsstruktur stehen. Die Benutzung und die Befahrungsbedingungen der *Straßenräume* (24, 107) hängen von der städtebaulichen Ausgestaltung und der Erschließungsweise auf-grund der Flächennutzungs- und Baudichte, aber auch von der historischen

Prägung ab. Schließlich ergeben sich die *Verkehrszustände* (148) aus der Raumorganisation der Funktionsstandorte (Wohnquartiere, Geschäfts- und Gewerbezonen, intermodale Verkehrsknoten u.a.) mit ihren Quell- und Zielverkehren und den Relationen zwischen den komplementären Funktionsstandorten innerhalb einer Verkehrsregion sowie zwischen den *Verkehrsregionen als interagiernde Verkehrszellen* (141).

Bild 114-115: Jüngste Stadtentwicklungen als Verkehrsräume einer servicegelenkten Mobilität?

 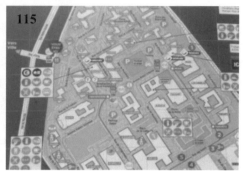

➢ Verkehrsregion / Verkehrszelle

Darunter wird hier ein nach der Topographie, der vorherrschenden Landnutzung und Siedlungscharakteristik abgegrenzter Teil des Verkehrs- und insbesondere des Straßennetzes verstanden, den spezifische Bedingungen des Mobilitätsbedarfs, der Zusammensetzung des Verkehrsaufkommens nach Mobilitätsgruppen (88) und der Anfahrbarkeit in der Verkehrsnetzhierarchie auszeichnen. Besonders kristallisieren sich *Verkehrsregionen im Städtenetzwerk* und in der Gliederung von Ballungsräumen heraus.

Hochurbane, suburbane und periurbane Siedlungstypen der Raumordnung lassen in gewisser Weise Vergleiche zu und stellen ähnlich gelagerte Handlungsbedarfe für die Mobilitätsstrategie und die Verkehrsplanung der Infrastruktur dar. Die Abgrenzung von *Verkehrszellen im Straßennetz* dient der Verortung der Verkehrserzeugung (131) als Quellen und Ziele von massenhaften Verkehrsbewegungen, um die Verkehrsbeziehungen zwischen Verkehrsregionen und den bevorzugten Transitrouten herausstellen. Sie dienen daher als statistische Raumeinheiten zum Zweck der Verkehrsbedarfsplanung und des strategischen Verkehrsmanagements.

➢ Verkehrssicherheit / Verkehrsunfalldokumentation/ -statistik

Die Verkehrssicherheit gehört zu den drei Leitzielen der Straßenverkehrsordnung neben der Flüssigkeit und der Leichtigkeit der Verkehrsabwicklung. Dazu trägt eine Fülle von Aspekten bei, die beim Fahrzeugbau, bei der Trassierung der Fahrwege, der Übersichtlichkeit der Fahrbahnen (47), der Logik der Befahrungsbedingungen (24) in der Verkehrsorganisation und nicht zuletzt beim regelkonformen Verhalten der Verkehrsteilnehmer ansetzen. In Hinblick auf die Ausrüstung der Fahrzeuge zur den Lenker unterstützenden Automatisierung der Kfz-Steuerung im Kraftfahrbetrieb und der weitergehenden Autonomisierung der Fahrzeuge (23) zur lenker-unabhängigen Laufwegbahnung (78) im Straßenverkehr (108) eröffnen sich neue Prüfanforderungen. Da nunmehr nicht nur physische (wie Kollisionsfestigkeit und Verformungsdynamik der Karosserie zum Schutz der Fahrgastzelle) und mechanische Merkmale sowie fahrdynamische Eigenschaften der Fahrzeugmuster bei unterschiedlichen Befahrungsbedingungen (24) am Laufweg zur Prüfung anstehen. Vielmehr werden zusätzlich die *Verlässlichkeit der Funktion* elektronischer Komponenten zur Umfelderkennung (128) am Fahrweg und die *Konditionierung* (72) *der Algorithmen* zur Entscheidungsfindung (als gleichsam elektronisches Gewissen) bei der Laufwegbahnung in das Prüfungsprofil Eingang finden müssen, wenn die Verkehrssicherheit ein unumgängliches Leitziel darstellt.

Verlässlichkeit bzw. Fehlleistungen von einzelnen Funktionalitäten können im Rahmen von Praxisfahrtests zum Zweck einer **Konsumenteninformation** durchgeführt werden, wie es mit dem NCAP-Bewertungsverfahren („5 Sterne") (91) praktiziert wird. Letzteres bedarf aber einer Entschlüsselung zur Offenlegung, um Testergebnisse On-road (kontrolliert durchgeführt im Straßenverkehr) oder Off-road (auf Testgeländen) überhaupt interpretieren zu können. **Qualitätssicherungsverfahren**, wie nach ISO 26262, basieren auf elektronischen Leistungsüberprüfungen, die aber das Straßenverkehrsgeschehen nicht unmittelbar internalisiert haben. Womit sich wiederum eine Lücke zwischen der **Einsatzfähigkeit von Komponenten** (46) und der **Verkehrstauglichkeit der Automat-Systeme** (143) auftut.

Ein weiteres Aufgabenfeld tut sich mit der Herausforderung auf, die *verkehrspolizeiliche Unfallaufnahme* vor Ort dahingehend anzupassen, gewissermaßen vergleichbar mit der Bergung und Auswertung der Black Box bei Flugzeugabstürzen. Schließlich ist auch die *Verkehrsunfallstatistik* gefordert, nicht nur nach dem Typ des Unfallherganges und nach dem Personenschaden zu erfassen, sondern die beteiligten Fahrzeuge nach ihrer Automatisierungsausstattung und nach der „Lenker-Präsenz" (81) einzuordnen sowie nach den dokumentierten Laufwegen, die zur Unfallentstehung geführt haben, zu systematisieren. Wobei neben der Kette der vorausgegangenen Fahrmanöver (50) der Unfallfahrzeuge, die begleitenden Randbedingungen, wie die Fahrwegmerkmale (52) und der Verkehrszustand im Fließverkehr (148), in die Schilderung mit einbezogen werden sollten. Jedoch nicht jeder Vorfall (150), der zu einer *konfliktären Annäherung* auf der Fahrbahn (47) führt, ist gleichzusetzen mit einem Unfall, der amtlich festgehalten wird. Eine *Vorfallsforschung* (150) könnte bei fortgeschrittener Automatisierung des Straßenkraftfahrbetriebes (106) zur Unfallverhütung beitragen, um eine Verkettung unglücklicher Umstände zu vermeiden.

➢ Verkehrstauglichkeit*

Diese Begriffsschöpfung wird hier als notwendige Ergänzung zum ebenfalls benutzten Begriff der *Einsatzfähigkeit von Funktionalitäten* gesehen. Unter der technologischen Einsatzfähigkeit (46) wird hauptsächlich die Testung und Validierung der einzelnen Komponenten der Hard- und Software, wie Sensoriken und Bilderkennung, im Zuge der Kfz-inhärenten Automat-Kette (19) verstanden. Dagegen betrifft die „Verkehrstauglichkeit" die Fähigkeit der Automat-Kette als *steuerungsmächtiges System zur Laufwegbahnung* („Control Master" 35), die komplexen Verkehrsabläufe auf der Fahrbahn (47) ständig zu analysieren und in Zeitpaketen von wenigen Sekunden vorauszusehen (s. Prädiktion, 94). Damit daraus Szenarien (62) für eine momentane Bestvariante generiert werden können, um eine Entscheidung für eine Trajektorien-Linie zu treffen, die als Steuerungsbefehle an Fahrwerk und Antrieb gerichtet wird.

Eine momentane Bestvariante, die nach systeminternen Kriterien als Setting gesteuert wird (siehe weiter unten), braucht immer eine Exit-Strategie, um kritische Annäherungen (16) bei der Laufwegbahnung (78) zu vermeiden, wenn sich Opponenten (92) im Umfeld (128) auf der Fahrbahn unerwartet anders verhalten, als gerade noch prädiktiert. Diesfalls sollte ein digitaler Fuß zumeist bremsbereit und ein digitaler Arm ausweichbereit sein. Diese Abstimmung in eine Fahrdynamik ohne unnötige Brüche umzusetzen, wird einer der Knackpunkte der Forschung und Entwicklung der nächsten Jahre werden, wenn die „Basis-Funktionalitäten" der Sensorik und Detektion (43) zuvor ihre Einsatzfähigkeit bewiesen haben werden.

Die *fahrzeuginhärente Szenariengenerierung des Automat-Systems* (120) für einen hochautomatisierten Fahrbetrieb oder für (teil)autonome Fahrzeugbewegungen stützt sich generell im Backend (unmittelbar nicht einsehbares Betriebssystem) auf ein vom *Kfz-Hersteller* vorprogrammiertes Setting in Bezug auf die *Konditionierung* (72) und auf den optional vom *Kfz-Halter* eingestellten *Modus der Verkehrsteilnahme* (144). Der *Kfz-Nutzer* schließlich wählt den *Fahrbetriebsmodus* (48) für den jeweiligen Fahrtzweck (51) und die beabsichtigte Route sowie sucht sich die ihm genehme *Automat-Level-Potenz* (als Down-Grading, 86) aus.

Voraussetzung für eine valide, repräsentative und nachvollziehbare Testung auf Verkehrstauglichkeit solcher Automat-Systeme sind systematische *Findungsverfahren von Verkehrsabläufen*, die als szenerien- und verkehrsabhängige *Szenen- und Szenariengenerierungen* (110 ff.) zur Aufstellung von Testanordnungen dienen können. Eine solche Vorgehensweise sollte jedoch nicht auf ein Know-How-Monopol auf der Herstellerseite (OEMs + Zulieferer von Hard- und Software) hinauslaufen. Übrigens sei angemerkt: *OEM = Original Equipment Manufacturer* heißt soviel wie „Markenhersteller" eines Kfz.

➤ Verkehrsteilnahme von Mobilitätsgruppen

Dabei handelt es sich um die Realisierung des aus der Ausübung der Daseinsgrundfunktionen (35) entspringenden Bedürfnisses (Ausdruck des Wollens) und Bedarfes (Ausdruck des Müssens) von Personen nach Orts-veränderung unter Benutzung öffentlicher Verkehrswege. Damit ist das Grundrecht auf personale Bewegungsfreiheit als gesellschaftlicher An-spruch auf Mobilität generell beschrieben. Die Umsetzung bedarf aller-dings räumlicher Gelegenheiten, baulicher Anlagen und verkehrstechni-scher Einrichtungen sowie einer verkehrsorganisatorischen Konzeption. Damit werden der physische Zugang bzw. die Erschließung der privaten Standorte sichergestellt und die gruppenspezifischen Bewegungsäußerun-gen (27) unter Wahrung der *personalen Integrität* (in Bezug auf Verkehrs-sicherheit, Schutz vor Nötigung oder Verunsicherung, 63) ermöglicht.

An dieser Stelle sei auch betont, dass die Verkehrsteilnahme eine ausge-prägte soziodemographische Variabilität dem Alter, dem Geschlecht und der sozialen Stellung nach auszeichnet, die nicht so leicht für eine Aktorik von autonomisierten Kraftfahrzeugen standardisiert werden kann, vor allem dort, wo dichter Mischverkehr im geschäftigen Straßenraum herrscht und Bewohner*innen in belebten Wohngebieten angetroffen werden (84).

Das wird zwar materiell-rechtlich bundesgesetzlich durch die Straßenver-kehrsordnung (108) geregelt, aber die Einhaltung von Verhaltensregeln zwischen Verkehrsteilnehmern und die Normierung örtlich zu veranlas-sender Regulationen ist nur die eine, grundlegende Seite der Medaille. Kollektiv betrachtet ist es eine Frage der praktizierten *Verkehrskultur* und personell eine Frage der Disposition der jeweiligen verkehrsteilnehmenden Gruppen und ihrer Zugehörigen. Dazu werden Aspekte des physischen Bewegungspotenzials (27), auch unter Zuhilfenahme von Verkehrshilfs-mitteln (136), und des psychologischen Auftritts (Verkehrsmächtigkeit 140 und Verletzlichkeiten 148) in der Verkehrsabwicklung schlagend. Künftig wird dieses *Setting der Verkehrsteilnahme* bei fortschreitender Automati-sierung des Straßenverkehrs (22, 108) und bei fortgeschrittener Autonomi-sierung der Kraftfahrzeuge (23) nicht nur technologisch vielfältiger, son-dern auch verantwortungsmäßig vielschichtiger. Damit stellt sich eine Her-ausforderung nicht nur für Technologen, sondern ebenso für Planer, Juris-ten und die Gesellschaftspolitik auf allen hoheitlichen Handlungsebenen.

➤ Verkehrsteilnahme-Modus* (des Kraftfahrzeuges, der Verkehrsmittel)

Dieser Begriff deutet in zweierlei Richtung, einerseits wird dadurch der einzelne Bewegungskörper (26), der auf der Fahrbahn bzw. im Straßen-raum (107) agiert, methodisch in den Mittelpunkt gestellt, andererseits wird sein Verhalten in den Kontext zu den anderen Bewegungskörpern gestellt.

Daraus ergeben sich in einer ersten Gliederung drei Modi der Verkehrsteilnahme:

– **Solitäre Verkehrsteilnahme:**

Als solitärer Verkehrsteilnahme-Modus wird hier in der großflächigen Draufsicht auf einen Geschehnisraum (61) die nicht exakt vorhersagbare und vorausberechenbare Bewegungsbahn eines Bewegungskörpers im Verkehrsfluss definiert, die entweder vom jeweiligen human geprägten individuellen Fahrverhalten oder von der vorprogrammierten Fahrstil-Algorithmik in der Automat-Kette (19) abhängt (s. dazu Darst. 25 u. 26).

Ein Kraftfahrzeug ist dann *„solitär"* = *eigenständig agierend* unterwegs, wenn entweder die humane Wirkungskette allein oder die Automat-Kette allein oder beide als "Human-Machine-Interaction" (62) zusammenwirkend das Kfz steuern (= v_1, s. Darst. 1). Bei diesem Verkehrsteilnahme-Modus durch einen fahrzeuggebundenen *„Control Master"* (35) findet keine bewusst vorausgeplante Vergesellschaftung mit anderen Kfz innerhalb des dynamischen Interaktionsraumes (65) bzw. entlang eines Laufweges statt.

Initiale und reaktive Fahrmanöver (50) im Verlauf von Interaktionen auf der Fahrbahn (47) wechseln sich je nach human-individuellem bzw. programmiert-konditioniertem Fahrstil (72) ab. Das heißt, der Kfz-Lenker bestimmt, ob durch Assistenzsysteme unterstützt oder nicht, individuell seine Laufwegbahnung, allerdings je nach dem wie er psychologisch und fahrzeugmotorisch (Bewegungspotenzial 27, Verkehrsmächtigkeit 140) in seinem Fahrstil prädisponiert ist. Aber auch ein autonomisiertes Fahrzeug (ab Level a4) könnte, wenn es dahingehend konditioniert sein sollte, ohne Präsenz eines menschlichen Lenkers (81) als solitärer Bewegungskörper bzw. Roboter auf der Fahrbahn auftreten.

– **Adjazent vergesellschaftete Verkehrsteilnahme:**

Trifft ein Kraftfahrzeug auf seinem Laufweg mit seinesgleichen auf der Fahrbahn zusammen, sodass sie ein *Zufallskollektiv adjazenter Fahrzeuge* (152, 15) bilden und ein Stück des Laufweges als ein Ganzes betrachtet in einem dynamischen Interaktionsraum (65, „Sailing Interaction Space") zurücklegen, ist eine gewisse Vergesellschaftung im Fahrverhalten zu beobachten. Das mag trivial klingen, solange nicht die fortgeschrittene Automatisierung des Kraftfahrbetriebes (22) ins Spiel kommt. Dieser Verkehrsteilnahme-Modus versucht, einen gemeinsamen Vorteil, nämlich die konfliktfreie zügige Zurücklegung des kollektiven Laufweges, unter Hintanstellung der eigenen Vorteilnahme zu realisieren. Diese spontane Vergesellschaftung zum gemeinsamen Vorteil fällt bei einem leidlich fließenden Verkehrszustand (wie bei Level of Service C/D, 83) im unterschiedlich motorisierten Fahrzeug-Mix nicht leicht und erst recht nicht, wenn die beteiligten Fahrzeuge künftig auf unterschiedlichen Automat-Levels unterwegs sein werden (s. Darst. 26 u. 30).

Dazu wird **Interkonnektivität** (68) zwischen den Kfz (Vs2Vs) herzustellen sein: Erstens, zwecks *Kfz-inhärenter Szenariengenerierung*, was eine umsichtige rücksichtnehmende Konditionierung (99) der Automat-Kette voraussetzen würde. Zweitens, mittels eines *ständigen Datenaustausches* mit allen als *adjazent* (15) erkannten Fahrzeugen und drittens, noch gesteigert durch wechselseitige modulierende *Eingriffe in die Steuerungstätigkeit* der anderen Fahrzeuge, um das **Zufallskollektiv als zeitweiligen Handlungsverbund** (152) am Fahrweg harmonisiert vorwärts zu bringen. Freilich muss sich ein gleichgesinntes bzw. konditioniertes Zufallskollektiv (152) zusammenfinden, denn einzelne Ausreißer im Fahrverhalten oder diesbezüglich unterausgestattete Kfz können den Handlungsverbund stören oder überhaupt hinfällig machen.

Des Weiteren stellt sich die Frage, inwiefern die Fahrweginfrastruktur als digitale Leitlinie (über Transponder) und örtliches Datenaustauschnetz (als WLAN) ausgestattet werden wird (s. Darst. 30). Dies, um den *Handlungsverbund eines Zufallskollektives im dynamischen Interaktionsraum* (65) zu unterstützen oder gar in deren Handlungsverbund exogen einzugreifen und mit anderen entgegenkommenden, vorausfahrenden oder nachkommenden Fahrzeugen bzw. Zufallskollektiven zu koordinieren.

– **Ferngelenkte Verkehrsteilnahme:**

Diese Zukunftsvision für den Straßenkraftfahrverkehr bedeutet zunächst, dass die Präsenz eines Kfz-Lenkers im Fahrzeug nicht mehr vonnöten wäre, da das Fahrzeug nur mehr externen Steuerungsbefehlen gehorchen würde (*"Remote Controlling"*), die von einer proprietären Fuhrpark-Leitzentrale oder von einem für die Verkehrsregion zuständigen Verkehrsmanagement ausgesendet werden. Im letzteren Fall müssten wohl alle Kraftfahrzeuge entlang bestimmter Fahrwege sich darin einklinken und sonstige nicht dafür ausgerüstete Fahrzeuge blieben von der Fahrwegbenutzung ausgeschlossen. Während im Falle der Lenkung durch eine private Leitzentrale jedes Fahrzeug sich dennoch in solitärer Verkehrsteilnahme bewegen ließe, bedeutet die Delegierung der Steuerung an einen zentralen Server die vollständige „*De-Autonomisierung*" (54) der Laufwegbahnung jedes Fahrzeuges in einer Verkehrsregion. Das dafür vorgesehene Straßennetz würde damit zu einer mechatronisch organisierten Produktionsstätte von Fahrzeugbewegungen.

➤ **Verkehrstopographie (der Fahrwege, des Straßennetzes)**

Darunter werden hier jene Randbedingungen der Befahrbarkeit (24) des Straßennetzes verstanden, die sich aus der landschaftlichen Einbettung und der Trassierungscharakteristik der Fahrwege ergeben. Damit sind unverrückbare geodätische Merkmale für die Laufwegbahnung (78) beschrieben, wie sie *Neigungsverhältnisse* der Länge (longitudinal) und dem Fahrbahnprofil nach, die *Linienführung* (Kurvigkeit, Wannen und Kuppen) und die *Eingrenzungen* der Fahrwegtrasse in Einschnitten, auf Dämmen und entlang von Kunstbauten sowie durch begleitende Rückhalteanlagen darstellen. Solche Befahrungsbedingungen (24) sind für das fahrdynamische Einlenken auf eine Trajektorie vorausbestimmend, zunächst unabhängig davon, ob ein Trajektorienraum (127) für die Laufwegbahnung aufgrund des Verkehrsgeschehens offen steht.

Bild 116-118: Landschaftliche Einbettung von Autobahntrassen als Randbedingung für die Detektion und die Fahrdynamik

Hierzu sind entweder „exakte dezimeter-scharfe" Geoinformationen (aber mit Puffer-Rundungen für Gefahrensituationen) vonnöten, die in die Automat-Kette (19) entweder Kfz-intern von der Sensorik und der als Datenbank hinterlegten digitalen Karte oder aber extern kommuniziert als Routeninformation in die Entscheidungsaktorik eingespeist werden. Inwieweit auch aktuelle Daten zur Befahrbarkeit aufgrund der bekannten veränderlichen kleinklimatischen *Fahrweg-Exposition* (z.B. Eisglätte oder Nebelhäufigkeit) oder der festgestellten andauernden *Fahrbahn-Disposition* (Straßenzustandsbewertung) entlang von Fahrwegkanten (52) verfügbar gemacht werden, weil sie die Dosierung der Fahrdynamik betreffen, wird noch zu überlegen sein. Denn das geht über die üblichen Navigationstools weit hinaus und die Kosten für die Datenbereitstellung sind zu bedenken.

➤ Verkehrsverhalten von Mobilitätsgruppen

Das Bewegungsverhalten von Mobilitätsgruppen (29) ist ein in hohem Maße vielschichtiges (z.B. nach dem Bewegungspotenzial phänotypischer Gruppen und Untergruppen unter oder ohne Zuhilfenahme von Verkehrshilfsmitteln) und vielfältiges (z.B. nach den individuellen Bewegungsäußerungen und der psychologischen Disposition) *Phänomen der Verkehrsteilnahme*. Diese Phänomene sind beobachtbar und bedürfen einer analytischen Konzeption, die die Vielzahl der Einflussfaktoren strukturiert und erklärend modelliert, soweit das überhaupt möglich erscheint, wenn der Mischverkehr (84) betrachtet wird.

Eine zusätzliche Komponente zur Erklärung von Beobachtungen im Verkehrsverhalten stellt die *Motivation* dafür dar, die sich in einer Bewertung zwischen den Polen „regelwidrig" und „vernünftig" bzw. in ambivalenten Kombinationen (wie regelwidrig, aber dennoch vernünftig) davon niederschlägt und auch verkehrsplanerische Rückschlüsse erlaubt. Schließlich sieht auch die StVO in Ausnahmefällen zur Gefahrenvermeidung Verstöße als zulässig an (wie Überfahren einer Sperrfläche zwecks unvermeidbaren Ausweichens). Für die Autonomisierung (23) von Fahrzeugbewegungen wird hierzu viel *künstliche Intelligenz* (76) aufzubauen sein, die vermutlich auf die spezifische Fahrbedingungen in den jeweiligen Verkehrsräumen (140) bzw. Verkehrsregionen (141) einzugehen haben wird.

➤ Verkehrszustand (fahrwegbezogener dynamischer...)

Darunter werden zwei Faktoren verstanden: Erstens, die *Dichte der Anwesenheit von Verkehrsteilnehmern* in ihren von ihnen gesteuerten solitären Verkehrsmitteln als Bewegungskörper (26) auf einem Abschnitt (Fahrweg-Kante 52, Interaktionsbox 64) der Fahrbahn (47) im Verkehrsfluss. Zweitens, der *Mix an Verkehrsmitteln* mit ihren jeweiligen spezifischen Eigenschaften in Hinblick auf ihr Bewegungspotenzial (27), ihren Automatisierungsgrad ("SAE-Levels" 21) und ihr beobachtbares Verkehrsverhalten. Beide konstitutiven Komponenten verschränken sich zu Zufallskollektiven (152) interagierender Verkehrsteilnehmer, die in einem auf den gesamten Straßenverkehr (108) erweiterten Verständnis von **Level of Service** (83) mit der am Fahrweg angebotenen Kapazität (v.a. durch die Streifigkeit im Richtungsverkehr, 109) zu *Szenenfeldern* abgeglichen werden (Darst. 23).

➤ Verletzlichkeit / Schadensanfälligkeit

Der Begriff der *Verletzlichkeit* ist zwar prinzipiell vom Begriff der *Schadensanfälligkeit* zu unterscheiden, obgleich beide Eigenschaften bzw. Risikofaktoren verkehrsteilnehmender Bewegungskörper sehr ähnlichen Ausgangsbedingungen (Crash-Angriffsflächen) bei kritischen Annäherungen (16) auf der Fahrbahn unterliegen. Verletzlichkeit wird natürlich mit dem *Schutz der personalen körperlichen Integrität von Verkehrsteilnehmer*innen* (62) verbunden; Schadensanfälligkeit verbindet sich mit der Frage der von außen zugefügten Beschädigungen eines Verkehrsmittels in Hinblick auf dessen Karosserie und die Verkehrstüchtigkeit des Fahrwerkes im Falle konfliktärer Annäherungen. Künftig werden Störungen durch Hackerangriffe auf die digitale Ausrüstung der Kraftzeuge dazu zu zählen sein, ohne dass es deswegen zu äußeren Deformierungen kommen muss. Aber dieser Risikofaktor wird abzuschätzen sein.

Personenschadensfälle sind in der Verkehrsunfallstatistik erfasst, wobei die Art der konfliktären Annäherung und des Regelverstoßes klassifiziert und gerichtsanhängig dokumentiert werden. *Sachschadensfälle,* ob mit oder ohne Aufnahme durch die Verkehrspolizei, unterliegen aber dem Datenschutz und sind, falls überhaupt, Verwaltungsübertretungen und Fälle für die Haftpflichtversicherungen. Die durch die Feststellung eines Regelverstoßes vorgenommene Schuldzuweisung, die übrigens zwischen den unglücklich beteiligten Interakteuren aufgeteilt werden kann, was im Übrigen die Komplexität des Verkehrsgeschehens unterstreicht, greift aber mit dem *Verantwortungsübergang* (130) vom menschlichen Akteur zur automatisierten System-Aktorik letztlich zu kurz.

Die Versuchung scheint gegeben, einen unmittelbar involvierten menschlichen Akteur, weil identifizierbar, schuldfähig und anklagbar, vorzugsweise zur Verantwortung zu ziehen. Denn, wen oder was kann man für schwer eruierbare (Datenschutz?) technische Fehlleistungen des Automat-Systems (Offenlegung der Backend-Software, Auslesen der Fahrtdokumentation bis hin zur Frage, ob die Verkehrstauglichkeit (143) ausreichend geprüft worden ist) verantwortlich machen? Die Klärung dieser Fragen wäre eine grundlegende Voraussetzung für die Zulassung der Automat-Systeme, die in ihrer *Konfiguration* (Automat-Kette der Entscheidungen und Einsatzfähigkeit der Funktionalitäten, 46) und *Konditionierung* (72, 41) offen gelegt werden sollten.

➢ (Besonders) Verletzliche Verkehrsteilnehmer*innen (= "*Vulnerable Road Users, VRU*")

Dieser aus der englisch-sprachigen Literatur übernommene Begriff bezeichnet alle Verkehrsteilnehmer*innen, die im Wesentlichen ohne die Hülle einer Karosserie ungeschützt im Straßenverkehr unterwegs sind. Damit sind zuvorderst Zufußgehende und Radfahrende, also schwach bzw. unmotorisierte Mobilitätsgruppen gemeint; deren *personale Integrität* (63) und *körperliche Sicherheit* sollen rechtlich-prinzipiell durch die Regularien der Straßenverkehrsordnung (108) und verkehrspraktisch durch die Verordnung örtlicher Regulationen (96) sowie mit der Verkehrsflächenorganisation (132) der Straßenräume im Netz (vgl. Darst. 28) gewährleistet werden, was leider nicht immer ausreichend gelingen kann.

Mit der zunehmenden Automatisierung der Kraftfahrzeuge ergeben sich neue Herausforderungen, wiewohl auch Chancen, die die Verkehrssicherheit der sogenannten VRUs betreffen. Inwiefern „digitale Schutzschirme" aufgespannt werden können, wird noch Aufgabe umfangreicher Forschung und Entwicklungen sein müssen. Wobei die Bringschuld bzw. Nachweiserbringung beim Automotiv-Sektor anzusiedeln sein wird, aber eine Holschuld liegt auch bei den Interessenverbänden der VRUs und der Verantwortlichen für den öffentlichen Straßenraum; nämlich Informationen über den technologische Entwicklungsstand nachzufragen und an der Aufstellung geeigneter Anforderungsprofile für die Test- und Zulassungsverfahren mitzuwirken (s. Zulassungspfad Darst. 31).

Im Übrigen gehören dazu auch vertiefte Forschungen über das Bewegungsverhalten der nicht- oder schwach motorisierten Verkehrsteilnehmer*innen
– Genderaspekte und Kinder sowie Jugendliche dürfen diesbezüglich nicht
übersehen werden – und die Fragen der *Bewegungsfreiheiten* (32) als be-
rechtigte Ansprüche im öffentlichen Straßenraum (107) sind aufzugreifen.
Es handelt sich also bei Weitem nicht nur um technologische Abhand-
lungen, wie sie bislang den Diskurs dominieren.

Bild 119-120: Verletzlichkeit infolge situationsbedingt kritischer
Interaktionsräume im Straßenraum

➢ Vorderfeld

Jener Bereich des Fahrweges bzw. der Fahrbahn (47), der im üblichen
Blickfeld eines Kfz-Lenkers oder eines sonstigen auf der Fahrbahn sich
Bewegenden zur Steuerung seines Fahrzeuges oder seines körperlichen
Bewegungsverhaltens wahrgenommen wird. Es handelt sich im Wesentlichen um jenen Trajektorienraum (127), der für die Fortbewegung situativ
in Frage zu kommen scheint (Umfeld 128). Jedoch bleibt deswegen vieles
im Blickfeld eines Verkehrsteilnehmers unbeachtet (vgl. Darst. 4).

➢ Vorfall / Notfall / Unfall

Bei dieser Trias handelt es sich um konfliktäre Annäherungen (16) im Zuge
der Laufwegbahnung (78), bei der ein Opponent zumindest unangenehm
(= riskant bedrängt, reaktiv genötigt) betroffen ist. Der Vorfall kann im
unglücklich verlaufenden Fall als Vorstufe zu einer Notfallreaktion oder
gar zu einem Unfall führen. Der Vorfall muss nicht unbedingt eine ausge-
prägte Disruption in der Fahrdynamik des Auslösers, das wäre ein Notfall,
darstellen, wenn der Opponent durch eine geistesgegenwärtige Reaktion
einen Unfall mit Schadensfolgen vermeiden kann. Das ist für die Dokumentation der Laufwegbahnung relevant, weil ein solcher Vorfall verdeckt
bleibt, wenn er nicht exogen beobachtet wurde. Darin liegt aber ein Poten-
zial für „Deep Learning" (76). In bezug auf Unfälle sei auf die Ausführungen zur *Verletzlichkeit* und *"VRUs"* (148 f.) zuvor verwiesen sowie
zur *Verkehrssicherheit* und *Verkehrsunfalldokumentation* (141).

➤ Vorfallsforschung (reversive Prädiktion*) / *"Deep Learning"*

Die laufende elektronische *Dokumentation der Fahrmanöver* (50) im Zuge der Laufwegbahnung (78) wird es künftig prinzipiell ermöglichen, die Entstehung eines Vorfalls anhand einer kritischen bzw. konfliktären Annäherung von Verkehrsteilnehmern auf der Fahrbahn bis zu einer kausal begründbaren Wurzel am Fahrweg zurückzuverfolgen. Dem steht jedoch möglicherweise der individuelle Datenschutz entgegen. Außerdem ist dazu eine *Auswertemethodik* logisch zu entwickeln, die die exogenen Ursachen und die endogenen Handlungen zur Fahrzeugsteuerung kausal und konduktiv miteinander verknüpft, um einen *Erfahrungsspeicher* anzureichern.

Das könnte zu einer Art *reversiven „Prädiktion"* (94) beitragen, deren Erfahrungspotenzial in die permanente Kfz-inhärente Szenarienbildung (120) und in die Entwicklung einer konsekutive Entscheidungsalgorithmik einfließt. Das kann einerseits zur Gewinnung künstlicher Intelligenz mittels "Deep Learning" wiederum solitär auf ein einzelnes Fahrzeug bezogen erfolgen, was aber für die Automatisierung im Straßenverkehr (18 ff.) zu wenig relevant erscheint. Andererseits können systematische Flottenversuche in definierten Verkehrsräumen oder anhand von typischen Wegeketten stattfinden, wozu europaweit Real-World-Testserien durchgeführt werden. Auf die Ergebnisse darf man gespannt sein, sofern nicht die Datenvertraulichkeit der Industrieunternehmen dem einen Riegel vorschiebt.

➤ Wegeketten als Oberbegriff

Als *Wege* werden in der *Mobilitätsforschung* alle jene Ortsveränderungen eines Menschen bezeichnet, die in einem Verkehrsnetz von einem Quellstandort zu einem Zielstandort führen. Das schließt alle üblichen Fortbewegungsarten ein, mit einem Verkehrsmittel oder auch ohne ein solches. *Wegeketten* ergeben sich, wenn in einem gewissen Zeitfenster im Tagesablauf mehrere Zielstandorte aufgesucht werden, wobei auch ein Wechsel in der Fortbewegungsart – heutzutage als Multimodalität angesprochen – unter Benutzung verschiedener Verkehrsträgernetze stattfinden kann.

Eine Teilmenge von Wegeketten können *„Fahrten"* (51) sein, die unter Zuhilfenahme von Fahrzeugen zurückgelegt werden; das heißt, der Mensch bedient sich eines gelenkten und meist auch angetriebenen Verkehrsmittels und hat dadurch keinen körperlichen Kontakt mit einem Fahrweg. Im gar nicht so seltenen Einzelfall kann *Weg* und *Fahrt* identisch sein, wenn auf einem proprietären Standort (wie ein Eigenheim mit privatem Stellplatz) ein Fahrzeug bestiegen wird und auf einem ebenso proprietären Standort als Ziel (wie Tiefgarage an der Arbeitsstätte) wieder verlassen wird.

Der *Laufweg* (78) ist dazu eine individuelle Entscheidung einer Person über die Ortsveränderung verbunden mit einem *Wege- oder Fahrtzweck* (51) in Erfüllung von Daseinsgrundfunktionen (35) und der Auswahl der *Fort-*

bewegungsart (s. Modal Split 89) sowie der gewünschten *Route* im verfügbaren Verkehrsnetz zwischen Quelle und Ziel. Somit setzt sich die Realisierung eines Laufweges auf einem *Fahrweg* in einem Verkehrsträgernetz, vor allem im Straßennetz, aus einer Abfolge von *Fahrwegkanten* (52) bestimmter Randbedingungen, etwa in Abhängigkeit von der Straßenkategorie (105) und dem akuten Verkehrszustand (148), zusammen.

Dabei sind die (als Graph verstandenen) Knoten, die eine Fahrwegkante begrenzen, die kritischen Elemente im Wegeverlauf. Fahrwegkanten und -knoten werden hier als *Interaktionsboxen* (64) angesprochen, in denen phänotypische Szenen im Verkehrsablauf und bei den Interaktionen zwischen den unterschiedlichen Verkehrsteilnehmern beobachtet werden können. Die Fokussierung auf die Laufwege entlang der Fahrwege ist daher eine Kernaufgabe der *Verkehrsforschung und Verkehrsplanung,* die sich künftig mit dem Auftreten automatisierter bzw. autonomisierter Fahrzeuge im *Straßenkraftfahrbetrieb* (106) konfrontiert sehen wird.

➤ Zufallskollektiv*

Die Zufälligkeit ist neben allen imaginären, aber rechtswirksamen Regulativen (wie die StVO) und organisatorischen Regulierungen am Fahrweg ein bislang vorherrschendes (An-)Ordnungsprinzip im *Straßenverkehrsbetrieb* (108). Keine Szenenabfolge in Interaktionsketten auf der Fahrbahn gleicht haarscharf der anderen, weil Verkehrsteilnehmer mit ihren Verkehrsmitteln, oder auch ohne welche, zufällig auf einem Abschnitt des Fahrweges bei der Realisierung ihrer Laufwege zusammentreffen und einander für kurze Zeiträume adjazent interagierend verbunden sind. Somit kann von einem Zufallskollektiv von sich selbst steuernden Bewegungskörpern (26) innerhalb eines *dynamischen (fließenden) Interaktionsraumes* (65) gesprochen werden.

Die Zusammensetzung eines derartigen *Fahrzeug-Mix* (86) kann sehr kurzzeitig flüchtig ausfallen (wie auf einer Stadtstraße, s. Darst. 30) oder infrastrukturbedingt einige Minuten lang anhalten (wie auf einer Autobahn, s. Darst. 25), wobei die Adjazenzverhältnisse (15) zwischen den Bewegungskörpern aber volatil bleiben. Zufallskollektive und ihr gemeinschaftliches Verhalten auf dem Fahrweg lassen sich durch Beobachtung auf einem zufällig oder systematisch ausgewählten *Szenenfeld* (115) festhalten und methodisch als hergeleitete Annahmen in die Szenenabfolge (*Szenengenerationen*) (117) einbauen. Damit kann bei genügender Fallzahl und guter Auswahl dem Anspruch von „Real World" (96) standgehalten werden und allgemein wird das Verständnis für die „Komplexität der Trivialität" im alltäglichen Verkehrsgeschehen in Hinblick auf die Entscheidungsalgorithmik in der Kfz-internen Automat-Kette (19) erleichtert. Aber trotz statistischer Auffälligkeiten bezogen auf eine Fahrwegkante (wie Verkehrsspitzen und Schwachlastzeiten, erhöhte Anteile bestimmter Fahrzeugmuster im Verkehrsstrom, Häufung von Unfallschwerpunkten etc.) darf ein hohes Maß an Eintritts-Wahrscheinlichkeit nicht zum bestimmenden Maß für die Verkehrstauglichkeit (143) eines Automat-Systems gemacht werden.

Darst. 30: Zufallskollektiv nach Grünfreigabe als Ausgangsszene für eine Szenariengenerierung im teilautomatisierten Straßenkraftfahrbetrieb

(Bildgrundlage: Hamburg-Diebsteich, Juni, Montag, Mittag)

Fahrweg-Relation V2I *(Randbedingungen für die Interakteure)*

Herkömmliches Kfz (a2) einer Fahrzeugklasse (B3) auf einer Fahrwegkategorie (III2[G]): B3^a2_III2^G

Hochautomatisiertes Kfz (a3) einer Fahrzeugklasse (B3) auf einer Fahrwegkategorie (III2^G): B3^a3_III2^G

Teilautonom sich bewegendes Kfz (a4) einer Fahrzeugklasse (B1) auf einem dafür vorgesehenen und ausgestatteten Fahrweg (III2^G): B1^a4_III2^G

Interaktionsrelationen V2V *(Aktionsbedingungen der Interakteure)*

Aktiv und passiv beteiligte Kfz einer Fz-Klasse auf einem Automatisierungslevel im Interaktionsraum: B1^a4-B3^a2

Geschehnisse im Verkehrsablauf *(Zufallsbedingungen)*

Autonome Laufwegbahnung: ⟍   Prädiktion Gegenverkehr: ⇢   Überholmanöver ohne Assistenz: ⟋

Seitenabstandshaltung zum Gegenverkehr: ◀   Seitenabstandsregelung im Parallelverkehr: ⟹

Bremsabstandsregelung (geschwindigkeitsabhängige Distanzhaltung) bei Vorausverkehr: — ·· — ·· ⇨

Auffahrvermeidung aufgrund Folgeverkehr rückwärtig: — ·· — ⇦   Auffahrwarnassistenz: — — · ⇨

Fahrerpräsenz/-absenz

Fahrer voll handlungsmächtig: ◯   Fahrer hochgradig ADAS-unterstützt, aber voll präsent: ◯

Fahrer handlungsbefreit (hands and eyes off), aber auf Aufforderung fahrbereit: ✖

Nicht dargestellt: Kein Fahrer vorhanden: ✖   *Insassen im Kfz mitfahrend:* ▽   *Keine Insassen im Fahrzeug:* ▽

Infrastruktur für Interkonnektivität I2V

Option Linienleiter in der Fahrbahndecke: — — — — —   Option Intelligente Bordsteinkante: ······

Option Transponder am Mast: ╋   Option 5G-Mobilfunknetz:

Denn diese Qualität beweist sich erst mit dem reaktiven oder präventiven Umgang mit kaum vorhersehbaren, aber jederzeit möglichen Ereignissen auf der Fahrbahn. Die Bewältigung solcher *Eventualitäten* (47) stellt sozusagen die „Kür" der Testanordnungen (121) in Real-World-Szenarienfeldern dar.

Die in Darstellung 30 aus einer Zufallsbeobachtung ausgewählte Verkehrsszene spiegelt alltägliche Normalität wider. Auf einer städtischen Hauptstraße setzt sich ein Bulk von Kraftfahrzeugen nach Grünfreigabe an einem untergeordneten Knoten in Bewegung. Kein nichtmotorisierter Verkehrsteilnehmer taucht auf, der Kraftfahrverkehr ist unter sich. Der Mix an Fahrzeugen entspricht der Verkehrsfunktion des Straßenzuges am Rand der Innenstadt mit industriell-gewerblich durchsetzter Nutzungsstruktur und der festgehaltene Zeitpunkt liegt außerhalb der Verkehrsspitzen. Die aus solchen Momentaufnahmen gewonnenen Szenen können prospektiv weitergedacht werden, indem durch Zuweisung von Automat-Levels an die Kfz technologische Zukunftsszenarios generiert werden. Der Bildausschnitt defniert hier die Mitspieler in ihren Eigenarten und das Spielfeld Fahrbahn. Damit wird die Komplexität vorerst überschaubar gehalten.

➢ Zulassungspfad* (zugleich ein Resümee)

Alle zuvor multidisziplinär angesprochenen Themen, die sich mit der Automatisierung des Straßenverkehrs durch die technologische Aufrüstung der Kraftfahrzeuge und der Verkehrsinfrastruktur verbinden, lassen sich in einem Ablauf von Schritten zur *Implementierung* chronologisch einreihen. Diese Sequenzierung in Phasen hilft, die initiativen Stakeholder-Gruppen und die in Teilschritten ausführenden Organe zu benennen. Aber nicht nur das, denn es werden des Weiteren die betroffenen Kreise (75) adressiert, die behördlich, beruflich oder in Ausübung ihrer täglichen Mobilität als Praktiker mit der Automatisierung des Straßenverkehrs (22) befasst oder berührt sind bzw. noch sein werden.

Der in Darstellung 31 entworfene Pfad zur „Zulassung" – gemeint ist die Implementierung in das gewachsene Mobilitätssystem nachgeschaltet dem Technologiefortschritt – versucht, in Phasen gegliedert die prinzipiellen Verantwortlichkeiten und in Teilschritten die zu lösenden Aufgabenstellungen festzuhalten. Die auftauchenden Fachfragen betreffen sowohl die befassten Akteurskreise als auch die einzubindenden Expertenschaften sowie die Vertretungen der betroffenen Kreise. Die treibende Kraft bei der Ausrüstung der Kraftfahrzeuge spielt klarerweise der Automotiv-Sektor, der von staatlicher Seite gefördert wird, um die (inter-)nationalen Automobil-Hersteller und ihre Zulieferkreise auf dem Weltmarkt wettbewerbsfähig zu erhalten, wobei mit der technologischen Zukunftsfähigkeit argumentiert wird. Inhaltlich werden die Steigerung der Verkehrssicherheit und der Fahrkomfort für den Kunden ins Treffen geführt.

Darst. 31: Zulassungspfad in Phasen und Schritten zur Implementierung nach Interessentengruppen

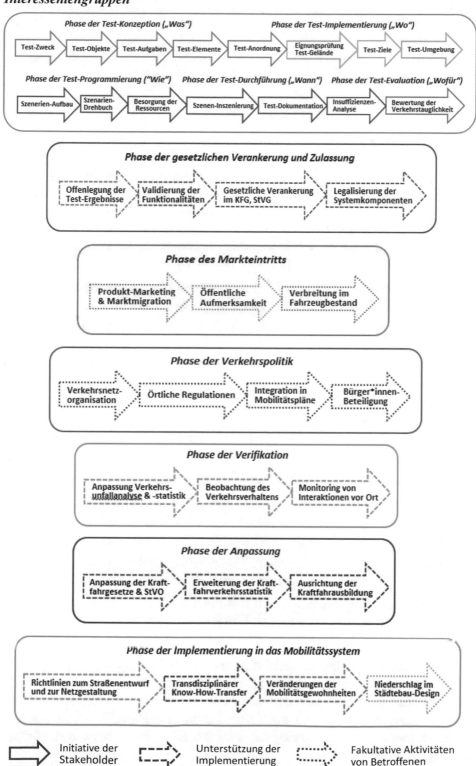

Darst. 31a: Akteurskreise und professionelle Aufgabenbereiche

Diese erwarteten nützlichen Effekte müssen sich jedoch noch erweisen. Dazu bedarf es nicht nur der Komponenten-Testung auf Testgeländen, sondern auch der Praxisnachweise im realen Verkehrsgeschehen, ob die im Kraftfahrzeug verbauten Automat-Systeme ihre Verkehrstauglichkeit (143) bestätigen werden. Damit sind alle im Straßenraum präsenten Mobilitätsgruppen in die Testphasen in geeigneter Weise mit einzubeziehen, woraus sich über multidisziplinäre Fachbeiträge hinaus eine umfassende politische Aufgabe stellt. Freilich einzelne Teilschritte können parallel oder chronologisch vertauscht stattfinden. Manches wurde bereits antizipatorisch von Fachleuten aufgegriffen, um auf den Handlungsbedarf bei Forschung und Entwicklung einerseits sowie auf den gesellschaftlichen Aufklärungsbedarf andererseits hinzuweisen, wie eine Durchsicht der Literatur offenbart.

Die Rollen der Akteurskreise und deren vermutliche Aufgabenbereiche sowie den daraus resultierenden Handlungsbedarf im Zuge des Technologiefortschrittes bildet Darstellung 31a ab. Sowohl die Akteurskreise als auch ihre Rollenbilder können nicht klar umrissen werden, aber im Wesentlichen treten in dieser Akteurslandschaft folgende Kreise mit ihren Verantwortlichkeiten als Adressaten hervor:

- Treibende *Kräfte der Technologieentwicklung* (aus Industrie und Politik)
- Multidisziplinäre *Befassungen von Expertenschaften* zur Thematik
- Variierende *Betroffenheiten* von Kreisen der Bevölkerung
- Gesetzgebende und regulierende *Verfahren* demokratischer Institutionen und vollziehender Behörden
- Reagierende Körperschaften zur technischen *Implementierung* in Planung, Infrastruktur und Ausbildung
- Reflexive Medien der öffentlichen *Meinungsbildung*

Da diese Zuschreibungen vielfältig und vielschichtig ausgeprägt sind, fallen eindeutige Aufgabenzuordnungen (außerhalb von grundsätzlichen Rechtsverpflichtungen) schwer. Sie sollten von den Akteurskreisen sowohl selbst deklariert werden als auch von ihnen abverlangt werden können. Darin besteht ein essentieller Bestandteil des Diskurses über die Automatisierung im Straßenverkehr.

Teil 3 Hinweise

3.1 Bildkommentare (samt Seitenangabe)

(1) Nachmittags-Stau am Autobahn-Ende der A 96 in der Zufahrt zum VLSA-geregelten Knoten des Mittleren Ringes in München. Auffällig ist die Rechtslastigkeit der Relation nach Süden, weil dabei der Umfahrungsverkehr zur A 8 Richtung Rosenheim zum Tragen kommt.

(2) Entspannter Vormittagsverkehr auf der Holstenkamp-Straße in der Hamburger Vorstadt bei Diebsteich

(3) Ganztägig reges Verkehrsaufkommen auf dem Pariser Boulevard périphérique nahe der Porte de Choisy. Der nichtabreißende Zufluss ist teilweise der Verkehrsberuhigung im Zuge des Baues der Ringstraßenbahn T 3 auf dem parallel verlaufenden Ring der Boulevards des Maréchaux geschuldet.

(4) Straßenfluchtlinie und Bauflucht fallen im geschlossenen bebauten Stadtgebiet nahe der Fahrbahn oftmals zusammen. Dabei können überraschende Interventionen für den Fließverkehr lauern, wenn eine kaum einsehbare Tiefgaragen-Ausfahrt sich auftut (gesehen an der Brünner Straße im Ablauf des Knotens mit der Katsushikastraße stadteinwärts in Wien-Floridsdorf)

(5) Wohnanliegerstraße mit Randbebauung und Vorgartenstreifen gesehen in München-Schwabing. Längsparkierende Pkw und Begrünungen zu den Vorgärten erschweren die Wahrnehmung der Umgebung.

(6) Die verkehrsberuhigte äußere Ringstraße (Bd. Berthier) im Norden von Paris mit neu eröffneter Ringstraßenbahn T 3b grenzt an die Palisadengalerie der Schnellbahnlinie RER C, die parallel für ständige Eisenbahn-Bewegungen sorgt, aber keine sonstigen Störungen verursacht (gesehen bei der Porte de Clichy).

Allgemeine Beobachtung vorweg: In Österreich geht man gerne auch mal ein wenig abseits des Zebrastreifens. Daher genügt es nicht, die exakte Geometrie der Bodenmarkierung in Datenbanken einzuspeisen, sondern auch die „effektive" Geometrie der Benutzung ist wesentlich, aber das gilt nicht nur für die Benutzung der Schutzwege.

(7) Kameragestütztes Monitoring für Langzeitanalysen (gesehen Zufahrt zum Hauptbahnhof von Keplerstraße und Bahnhofgürtel in Graz)

(8) Teilnehmende Beobachtungen von Gruppenverhalten (Ort unter Datenschutz)

(9) Stationäre Beobachtungen zu neuralgischen Zeitfenstern des Verkehrsaufkommens. Gesehen im Nachmittagsverkehr bei der ÖV-Station Olgaeck in der Innenstadt von Stuttgart.

H. Dörr, *Begrifflichkeiten und Theorie zur Automatisierung im
Straßenverkehr*, https://doi.org/10.1007/978-3-662-66514-5_3

Dieser Hauptstraßenknoten im Übergang vom geschlossen bebauten Stadtgebiet zur suburbanen Nutzungsmischung ist zwar eine simple mehrspurige Doppel-T-Kreuzung, aber mit örtlich bedingten Tücken. Die Verkehrsplanung war sichtlich bemüht, allen Mobilitätsgruppen genügend Bewegungsraum einzuräumen. Eine Besonderheit ist die starke Nord&West-nach-Ost-Relation im Wirtschaftsverkehr, weil die Katsushika-Straße als Umfahrung des Stadtkernes von Floridsdorf errichtet wurde.

Werbefahrt für einen Zirkus mit einer Dinosaurier-Figur auf einem Anhänger gesehen im Süden von Paris (Carrefour de Pompadour). Hat das Bilderkennungsprogramm ihn, den „Dino", auch eingespeichert und wie würde sein potenzielles Verhalten entgegenkommend oder vorausfahrend interpretiert werden?

Einfahrt in eine Wohnanliegerstraße in München-Schwabing mit Zeitungsspender als Anlass kurz anzuhalten. Wird dieser als stationär erkannt oder als wartendes Objekt interpretiert, um womöglich die Straße zu queren?

(13) Der aufwändig gestaltete Kreisverkehr wird von einer ungewöhnlichen zeitweiligen Umgebungsnutzung, einem Wander-Zirkus, gesäumt, der auch noch einen Werbewagen mit einer ungewöhnlichen mehrere Meter hohen Figur eines Dinosauriers für die nächste Tour abgestellt hat. Solche temporären Nutzungen werden wohl kaum in Datenbanken hinterlegt sein, womit die akute Detektion in rasch wechselnden, sich mit dem Kreisverkehr drehenden Wahrnehmungsfeldern ins Spiel kommt. Wie reagiert die Datenfusion der Signale der Sensortechnologien darauf und was macht die Bilderkennung, wenn der „Dino" auf Reise geht? Übrigens dieses Bild war ein reiner Zufallsfund, den Verkehrsplaner hatte eigentlich die Organisation des Kreisverkehrs interessiert, die weiteren Implikationen hat er erst im Nachhinein entdeckt! Carrefour Pompadour gesehen in Créteil südöstlich von Paris.

(14) Die Innenstadtzufahrten nach Paris („intra muros") stellen komplizierte Knoten zwischen den radialen und den tangentialen Hauptstraßen dar, wie hier an der Porte de Pantin. Dabei ergibt sich eine dichte Abfolge an Lichtsignalen und Stopplinien, Fahrbahnteilern und Schutzwegquerungen und hier biegt auch noch eine Straßenbahn ab, sodass der Überblick leicht verlorengeht und sich der Kraftfahrer meist am voranfahrenden Kfz orientiert. Im abgebildeten Wahrnehmungsfeld sind hintereinander drei Ampeln auf kurzer Distanz angeordnet, die jeweils gelb, grün und rot zeigen. Der Stangenwald ist zusätzlich nebst sonstiger Gebotszeichen wahrzunehmen. Ein Abgleich mit einer in Datenbanken hinterlegten Geometrie dieses Knotens wird wohl erforderlich sein und Interkonnektivität mit der Lichtsignalregelung herzustellen sein. Jedenfalls ist hier ein hochinteressantes und vielfältiges Testfeld für die Autonomisierung von Fahrzeugbewegungen gegeben.

(15) Nicht nur die feststehenden Objekte der Fahrbahngestaltung und Fahrweg-Geometrie, die sich als Informationsbestand vorweg abspeichern lassen, sondern auch die ständig wechselnden Zufälligkeiten der Verkehrsabläufe, die nicht exakt vorhersehbar sind, tragen zur Verwirrung der Detektion bei. Vor allem dann, wenn wenig vorherbestimmende Markierungen auf der Fahrbahn im Knotenbereich anzutreffen sind, die die Schnittflächen der Laufwege der Verkehrsteilnehmer disziplinieren sollen. Gesehen an der Kreuzung der Avenue de La Fayette mit der Zufahrt zur Gare du Nord (Place de Valenciennes) wiederum in Paris.

Bild 16-18: Fahrwegbedingte Eingrenzungen und sensorische Entgrenzung von Detektionsräumen 46

(16) Diese Unterflurtrasse der A 59 bei Exit 11 im Stadtzentrum von Duisburg ist eine ultimative Eingrenzung, die keinen abschweifenden Blick auf die Umgebung erlaubt. Die Detektion kann sich auf das Fahrgeschehen im Vorderfeld und im Hinterfeld der Richtungsfahrbahn konzentrieren. Eine exogene Außensteuerung der Kraftfahrzeuge wäre hier denkbar leicht einzurichten.

(17) Die A 6 wird gegenwärtig bei Schwabach-Süd (Bayern) auf drei Richtungs-fahrstreifen ausgebaut, gleichzeitig werden überhohe Lärmschutzwände errichtet, womit auch bei im Niveau trassierter Fahrbahn der Blick auf die Landschaft weg-genommen wird. Für die stark im schweren Wirtschaftsverkehr frequentierte Strecke Nürnberg-Heilbronn eine naheliegende Lösung. Die spätere Einrichtung für das Platooning von Lastzügen wäre vermutlich eine konsequente Weiterent-wicklung.

(18) Eine gänzlich andere verkehrstopographische Situation bietet sich entlang des weitläufigen Geländes eines Automobilwerkes nördlich von Leipzig dar, wo der Blick gewissermaßen bis zum optischen Horizont reicht. Könnte dort eine reale Teststrecke direkt vor den Toren eines Herstellers sein?

Bild 19: Eventualität am Schutzweg 47

Ein „Gaukler" nützt die Grünfreigabe am Schutzweg für seine Vorstellung. Gesehen in Frankfurt/Main am vielbefahrenen Knoten Ratsweg/Hanauer Landstraße.

Bild 20-22: Alltägliche Fahrmanöver in kritischen Interaktionen im Straßenkraftfahrverkehr 50

(20) Das Bild zeigt eine vielfrequentierte, aber für Sattelzüge schwierige Abbiege-relation an der Kreuzung der Goerzallee mit der Appenzeller Straße/Wismarer Straße. Es handelt sich um eine tangentiale Route für den Wirtschaftsverkehr am südlichen Stadtrand von Berlin-Lichterfelde. An diesem Knoten werden Wende-kreise und Schleppkurven von Schwerfahrzeugen knapp ausgereizt. Eine Buslinie ergänzt das Verkehrsgeschehen auch noch und Fußgänger müssen umsichtig sein, wollen sie den Schutzweg nutzen, wenn es rückstaut.

(21) Ein alltägliches Bild aus der Kaiserstraße mit ihren Ladenzeilen im Bahnhofs-viertel von Frankfurt/M. Der Kampf um den Stellplatz und die Lieferzone erzeugt seltsame Situationen, wenn man auf den Sattelzug blickt, der entgegen der Fahr-richtung zur Warenanlieferung angehalten hat.

(22) Ein rechtwinkelig auf der Fahrbahn zur Laderampe einschiebender Lastzug in der Cargo City Süd am FRAPORT gehört zu den dort vorgesehenen Fahrmanövern, die vielfach trotz großzügiger Verkehrsflächen nicht anders als Rampenmanagement machbar sind. Ein Lang-Lkw mit 25m Länge wird sich dabei noch schwerer tun. Ob solche Fahrmanöver als teilautonome Fahrzeugbewegungen im öffentlich benutzbaren Straßenraum, obgleich auf einem Privatgelände, verantwortet werden könnten? Übrigens ist der Fußweg mit Radstreifen – durchaus vorbildhaft gedacht – zu beachten.

Dieser Blick wurde eingefangen von einer Fußwegbrücke auf die Donauuferautobahn A 22 nordwärts bei Wien-Kaisermühlen. Das reale Abbild dient als Ausgangslage für eine Szenenfeldkonstruktion (siehe Darst. 5). Der beobachtete Verkehr repräsentiert das durchschnittliche werktägliche Fahrzeug-Aufkommen an einem Nachmittag vor der Rush-Hour.

(24) Straßenbahnhaltestellen, wo die Fahrbahn betreten werden muss, sind besonders kritische Interaktionsräume, weil beispielsweise in der Eile auf die Trambahn in verschiedenen Winkeln zugelaufen wird, wenn der Strom der Kraftfahrzeuge nicht davor per Lichtsignal angehalten wird. Das Bild zeigt zudem eine besonders heikle Situation mit einer Gruppe von KITA-Kindern, die sich aber diszipliniert verhalten und geführt werden. Gesehen an der Haltestelle Schwedlerstraße im Zuge der Hanauer Landstraße in Frankfurt/Main.

(25) Ebenfalls heikel ist die Schutzwegquerung für Mütter mit Kinderwagen und Kleinkind auf einem Kinderschubwägelchen. Diese Szene sieht allerdings harmlos aus, weil der Zeitpunkt der Bildaufnahme ein Sonntag-Vormittag war. Gesehen bei der T-7-Haltestelle Bretagne in Chevilly-la-rue südlich von Paris.

(26) Recht undiszipliniert aus der Sicht der Kraftfahrer verhalten sich manchmal Schüler, die in lockeren Gruppen und mit Skateboard in der Umgebung von straßenmittig angelegten Straßenbahnhaltestellen ausschwärmen, was aber legitim sein kann. Gesehen an der Haltestelle vor der Katsushikastraße im Zuge der Brünner Straße in Wien-Floridsdorf.

(27-29) Dieses Beispiel ist geradezu ein Lehrstück für die Frage (oder das Dilemma), ob und welche Automatisierungslösung hier Platz greifen soll, wenn sich einerseits die Bewegungsräume eiliger Fluggäste in Gruppen mit den Fahrstreifen kreuzen und andererseits sich die Fahrzeugvorfahrten technisch gut leitbar gestalten ließen. Gesehen am FRAPORT Terminal 1 bei Frankfurt/Main.

(30) Zufahrt zur zentralen Tiefgarage eines Wohnquartiers (Lohbachsiedlung West in Innsbruck). Solche Nahtstellen sind abgesehen davon, dass sie nahezu

immer mehr oder minder rechtwinkelig Fuß- und Radwege kreuzen, wo nicht-automatisierte „Bewegungskörper" anzutreffen sind, entweder weitgehend unsichtbar oder aber mit der Ankündigung zahlreicher spezieller Regeln des Betreibers der privaten Verkehrsanlage verknüpft.

(31) Zufahrt von der Beusselstraße zum Betriebsgelände des trimodalen Westhafens in Berlin-Moabit für autorisierte Kunden und dort niedergelassene Betriebe.

(32) Auffahrt zum Parkdeck eines Baumarktes an der Hanauer Landstraße in Frankfurt/Main) für Konsumenten. Eine Signalisierung erfolgt, wenn überhaupt, nur für die Einfahrt im Kraftfahrbetrieb hinsichtlich freier Kapazitäten (z.B. zu Kundenstellplätzen) oder zur Einbahnführung bzw. Wegeleitung.

Kommentar zu den Bildern 27-32: Eine Gate-Situation mit Aufnahme von Kfz-Daten kommt nur für besondere Zufahrten von bestimmten Nutzfahrzeugen (wie zur Anlieferung oder für Busse u.ä.) oder für frei benutzbare, aber in irgendeiner Weise regulierten Abstellanlagen in Frage. NFC (Near Field Communication) und Voreinweisung noch im Fließverkehr für die zufahrenden Kfz sowie Lichtspuren zur Warnung für den Fuß- und Radverkehr vor den Schnittflächen sind schon jetzt machbar. Inwiefern sich diese Schnittstellen auch als solche zwischen den Verkehrsteilnahme-Modi, also in Hinblick auf autonomes Fahren solitärer Kfz oder deautonomisierte (also extern gelenkte) Kfz-Bewegungen, entwickeln werden, sei hier dahingestellt, denn es ist primär keine Frage der technischen Lösungen, sondern läuft auf diffizile proprietäre Entscheidungen hinaus. Übrigens wäre auch das automatisierte Abstellen sowie Ausfahren auf/aus privaten Grundstücken von Eigenheimen ein Thema, wenn die Kfz-Benutzer von diesen Fahrmanövern irgendwann entwöhnt ("Deskilling") sein sollten.

Bild 33-35: Laufwegsortierung im Zulauf von Knoten im Mischverkehr .. 80

(33-34) Laufwegsortierung für zwei Relationen exklusiv und eine Relation alternativ für alle auf der Fahrbahn zugelassenen Verkehrsteilnehmer. Die Radfahrer meiden verständlicherweise diese Option (siehe Darst. 9). Gesehen im Südzulauf der Brünner Straße stadtauswärts zum Knoten mit der Katsushikastraße in Wien-Floridsdorf.

(35) Im Zuge von Ortsdurchfahrten durch alte Siedlungsgebiete in industrialisierten Regionen ergeben sich zuweilen bemühte Verkehrslösungen, die dem schweren Transitverkehr zu den Wirtschaftsstandorten Rechnung tragen müssen und den örtlichen Verkehren, etwa auf Fahrrädern oder Krafträdern, auch eine Bewegungschance einräumen sollen. Der Kompromiss stellt sich dann nicht so überzeugend dar (gesehen im Zuge der B 190 im unteren Rheintal in Vorarlberg). Was könnte die Automatisierung des Straßenkraftfahrverkehrs künftig dazu beitragen, solche beengten Interaktionsboxen vor Knoten zu entschärfen?

Bild 36-38: Mischverkehre in urbanen Umgebungen unterschiedlich organisiert und baulich gestaltet 85

(36) Die Führung von Straßenbahnen in innerstädtischen Hauptstraßen muss deutlich vom individuellen Fließverkehr getrennt werden, damit das Schienenverkehrsmittel vorankommt, dennoch sind die Schnittflächen als Kreuzungen mit

dem Kraftfahrverkehr zahlreich. Hierzu wäre eine Verkehrsmittel-übergreifende Interkonnektivität hilfreich, wenn es keine lichtsignalgeregelten Passagen gibt, die nicht überall zweckmäßig installiert werden können. Gesehen unweit des Frankfurter Hauptbahnhofes in der Düsseldorfer Straße.

(37) Lockert die Bebauungsdichte zu den Rändern der Kernstadt auf, ist der Kraftfahrverkehr oftmals noch stärker ausgeprägt, weil die Mischung der verschiedenen Wirtschaftsverkehre zunimmt, aber es erübrigt sich auch mehr Raum für Rad- und Fußwege. Die Durchmischung im Fahrzeug-Mix im Straßenkraftfahrverkehr erreicht in diesen Geschehnisräumen ihren Höhepunkt (sic Betonmischer!). Aber auch Fahrrad- und Moped-Pendler treten gehäuft auf. Radialer Verkehr mischt sich zudem mit Verkehren in tangentialen Relationen. Außerdem ist zu den Verkehrsspitzenzeiten die Lastrichtung durchaus gegenläufig, was u.a. der „Randabwanderung" von produzierenden Betrieben und sogar von Wirtschaftsdiensten geschuldet ist, die die Autobahnnähe suchen. Es stellen sich daher Aufgaben für das regionale Verkehrsmanagment und die Konfliktbereinigung zwischen den Mobilitätsgruppen an kritischen Orten. Außerdem wird in diesen urbanen Gürteln auch die Klimarelevanz des Verkehrsaufkommens zu thematisieren sein. Gesehen an der Hanauer Landstraße im Frankfurter Stadtteil Fechenheim.

(38) Nahezu als Gegenbild zum aufgeregten Verkehr der vorstädtischen Hauptstraßen bieten sich die schmalen Anliegerstraßen gesäumt von Eigenheimen dar. Die Trennung von Wegeführungen ist hier nicht möglich, vielfach sind es deswegen sogar Einbahnführungen für den Pkw-Verkehr. Aber Fahrradfahrer wollen nicht unlogische Umwege bis zur nächsten Nahversorgung in die Pedale treten. Daher ist der gegenläufige Radverkehr hier markiert und für Kfz sind Ausweichnischen vorgesehen. Das erfordert eine sehr kooperative Verhaltensweise, aber vermutlich kennt man sich sogar persönlich. Gesehen in einem älteren Vorstadtviertel La Martine der Stadt Villejuif südlich von Paris.

Bild 39-41: Verhaltensauffälligkeiten von nichtmotorisierten verkehrsteilnehmenden Personen bei Querung einer Hauptstraße 88

(39) Der Zebrastreifen (österreichische Markierung für Schutzwege) ist in der Benutzung oft eine Mischverkehrsfläche für viele nicht- oder schwachmotorisierte Verkehrsteilnehmer*innen, die sich in ihrem Bewegungsverhalten deutlich unterscheiden, was ihre Prädiktion bei Interaktionen erschwert (siehe Darst. 14). Fußgänger*innen können auf der Stelle kehrt machen und zurückgehen, E-Scooter beschleunigen rasch und können ihre eingeschlagene Trajektorie stark verändern, Radfahrer suchen oft ihren weiteren Laufweg oder weichen Fußgängern aus. Das mag bei Grünfreigabe nicht besonders konfliktär ausarten, aber nach Ablauf der nachfolgenden noch gesicherten Räumzeit (Rotzeichen für Schutzweg, aber noch keine Freigabe für kreuzenden Kfz-Verkehr) schon. Gesehen an der Kreuzung Brünner Straße / Katsushika Straße in Wien-Floridsdorf.

(40) Manche Fußgänger sind als Lastenträger sichtbehindert, das gilt für den von rechtskommenden Kfz-Verkehr, aber auch für die Beobachtung der Fußgängersignale. Wenn dann auch noch der in die Haltestelle einfahrende Bus erreicht werden will, kann das eine „Verkettung unglücklicher Umstände" nach sich ziehen. Dabei handelt es sich um eine häufige Eventualität, die zur Szenengenerierung für

Testanordnungen dienen kann. Gesehen in München an der verkehrsreichen Kreuzung der Fürstenrieder Straße mit der Ammerseestraße, einem Kreuz von Straßenbahn und Bustangente.

(41) Der Bewegungsfluss der Mobilitätsgruppen im urbanen Straßenraum mag planerisch Richtlinien-gerecht durchdacht organisiert sein, freilich gibt es Ausreißer im Bewegungsverhalten, etwa die Fahrbahn querend. Das ist noch nicht unbedingt illegitim oder gefährlich, aber es kommt vor. Hier quert ein Fußgänger flotten Schrittes knapp nach einem rechtwinkeligen Fahrstreifenverlauf. Die Detektion erfasst den Fußgänger noch auf seinem Bürgersteig, Sekunden später gerät er erst in den Detektionskegel des Kfz, das wird eine Notfallreaktion des Fahrzeuges auslösen, wenn die Prädiktion zuvor keine ausreichende akute Datenlage zur Entscheidung zur Verfügung hatte. Es handelt sich dazu wiederum um eine unabdingbare Szenengenerierung für Testanordnungen. Der Ort könnte überall im Stadtstraßennetz sein (gesehen in der Innenstadt von Frankfurt/Main bei der Batonnstraße, der zentralen West-Ost-Straßenbahnachse).

Bild 42-44: Phänotypische Fahrwegkanten in Korrespondenz mit der Szenerie der Umgebung 93

(42) Dreistreifige Richtungsfahrbahnen von Stadtautobahnen sind wegen ihrer Abschottung von der Umgebung störungsfrei, überblickbar und das Verkehrsgeschehen daher gut berechenbar. Es ist also kein Zufall, einen solchen nahezu idealen Phänotypus einer Fahrwegkante als Experimentierfeld für interkonnektiven oder (de)autonomisierten Straßenkraftfahrbetrieb auszuwählen, wie hier an der Donauuferautobahn A22 bei Wien-Kaisermühlen.

(43) Ein als Hauptachse einen neu angelegten Stadtteil durchquerender Straßenzug (Europa-Allee in Frankfurt/Main) wird großzügig dimensioniert ausgestaltet. Dabei können verkehrsorganisatorisch alle Bewegungsräume von (bisher bekannten) Mobilitätsgruppen von vorneherein entsprechend berücksichtigt werden. Die dadurch bedingte Weitläufigkeit schafft allerdings nicht immer urbane Aufenthaltsqualität, wenn der rationelle Funktionalismus als multimodale Verkehrsachse vorherrscht. Die U-Bahn (U 5) ist dort übrigens in Bau. Für die bevorstehende (falls beabsichtigt) Automatisierung des Straßenkraftfahrbetriebes sind die Adaptierungsmöglichkeiten bequem gegeben.

Ein Zurückdrängen des Autoverkehrs ist allerdings angesichts des getätigten Aufwandes für die Fahrwege aber schwer durchsetzbar, denn was soll mit den großzügigen Verkehrs- und Restflächen sonst geschehen und Bäume sind reichlich gepflanzt worden. Die angrenzenden Bürogebäude befinden sich erst in Fertigstellung. Gesehen als Phänotypus im Europaviertel in Frankfurt/Main.

(44) Eine überbreite, aber nur zweistreifige Bundesstraße im Gegenverkehrs betrieb ist im Übergangssaum der Kernstadt zum periurbanisierten Umland in Stadtregionen häufig anzutreffen. Hier schwankt das Verkehrsaufkommen in Rhythmen des Tagesablaufes und durchmischen sich die Kraftfahrverkehre nach Kfz-Klassen. Fußgänger sind generell nicht bevorzugt, obwohl Bushaltestellen jeden Siedlungsteil entlang der Bundesstraße bedienen. Radfahrer werden ohnehin selten gesichtet. Ein Muster für die mit der Motorisierung (unglücklich) gewachsene automobile Siedlungsstruktur. Welcher Nutzen durch Automatisierung des

Straßenkraftfahrbetriebes hier erzielt werden könnte, ist anhand der jeweils spezifischen Randbedingungen von Interaktionsboxen noch zu ergründen (siehe Darst. 25). Gesehen als Phänotypus im Zuge der Bundesstraße 7 bei Hagenbrunn in Niederösterreich (siehe zur Szenerienfindung Darst. 21).

Bild 45-47: Platooning als Realität und 5-G-basierte Interkonnektivität sowie Elektrifizierung des Fahrweges als Zukunftsoptionen 93

(45) An der A 9 von München nach Nürnberg wird der Abstellstreifen zu Starklastzeiten für den Fließverkehr freigegeben, damit der Strom der Last-Züge nicht den übrigen Verkehr aufhält. Ein Beispiel für praktiziertes „Platooning", wofür diese Strecke auch als Teststrecke ausgewählt wurde. Es zeigt sich auch, dass das Zufahren zu den Ausfahrten von den anderen Fahrstreifen taktisch von den Kfz-Lenkern gut eingeschätzt werden muss, um die Lücke zu durchfahren. Für das digital verkettete Fahren der Schwerfahrzeuge bedeutet das, Interkonnektivität mit kreuzenden Kfz herzustellen und/oder den „Platoon" zerreißen zu lassen, um die Ausfahrten nicht zu blockieren.

(46-47) An der A 5 südlich des Frankfurter Kreuzes ist das Lkw-Aufkommen besonders hoch. Bei Zeppelinheim wurde eine Teststrecke mit Fahrleitung versehen, um den Betrieb von Elektro-Lkw mit während der Fahrt angehobenem Pantographen zu testen. Dabei muss jedoch der übrige Verkehr beachtet werden, der den Exits zustrebt. Die exakte Spurhaltung für die zweipolige Fahrleitung kann durch Assistenzsysteme und teilautonome Beeinflussung der Fahrdynamik gewährleistet werden, aber die Interkonnektivität mit adjazenten Kfz im Verkehrsfluss wird vermutlich zweckmäßig sein, um Fahrleitungsentgleisungen zu vermeiden. Es ist ein Musterfall für die Erprobung der systemischen Verschränkung von Platooning, Lkw-Elektrifizierung und Vernetzung durch die 5-G-Kommunikation, die viele Aufschlüsse zur Implementierung der Automatisierung und des postfossilen Straßenfernverkehrs erbringen soll. Am Rande sei angemerkt: Die Bahn kann das alles schon weitgehend.

Bild 48-50: Der Radfahrverkehr zwischen Kanalisierung und Individualisierung im Bewegungsverhalten 95

(48) Radfahrende Gruppen treten oftmals rudelweise auf. Eine häufig zu beobachtende Gruppe sind Senioren, die sich als touristische Rad-Wanderer fit halten und voraus geplante Touren zurücklegen. Unsicherheiten in deren Bewegungsverhalten als „Rudel" können dann entstehen, wenn kein einzelner zurückgelassen werden soll oder einzelne, etwa bei VLS-geregelten Kreuzungen, an die Gruppe aufschließen möchten. Gesehen am Knoten Kieler Straße und Holstenkamp in Hamburg-Altona Nord.

(49) An den Schnittflächen (Kreuzungen) von Radwegen mit Fahrbahnen des Kraftfahrverkehrs differenziert sich das Bewegungsverhalten je nach Kondition des einzelnen Radfahrenden. Das Bild fängt diese unterschiedlichen Verhaltensweisen ein, einer hat vor dem auf Rot springenden Signal bereits angehalten, der andere vertraut (falls er sich dessen überhaupt bewusst ist) auf die Räumzeit und tritt an, um noch hinüberzukommen. Vielleicht orientiert er sich auch am davoneilenden Radfahrer am Radweg auf der gegenüberliegenden Straßenseite. Gesehen

an der Kreuzung Holstenkamp mit der Großen Bahnstraße nahe der S-Bahnstation Diebsteich in Hamburg-Altona.

(50) Das Fahrrad nicht als Verkehrsmittel des Eilverkehrs, sondern mehr als Nutzfahrzeug verwendet, gesehen in einem wilhelminischen Altbauquartier einer mitteldeutschen Stadt. Verkehrsberuhigung und historisches Ambiente als Konzept vertragen sich. Die für den Radfahrverkehr eher unbequeme Kopfsteinpflasterung trägt dazu jedoch bei.

Bild 51-53: Der Schilderwald örtlicher Verkehrsregulationen als Verwirrspiel für die Wahrnehmung 97

(51) Die Anhäufung von stationären Lichtsignalen und Verkehrszeichen wird zuweilen von der temporären Aufstellung von zusätzlichen Verkehrszeichen, wie sie vor allem vor Baustellen zu finden sind, noch ergänzt. Hier ist es ein Straßenknoten mit einer Eisenbahnkreuzung einer Vorortebahn, sodass verordnungsrechtlich mit dem doppelten Andreaskreuz und der achteckigen Stopptafel Genüge getan wird, sollten die Eisenbahn-Lichtsignalanlage und die mit ihr koordinierte Verkehrslichtsignalanlage ausfallen. Die vielleicht unglücklich positionierte Tafel zur Baustelle könnte aber den Blick für die Wahrnehmung der Sensorik darauf verdecken. Gesehen unweit der Haltestelle der Wiener Lokalbahn Vösendorf-Siebenhirten an der Landesgrenze zwischen Niederösterreich und Wien.

(52) Knoten von Hauptstraßen im periurbanen Gürtel von Ballungsräumen werden nicht nur von zahlreichen Gebots- und Verbotszeichen samt Zusatztafeln lokaler Regulierungen gesäumt, sondern es gibt auch eine Menge an lokalen Wegweisungen zu Wirtschaftsstandorten. Alles das kann in das Navigationssystem und in die Datenbanken Eingang finden, aber diese Daten müssen auch aktuell gepflegt werden, wenn ein Schild dazukommt oder demontiert wird. Gesehen an der Bundesstraße 7 beim Gewerbegebiet von Hagenbrunn nördlich von Wien.

(53) Das Eingangsportal zur Business-City La Défense westlich von Paris strotzt vor Wegweisungen und Anweisungen, weil sich dort nicht nur die Fahrwege vielfach aufteilen, sondern auch noch unterirdische Ein- und Zufahrten geregelt werden. Außerdem sind Baustellen in diesem Labyrinth allgegenwärtig. In einer visionären Betrachtung wäre diese Szenerie eigentlich für einen weitgehend automatisierten Straßenkraftfahrbetrieb mit deautonomisierten („Level a6") Kraftfahrzeugen anzudenken.

Resümee zu den Bildern 51-53: Die Fülle all dieser verpflichtenden und sonstigen Informationen kann vom Kraftfahrer im Vorbeifahren gar nicht wahrgenommen werden. Sie dienen hauptsächlich der formalen Erfüllung verkehrsrechtlicher Vorschriften. Das autonomisierte Kraftfahrzeug wird das anstelle eines Kfz-Lenkers aber „punktgenau" vollziehen können müssen.

Bild 54-56: Verschneidung der Fahrwege zur sicheren Laufwegbahnung für alle Mobilitätsgruppen an einem Hauptstraßenknoten 100

(54-55) Großflächige Verschneidungsflächen an Knoten brauchen, vor allem wenn Richtungsfahrbahnen getrennt und auch vereinigt weiterverlaufen, markierte Leitlinien zur Kanalisierung der Verkehrsströme aufgeteilt nach Relationen. Damit wird gleichzeitig eine gewisse Taktung der Kfz erreicht. Rechtsabbiegen über das kurze Eck bleibt aber eine heikle Fahrsituation, wenn gleichzeitig Fuß- und Radverkehr ebenfalls eine Grünfreigabe erhalten. Dabei ist der Kfz-Lenker routinemäßig gefordert, aber umso mehr wird es die automatisierte Detektion sein, die ja Szenarien über das Verhalten der verkehrsteilnehmenden Personen am Schutzweg bilden wird müssen (vgl. Darst. 8).

(55-56) Im Nordzulauf wurde als Sonderlösung der Rechtsabbiegestreifen (Richtung Autobahnauffahrt) von der Hauptfahrbahn abgerückt und dazwischen der Radweg eingerichtet, um die kritischen Interaktionen möglichst zu entflechten bzw. zu reduzieren. Die vielleicht kommende Mischung von automatisiertem Kraftfahrbetrieb auf verschiedenen Levels und den nichtautomatisierten Verkehrsbewegungen wird sich angesichts der Verkehrsorganisation des „Spielfeldes" und der denkbaren Variationen der Szenen dort besonders herausfordernd darbieten. Nichtsdestotrotz handelt es sich um einen der zahllosen Doppel-T-Knoten in Ballungsräumen, die als Standardsituationen mit lokalen „Tücken" auftreten, wie hier anhand des Knotens der Brünner Straße mit mittiger Straßenbahnführung und der Katsushika Straße als Zu- und Ablauf-Route der Autobahn (A 22-Ast), gesehen von Süd nach Nord stadtauswärts blickend, erkennbar wird.

(57-58) Für straßenbündig verlaufende Straßenbahngleise gibt es für die Haltestellen, wo Fahrgäste zu- und aussteigen, verschiedene Lösungen, wenn Schnittflächen mit der Fahrbahn des Kraftfahrverkehrs betreten werden müssen. Die baulich nicht umgestaltete Querung von Fahrstreifen wird nur mehr selten praktiziert, wie es hier im Bild 57 in Frankfurt/M. an der Hanauer Landstraße zu sehen ist. Für die automatisierte Detektion ist das plötzliche Auftauchen (spätes Aussteigen und heraneilendes Zusteigen in schiefen Winkeln) von Fahrgästen ein Problem für die Kfz-interne Prädiktion. Dazu wäre eine „Zeitinsel" mit Pförtner-Rotsignal für heranfahrende Kfz die einfachste Lösung, um den Umsteigebereich freizuhalten, sofern nicht ein Rückstau in den zurückliegenden Knoten befürchtet werden muss. Das Verschwenken der Gleise zu den Bordsteinkanten bzw. deren Ausweitung in die Fahrbahn hinein als „Kap-Haltestelle" zeigt das Bild 58 aus Graz-Eggenberg. Dort wurde eine Kombination mit einer Lichtsignal-geregelten Fußgängerquerung realisiert, die einen gesicherten kurzwegigen Einzugsbereich für die ÖV-Benutzer und Benutzerinnen gewährleistet.

(59) Plangleiche Knoten von Straßen und Eisenbahnkreuzungen sind in Ballungsräumen gar nicht so selten anzutreffen, weil diese kombinierten Anlagen meist schon vor der Motorisierung angelegt worden sind und niveautrennende Umbauten oftmals räumlich gar nicht machbar sind oder viel zu aufwändig herzustellen wären. Das Bild zeigt die eisenbahnkreuzende Zufahrt zum Passagierhafen am Donauufer von Wien beim Mexikoplatz nahe der Reichsbrücke. Die zweigleisige Bahnstrecke wird von langen Güterzügen befahren, sodass die Schrankenanlage eine Weile unten bleibt und sich ein Rückstau auf der Fahrbahn ergeben kann.

Außerdem können auch Passanten und Radfahrer diese Eisenbahnkreuzung benutzen, wenn sie nicht über die Reichsbrücke zum Donauufer gelangen wollen. Es ergibt sich daher eine sehr multiple und multimodale Szenengenerierung, die mit schiefen Winkeln für die Detektion verknüpft ist. Außerdem stellt der Zugsverkehr ein ungewöhnliches bzw. ungewohntes Risikomoment dar. Eine Interkonnektivität zwischen diesen Verkehrsträgersystemen ist freilich noch nicht erprobt.

Bild 60-61: Ausfahrt und Zufahrt als Schnittstellen an Stadtautobahnen mit Etagenwechsel als Herausforderung für die Detektion und die Prädiktion
.... 102

(61) Das Zufahren auf die Richtungsfahrbahn einer Autobahn ist im dicht besiedelten Gebiet meist mit einem „Etagenwechsel" verbunden. Die ungefähr parallel zufahrenden Kfz im „Schatten des Hinterfeldes" befinden sich in „Sinkfahrt" auf das Niveau der Richtungsfahrbahn, was die gegenseitige Detektion erschwert, solange die automatisierte Rundumsicht in eine Mauer bzw. in die Luft blickt. Dieses Wahrnehmungsproblem könnte durch die Interkonnektivität der Fahrzeuge in dieser speziellen Interaktionsbox (allerdings aufwändig) gelöst werden, was außerdem der einprogrammierten Priorisierungsregeln für das Einschleusen der Zufahrenden bedarf. Auch GPS könnte dabei helfen. Eine weitere Komplikation kann der herrschende Verkehrszustand bedeuten. Denn die zufahrenden Fahrzeuge treffen entweder auf einen Verkehrsfluss, der bei günstigem Verkehrszustand mit recht hohen Fahrgeschwindigkeiten unterwegs ist, oder aber auf dicht auffahrende Fahrzeuge zu den Stauzeiten, wie Bild 61 bei der Zufahrt Halensee auf die A 100 in Berlin-Südring deutlich wird.

(60/61) Für die Ausfahrt von der Autobahn ist ein frühzeitiges Anpeilen des rechten Fahrstreifen, auch wenn dort deutlich langsamer gefahren wird, ratsam, sollen konfliktäre Annäherungen im Verkehrsstrom vermieden werden. Hierzu ist die Detektion gefordert, Lücken für den Spurwechsel im erweiterten Vorderfeld auszumachen und den Fahrstreifenwechsel rechtzeitig optisch oder interkonnektiv den anderen Fahrzeugen anzuzeigen. Dazu ist die Fahrgeschwindigkeit auch der rechts voranfahrenden Kfz, wie beispielsweise von Lastkraftwagen, zu prädiktieren, ob diese einen offenen Trajektorienraum erlauben werden.

Bild 62-64: Schnittstellen zu proprietären Verkehrsanlagen: Anmelden, Einklinken oder Ausschalten? 103

(62) Die Schnittstellen zu nicht in öffentlicher Verantwortung stehenden Verkehrsanlagen können weitgehend unsichtbar bleiben und nur durch Hinweisschilder gekennzeichnet sein (vgl. Bild 31). Sie können andererseits durch technische Zufahrtsschranken abgesichert sein, um die Zufahrtsberechtigung zu überprüfen oder zu Tarifen die Benutzung der privaten Verkehrsanlage zu verrechnen. Solche Ortsanlagen dienen auch dazu, die kapazitive Regulierung und Limitierung der Inanspruchnahme, etwa der Stellplatzauslastung, allenfalls auch der Platzzuweisung, zu regeln. Bild 62 gesehen als beschränkte Ein- und Ausfahrt eines Kundenparkplatzes an der Katsushika Straße in Wien-Floridsdorf.

(63) Zu unterscheiden ist, ob es sich um spontane Zufahrten zu Publikumsstellplätzen, um ebensolche Vorfahrten zur Abholung oder Absetzung von Personen oder um Ladetätigkeiten von Gütern handelt. Oder, ob geplante logistische Warentransporte durchgeführt werden, die mit nachgeschalteten Logistikprozessen verbunden sind, die „Just-in-Time" zur rechten Zeit zu einem Sendungsumschlag oder zur Lageraufüllung einlangen sollen oder „Just-in-Sequence" in einen Pro-

duktionsprozess eingeschleust werden sollen (Bild 63: Einfahrt für Lieferungen zu einem Automobilwerk in Leipzig-Wahren). Denn dabei werden die Verkehrsabläufe im Straßennetz über Tracking als akute Transportverfolgung und die Anlieferungen bzw. Abholungen digital verknüpft, was manchmal als „Physical Internet" beschrieben wird. Die Schnittstelle ist sodann nicht nur örtlich-technisch definiert, sondern auch prozessual im Zuge der Transportkette positioniert. Hierzu würde die Automatisierung zwischen dem Straßenverkehr und der Verkehrslogistik systemübergreifend abgestimmt wirksam werden, womit auch das verkettete Konvoi-Fahren („Platooning") von Lastzügen auf ausgesuchten Routen und dafür eingerichteten Fahrwegen seine Zweckmäßigkeit beweisen könnte.

(64) Tiefgarageneinfahrten besorgen das Absaugen der Personenkraftwagen in den Untergrund, um das Wohnumfeld verkehrsberuhigt und autofrei zu halten. Diese ungewöhnliche architektonische Betonung der Einfahrtsituation wurde in der neuen Lohbachsiedlung im Innsbrucker Stadtteil Hötting-West gesehen.

Bild 65-67: Nichtöffentliche Verkehrsanlagen von Containerterminals und auf Flughafen-Vorfeldern

(65) Terminals für den unbegleiteten kombinierten Güterverkehr werden von Lastkraftwagen mit Wechselaufbauten für den Umschlag auf die Bahn angefahren. Diese Zufahrten sind in der Regel vorab angemeldet und an den Gates sind Anmeldeprozeduren zu tätigen, weil die Behälter-Umschläge zeitlich und örtlich punktgenau unter der Kranbahn oder zur Zwischendeponierung durchgeführt werden. Diese Prozesse wurden daher schon frühzeitig digitalisiert. Der Zeitdruck zur rechtzeitigen Ankunft am Umschlagterminal entsteht im Vorlauf auf der Zulaufroute im Straßennetz. Das Voraus-Tracking der ankommenden Lkw zur zeitgenauen Einweisung ist noch eine zur Lösung anstehende Aufgabe für die Verkehrslogistik. Fahrgasse für den Straße-Schiene-Umschlag gesehen im Container-Terminal des Hafen Nürnberg.

(66-67) Nichtöffentliche Verkehrsanlagen ohne Publikumsverkehr können entweder dem Binnenbetrieb dienen, wie etwa auf Flughafenvorfeldern auf der abgesicherten Luftseite („Airside"), wo Spezialgeräte für den Flugfeldbetrieb („Air Operations") und die Rüstung der Luftfahrzeuge im Einsatz sind. Dabei werden selbstfahrende (nicht autonome) Geräte ohne Straßenzulassung, aber auch im Straßenverkehr zugelassene Fahrzeuge verwendet. Für letztere und ihre Lenker ist eine Zufahrtsberechtigung auf das Vorfeld nötig, wenn sie von außen (der Landseite) zufahren. Gesehen am mitteldeutschen Flughafen Leipzig-Halle (LEJ).

Bild 68-69: An der Karosserie eines Lieferfahrzeuges angebrachte laserbasierte Sensoren für LiDAR und Fahrerassistenz-Display bei teilautonomem Fahrmodus

Eine der Sensortechnologien, die im Verbund mit anderen zur Detektion eingesetzt werden soll, ist die laserbasierte LiDAR-Technologie („Light Detection and Ranging"), deren Sensoren an Versuchsfahrzeugen an den Fahrzeugecken und/oder am Dach für die 360°-Rundumsicht exponiert werden. Das mag für Tests auf firmeneigenen Geländen geeignet sein, erscheint aber der Witterung und dem Straßenschmutz ausgesetzt im heftigen Straßenverkehr nicht unbedingt operabel zu sein. Denn diesfalls wird eine beschädigungsfreie und beeinträchtigungsgeschützte Positionierung am Fahrzeug notwendig sein. Die andere Frage ist, wie die Detektionssignale entscheidungsgerecht für die Laufwegbahnung entschlüsselt und interpretiert werden können.

(70) Der nachmittägliche endlose Stau auf der Rue La Fayette in Paris 10e Arrondissement. Eine Fußgängerin zwängt sich bei Grün ihrerseits durch die Autoschlange. Würden automatisierte Kfz Abstands- und Freihaltedisziplin und gewährleisten, selbst wenn das Fahrwegkapazität kostet?

(71) Ein Sonntagmorgen in der Bürostadt Rungis in der Kommune Chevilly-la-rue bei Paris als Gegenentwurf. Zu Bürozeiten sieht es aber wegen des Leitsystems zu den Anfahrzielen nicht viel anders aus.

(72) Ein Abendspaziergang in der Fußgängerzone von Leipzig, untertags zeitweilig eine Anlieferzone, wo sich Lieferfahrzeuge und Fußgänger auf „Tuchfühlung" nahe kommen können. (Bildquelle: Yvonne Toifl, 2016).

(73) Gründerzeitliches Baublockraster-Viertel nahe des Hauptbahnhofs von Frankfurt/Main. Der Blick zeigt die Nachverdichtung der Innenhöfe und die Unvermehrbarkeit der Stellplatzflächen im Straßenraum.

(74) Die Ringstraße rund um das mondäne Geschäftsviertel La Défense im westlichen Vorstadtgürtel von Paris sammelt und verteilt die motorisierten Verkehre in die unteren Tiefetagen der Büro-Wolkenkratzer. Also ist jede Einfahrt eine Schnittstelle zu proprietären Abstellanlagen und Lieferzonen mit eigenen Regeln. La Défense stellt übrigens ein realisiertes Modellbeispiel der städtebaulichen Prinzipien der *Charta von Athen* (1941) und ihres Visionärs *Le Corbusier* („La Ville contemporaine") dar.

(75) Der in einer Flussschleife angelegte Stadtteil Pudong als Gegenüber des historischen Zentrums von Schanghai (VR China) in den letzten Jahrzehnten errichtet zeichnet sich durch Gigantomanie der Baustrukturen und Großzügigkeit der Verkehrsflächen aus. Eine Neuinterpretation von Urbanität, die in jedem Gebäude gelebt wird. Möglicherweise könnte deswegen Pudong künftig ein (ambivalentes) Modell für einen Verkehrsraum mit voller Autonomisierung des Straßenkraftfahrbetriebes darstellen. (Bildquelle: Yvonne Toifl, 2017)

(76) Die breiten Boulevardstraßen aus dem 19. Jahrhundert bewähren sich als gut organisierbare und auf die Mobilitätsbedürfnisse verteilbare Verkehrsflächen bis heute, wie das Beispiel des Boulevard Magenta in Paris zeigt, wenn Stellplätze im Straßenraum weggelassen werden.

(77) Die Marginalisierung des Fußverkehrs entlang von radialen und tangentialen Hauptachsen des Straßenkraftverkehrs in Vorstädtegürteln von Ballungsräumen entspringt den Konzepten der 1960er und 1970er Jahre, die immer noch desolat vorzufinden sind, wie hier in Athis-Mons südlich des Flughafens Paris-Orly. Bald

soll aber hier die Verlängerung der Tram T 7 stattfinden, womit der Fußverkehr viel mehr Raum bekommen wird. Gesehen an der Avenue François Mitterand (frühere Nationalstraße 7).

(78) Die Barriere in Straßenmitte wird dann Geschichte aus dem vergangenen Jahrhundert sein. Dazu muss aber der starke Wirtschaftsverkehr verkehrsorganisatorisch gebändigt werden, was der Verkehrsplanung nicht leicht fällt. Außerdem ist festzustellen, dass grundlegende Umbauten im Hauptstraßennetz eine Andauer von vielleicht 50 Jahren oder mehr haben können, was bei der Implementierung von Verkehrsleittechnologien zu beachten ist, wenn die physischen Randbedingungen der Fahrwege dennoch persistent bleiben.

(79-81) Die Bürostadt La Défense im westlichen Vorstadtgürtel von Grand Paris ist eine der langen Fußwege sowohl von den Tiefetagen herauf als auch an der den Menschen vorbehaltenen Oberfläche, der großzügigen „Esplanade". Fahrzeuge und mobile Dienste, noch dazu autonom sich bewegend, dort zuzulassen, wäre ein Tabubruch. Der Probebetrieb von autonomen „Navettes" stellt also nicht nur technologisch, sondern auch planungsideologisch ein heikles Experiment dar.

(82) Die klassische Kernstadt Paris („intra muros") ist geprägt von den Boulevards und Avenues des Stadtumbaues von Baron Haussmann in der 2. Hälfte des 19. Jahrhunderts. Er bevorzugte in neobarocker Bauart diagonale Verbindungen zwischen monumentalen städtischen Plätzen, wodurch eine vielfältige Vernetzung mit zahlreichen unterschiedlich schiefwinkeligen Straßenknoten entstand. Die Straßenprofile sind zwar meist großzügig angelegt worden, was Entflechtungen ermöglicht, aber der Verkehr an den Knoten ist umso stauanfälliger und schwierig zu lenken.

(83) Die Neuanlage von Straßenbahnstrecken, wie hier am Boulevard Massena entlang der T 3a, die ringförmig die Innenstadt umschließt, wurde zur radikalen Umorganisation der Verkehrsflächenaufteilung genutzt. Die Tram-Trasse ist begrünt und überbreit ausgeführt, die Knoten mit den Radialstraßen wieder ins Niveau geholt und der MIV-Fahrstreifen nicht mehr zweistreifig aufgegliedert. Alles bauliche Maßnahmen, die der Verkehrsverlagerung weg vom Kfz-Stau dienen sollen.

(84) Beiderseits der Straßenachsen weisen die Baublöcke aber noch vielfach das historisch gewachsene Netz von engen Gassen auf, wo intervenierende Ereignisse auf den Kraftfahrbetrieb lauern.

Die Bilder zur Darstellung 21 zeigen die Abfolge der ortstypischen Szenerien entlang einer radialen Route (Bundesstraße B 7) von hochurbanen, suburbanen und periurbanen Flächennutzungen stadtauswärts gesehen von Wien-Floridsdorf ausgehend ins Umland von Niederösterreich, wo der Schnellstraßenring (S 1) mit seiner Kaskade an Umweltschutz-Tunneln erreicht wird. Wo welcher Grad und welche Funktionalitäten der Automatisierung des Straßenverkehrsbetriebes einen Sinn machen könnten, wäre bundesländer- und gemeindeübergreifend abzuklären. Dazu müssten sich die Verkehrsinfrastrukturträger zweier Bundesländer (Magistratsabteilungen der Wiener Landesregierung, die Bezirksvertretung sowie die Wiener Linien sowie die NÖ Landesregierung - Straßenbau) sowie ferner die Autobahngesellschaft des Bundes (ASFINAG) koordinieren und die betroffenen niederösterreichischen Kommunen mit ihrem Sekundärnetz würden überdies Stellung nehmen.

Bild 89-91: Exklusive Fahrsituationen auf proprietären Rennstrecken und Testgeländen 124

(89) Anlässlich eines Publikumstages zur Elektromobilität bestand die Möglichkeit, auf dem österreichischen Formel-1-Ring Spielberg einige Runden zu drehen. Die Rennstrecke liegt nicht nur landschaftlich attraktiv eingebettet, sondern würde sich topographisch als herausforderndes Testgelände für Flottenfahrten anbieten.

(90-91) Ein Autofahrer-Klub betreibt in Laatzen bei Hannover ein Fahrsicherheitszentrum für seine Mitglieder, wo auch gelegentlich Demonstrationsfahrten von automatisiert ausgestatteten Kraftwagen stattfinden. Der Parcours war aber 2019 noch nicht speziell für solche Tests eingerichtet.

Bild 92-94: Offene Trajektorienräume aus der Perspektive eines Kraftfahrzeuges und der Verkehrsbeobachtung 128

(92): Es herrscht viel Spielraum für die Laufwegbahnung bei Level of Service B auf der österreichischen Westautobahn A 1 bei Loosdorf an einem Sonntag zu Mittag. Das könnte man Fahrvergnügen nennen. Möchte der Kfz-Lenker dabei überhaupt von ADAS unterstützt werden?

(93): Ein geringer Handlungsspielraum bei sinkender Fließgeschwindigkeit (LoS D) verlangt nach einer taktischen Szenarienbildung für die Laufwegbahnung. Beobachtet an der Donauuferautobahn A 22 bei Wien-Kaisermühlen.

(94): Flotte Verkehrsabwicklung mit offenen Trajektorienräumen vor Exit 11 der A 59 in Duisburg. Eine Anzahl an Handlungsoptionen eröffnet sich für die im Bild befindlichen Kfz. Aus dem Blickwinkel der Beobachtung (von einer Fußgängerbrücke) ergibt sich daraus eine spieltheoretische Aufgabe, u.a. der möglichen Risiken bei ungewöhnlichem Fahrverhalten, wie zu spätes Einlenken auf die Ausfahrtsspur oder gar ein Wiederzurücklenken auf die Richtungsfahrbahn.

Bild 95-97: Eingrenzungen nach dem Grad ihrer Rigorosität (= Un-/Überwindlichkeit) und der Schärfe der Wahrnehmbarkeit 129

(89) Die vierstreifige Hauptstraße ohne Fahrbahntrennung parallel begleitet von einer doppelgleisigen Bahnstrecke auf gleicher Höhe auf der einen Seite und von einem Geh-/Bürgersteig gegenüber weist keine unüberwindlichen Hindernisse bei fehlgeleiteter Lenkung auf. Die Linienführung verleitet nachts zu einer Geschwindigkeitsübertretung. Der Zugsverkehr auf der Bahnstrecke könnte die Detektion verwirren, wenn Züge entgegenzukommen scheinen. Es handelt sich um den entlang der Donau verlaufenden Handelskai (B 14) in Wien. Dieser Abschnitt könnte eine aufschlussreiche Realtest-Szenerie darstellen.

(90) In dieser Trog-Szenerie sind Interventionen von außen weitgehend auszuschließen, der Kraftfahrverkehr bleibt kanalisiert unter sich. Aber hier können Fahrverhaltensmuster bei unterschiedlichen Verkehrszuständen (Level of Service, Fahrzeug-Mix) über längere Zeiträume beobachtet und studiert werden. Es handelt sich um den unterflurigen Autobahnabschnitt der A 59 unweit des Duisburger Hauptbahnhofs.

(91) Diese Bild weist auf den möglichen Einfluss der wechselnden natürlichen Belichtung und der Schlagschatten auf die Wahrnehmung sowohl des Vorfeldes als auch der Umgebung hin. Außerdem ist eine räumliche Weite gegeben, die keine scharfen Eingrenzungen aufweist. Die Blicktiefe ist in mehrfacher Weise diffus ausgeprägt. Die Großzügigkeit der Straßenanlage als Chaussée bietet kaum Blickfänge. Die ÖV-Trasse in der Fahrbahnmitte ist die imaginäre Leitlinie. Dort könnte der Bus autonom fahren. Gesehen bei der RER-Station Pompadour mit Blick auf die Avenue de la Pompadour (Stadt Créteil südöstlich von Paris).

Bild 98-103: Verkehrsflächenorganisation der Quartierserschließung im Wandel der Konzepte und Epochen

(98-99) Die zeitgenössische Quartiersplanung der letzten Jahre bündelt den Kfz-Verkehr der Wohnbevölkerung in Tiefgaragenzufahrten. Gleichzeitig muss die Befahrbarkeit des inneren privaten Erschließungsnetzes mit zahlreichen Ausnahmen geregelt werden. Hier stellt sich eine doppelte Schnittstellensituation dar, nämlich wie die Benutzung der Tiefgarage einerseits und der Servicewege andererseits digitalisiert werden soll und längerfristig welche Fahrzeugbewegungen dann autonomisiert unter Umständen ablaufen könnten, ohne dass Passanten verunsichert werden.

(100) Im Stadtteilzentrum sind Ladenzeilen in den Geschoßwohnblöcken niedergelassen, denen Kunden- und Liefer-Stellplätze in orthogonaler Aufstellung vorgelagert sind. Das wird bei zunehmender Automatisierung des Kraftfahrbetriebes noch einige Fragen aufwerfen, wer (welches Kfz) auf wen (etwa Zufußgehende auf der Fahrbahn bei Ladetätigkeiten) wie automatisiert Rücksicht zu nehmen haben wird, wenn die Fahrgasse frequentiert wird.

(101) Die im Vorfeld der Scheibenwohnhäuser der 1960er Jahre straßenseitig angelegten Stellplätze bieten sich zwar wenig attraktiv dar, werfen dafür auch weniger Probleme auf. Denn damals war Bauland noch nicht so knapp wie heute und die Gestaltungsansprüche waren bescheiden.

(102-103) Der Erschließungsplan aus den Anfangstagen der gartenstädtischen Siedlung erlaubt keinerlei Umbauten im Straßenraum. Die öffentliche Verkehrsfläche ist für alle Mobilitätsgruppen gleichberechtigt benutzbar. Die Automobilisierung der Bewohner*innen muss sich auf die privaten Liegenschaften zurückziehen, was häufig aufwendige bauliche Lösungen erfordert.

Die Bilder wurden im Stadtteil Hötting-West in Innsbruck aufgenommen, dessen Siedlungsstruktur in den Darstellungen 13, 16 und 28 abgebildet ist.

(104) Neuartige Verkehrsmittel, wie die jüngst aufgetauchten E-Scooter, stellen Anforderungen an die generellen Regulative, wie „Wohin mit ihnen?". Sie über-brücken prinzipiell die Arten der Mobilitätsausübungen zwischen Fußverkehr und Kraftfahrverkehr, zwischen Indoor-Gebrauch, Gehweg und Fahrbahn. Sie stellen aber einen erheblichen Stör- und Unsicherheitsfaktor für die klassischen Mobili-tätsausübungen dar, weil sie in ihrer Laufwegbahnung enorm flexibel und auch wegen der erreichbaren Geschwindigkeit (ca. 25 Km/h) in ihrem Fahrverhalten schwer bis kaum berechenbar sind. Längerfristig kann sich die Herausforderung stellen, wie dieses Verkehrshilfsmittel in die Automatisierung des Straßenverkehrs bzw. in den Kfz-Kraftfahrbetrieb integriert werden kann. Immerhin handelt es sich um ein emissionsfreies, wenig Stellplatzflächen beanspruchendes, fast ubiquitär verfügbares Verkehrsmittel für den urbanen Kurzstreckenverkehr. Der abgebildete Ort ist zwar nicht von näherem Interesse, aber es handelt sich in Paris um die enorm belebte Kreuzung Avenue La Fayette mit dem Boulevard Magenta nahe der Gare du Nord.

(105) Nicht übersehen werden dürfen geschwindigkeitsbeschränkte Verkehrs-hilfsmittel auf der Fahrbahn, wie nichtführerscheinpflichtige autoähnliche Gefährte oder Arbeitsgeräte mit Hubplattformen oder Schlepper, die in bestimmten Verkehrsräumen, wie in City-Distrikts oder in Logistikzonen (wie hier in der Cargo City Süd des Frankfurter Flughafens) regelmäßig im Fahrzeugmix auftauchen und den Verkehrsfluss bremsen.

(106) Das Angebot und die Verbreitung an elektrisch angetriebenen Verkehrs-hilfsmitteln, wie derartige Rollstühle für mobilitätsbeeinträchtige Personen, hat zugenommen, seitdem die Bewegungsflächen für diese Art der Fortbewegung „barrierefrei" hergerichtet werden. Auch wenn das nicht überall eingerichtet wer-den kann, wie bei manchen Hochbahnsteigen im Straßenraum (gesehen in Stutt-gart bei Olgaeck). Die reduzierte Ansichtigkeit und das unsichere Bewegungsver-halten dieser Verkehrshilfsmittel müssen bei der Automatisierung der Kraftfahr-zeuge Berücksichtigung finden, damit nicht die errungene Barrierefreiheit wieder zurückgestellt werden müsste.

(107) Sehr unterschiedlich, je nach örtlichen Gegebenheiten der Verkehrsräume, setzen sich der Fahrzeug-Mix und der Modal Split zusammen. Im überstauten urbanen Straßennetz, wie in der Stadt Paris („intra muros"), stellen einspurige oder dreirädrige Krafträder eine nützlich Alternative zum Pkw-Gebrauch dar (gesehen bei der Gare de l'Est). Denn die ÖV-Verkehrsmittel sind oft überfüllt und stecken im Autostau. Anderswo, wie in mittleren Großstädten entlang der „Nordsee-Range", erfüllen Fahrräder diese Mobilitätsbedürfnisse jetzt schon besser.

(108) Eine absolute Verkehrsspitze findet an Freitagen am Nachmittag von den Ballungsräumen hinaus auf den Autobahnen statt. An der A 9 von München nach Nürnberg wird sogar der Abstellstreifen von der Autobahndirektion für den Fließ-

verkehr freigegeben, damit der Strom der Last-Züge nicht den übrigen Verkehr aufhält.

(109) Beide Bilder beziehen sich auf Teststrecken für die Spielarten und Lenkungstechnologien automatisierter Verkehrsabläufe auf Autobahnen. Die Optik der Verkehrsanzeigen charakterisiert noch die herkömmliche individuelle Lenkerverantwortung, die Brücke mit den Lenkungs- und Überwachungseinrichtungen signalisiert den Verantwortungsübergang zum digitalisierten Umfeld durch die Infrastrukturbetreiber (gesehen an der A 9 nördlich von München und der A 22 Donauuferautobahn bei Wien-Kaisermühlen).

(110) In Hamburg sind bestimmte Hauptstraßenzüge mit den verfügbaren technologischen Mitteln zur Detektion (Radar, Wärmebildkamera) und zur interkonnektiven Beeinflussung (Transponder) der erfassten Fahrzeuge ausgerüstet worden, um in späterer Folge eine Verkehrslenkung I2Vs zu realisieren. Sobald dafür eine ausreichende Anzahl dazu ausgestatteter Kraftfahrzeuge im Bestand auftaucht und die Eingriffsmöglichkeiten auch rechtlich abgeklärt sein werden, bleibt immer noch die Frage nach einer Verkehrslösung für den Mischverkehr und der diskriminierungsfreien Benutzbarkeit des öffentlichen Straßennetzes.

Bild 111-113: Verkehrsmächtigkeit als Ausdruck, Flächenanspruch und Realität im Fließverkehr 140

Diese Orte sind phänotypisch für das Auftreten von schweren Nutzfahrzeugen und ihre Wirkung auf das Verkehrsgeschehen.

(111) Radiale Hauptverkehrsstraße zwischen Industriegürtel und Innenstadt (gesehen an der Hanauer Landstraße in Frankfurt/M.). Die Vielfalt der Schwerverkehre im Mix des Stadtverkehrs schafft eine Vielzahl an kritischen Interaktionen, die hohe Aufmerksamkeit aller Beteiligten erfordert.

(112) Zulaufroute zu einem Umschlagterminal der Bahn (gesehen bei der S-Bahnstation in Hamburg-Billwerder). Der Konvoi der Lkw-Züge lässt wenig Spielraum für andere Verkehrsteilnehmer übrig und die Schutzwegquerung ist für Passanten, die von der S-Bahn zur gegenüberliegenden Bushaltestelle wollen, ohne Signaldeckung ein riskantes Unterfangen.

(113) Innerstädtische Hauptstraße stadtauswärts an einer Stadtbahn-Haltestelle (gesehen am Olgaeck in Stuttgart). Die vorbeibrausenden Lkw mit Anhängern sind ein Verunsicherungsfaktor für andere verkehrsteilnehmende Gruppen.

Bild 114-115: Jüngste Stadtentwicklungen als Verkehrsräume einer servicegelenkten Mobilität? 141

(114) In zahlreichen Städten werden Konversionsstandorte alter Industrie- und Bahnanlagen dazu genützt, neue Stadtteile zu errichten. Das ermöglicht eine großzügige Flächenerschließung und Stadtraumgestaltung, wo die Durchgängigkeit der Wegenetze für alle Mobilitätsgruppen gewährleistet werden kann. Aber der Aufwand für die Anlagen des Straßenkraftverkehrs ist dennoch meist vorherrschend, um die Vermarktung der Immobilien abzusichern. Eine regionalisierte Automatisierung des Straßenkraftfahrbetriebes erscheint in solchen Verkehrsräumen auf mittlere Sicht prinzipiell machbar, wenn der finanzielle Aufwand geho-

ben werden kann und die Neuansiedler mitspielen würden. Ausblick auf das Europaviertel an der Stelle des früheren Hauptgüterbahnhofes in Frankfurt/Main.

(115) Das neue Büroviertel der Logistikstadt Rungis (Chevilly-la-rue) im südlichen Umland von Paris, durchquert von der Tramlinie T 7 zum Flughafen Orly, hat eine klare Wegweisung für den Personenverkehr zu den Zielen für Mitarbeiter und Geschäftskunden entwickelt. Das könnte zu einer Vorstufe für die weitere Automatisierung des Straßenfahrbetriebes weiterentwickelt werden, sofern die Kunden nicht damit verärgert werden.

Bild 116-118: Landschaftliche Einbettung von Autobahntrassen als Randbedingung für die Detektion und die Fahrdynamik 147

(116) Kurvige und wellige Autobahntrasse der A 9 durch den Frankenwald bei Parkplatz Streitau Fahrtrichtung Nürnberg. Wie weit reicht die Detektion auf die Gegenfahrbahn, sodass Lkw dort in der Kurve entgegenzukommen scheinen?

(117) Talbedingte Wanne der landschaftsangepassten Trassierung der A 93 nach Regensburg bei Ausfahrt Wolznach. Zielt die Sensorik auf gleicher Höhe auf den (rückstrahlenden) Überkopfwegweiser zur Ausfahrt und interpretiert ihn als Hindernis?

(118) Sanfte Kuppe der A 9 zwischen Dessau und Schkeuditzer Kreuz. Wo finden die Detektion und die Prädiktion für die Kfz-inhärente Szenarienbildung ihren Horizont in der Wahrnehmung? Werden dabei vor allem die programmierte Konditionierung der Automat-Kette und der gewählte Fahrbetriebsmodus schlagend?

Bild 119-120: Verletzlichkeit infolge situationsbedingt kritischer Interaktionsräume im Straßenraum 150

(119) Stark frequentierter Schutzweg zur oberirdischen Stadtbahn-Haltestelle Olgaeck in Stuttgart. Die Fahrbahn ist dort mit zwei Richtungsfahrstreifen sehr eng dimensioniert und das Schwerverkehrsaufkommen ist erheblich; durch die Steigung der Fahrbahn beschleunigen die Fahrzeuge tendenziell. Wie würde die rechtsseitige Detektion der Kfz nahe an der Bordsteinkante wartende Personen einschätzen, wenn weniger als ein Meter Seitenabstand eingehalten werden kann, gleichzeitig aber in engem Seitenabstand parallel gefahren wird?

(120) Bei der S-Bahn-Station Billwerder in Hamburg befindet sich eine aufgrund der selten abreißenden Ströme von Lkw-Zügen problematische, weil nicht durch eine Verkehrslichtsignalanlage gesicherte Schutzwegquerung. Es handelt sich um die Zu- und Ablaufstrecke zum nahegelegenen Container-Terminal der Bahn. Was könnte die Automatisierung des Straßenverkehrs über I2V hier verbessern?

Bildnachweis 1-120: alle Bilder von arp-planning.consulting research

3.2 Quellenhinweise auf eigene Veröffentlichungen

DÖRR, Heinz (Projektleiter) et al. (2014): Neue Fahrzeugtechnologien und ihre Effekte auf Logistik und Güterverkehr (EFLOG). Forschungs- und Entwicklungsdienstleistung für das BUNDESMINISTERIUM FÜR VERKEHR, INNOVATION UND TECHNOLOGIE (BMVIT). arp–planning.consulting. research (Wien) in Zusammenarbeit mit AVL List GmbH (Graz), TU Wien – Department für Raumplanung – Fachbereich Verkehrssystemplanung und EnergyComment (Hamburg). Wien

DÖRR, Heinz; FRITZ, Gerhard; HATHEIER-STAMPFL, Regine; TOIFL, Yvonne (2016): Urbane Evolution in einer alpinen Stadtlandschaft. Beiträge zur Analyse der Transformation am Beispiel Innsbruck-Nordwest. In: Transforming Cities, 1. Jg. , Heft 2/2016, S. 12-15. München, 2016

DÖRR, Heinz; MARSCH, Viktoria; ROMSTORFER, Andreas (2017/1): Automatisiertes Fahren im Mobilitätssystem. Ein Spannungsbogen zwischen Ethik, Mobilitätsausübung, technischem Fortschritt und Markterwartungen. In: Internationales Verkehrswesen 3/2017. 40-44

DÖRR, H.; MARSCH, V.; ROMSTORFER, A. (2017/2): Automatisiertes Fahren in urbaner Umgebung. Herausforderungen aus der Sicht der Stadt- und Verkehrsplanung. In: Transforming Cities 3/2017. 47-53

DÖRR, H.; MARSCH, V.; ROMSTORFER, A. (2018/1): Automatisierter Straßenverkehr und spurgebundener ÖPNV. Betroffenheiten, Verantwortlichkeiten, Handlungsbedarfe. Der Nahverkehr. 36. Jg. 3-2018. 58-65

DÖRR, H.; MARSCH, V. (2018/2): Automatisierung der Kraftfahrzeuge im Straßenverkehr. Newsletter der Deutschen Verkehrswissenschaftlichen Gesellschaft (DVWG aktuell) Oktober 2018. 9-11

DÖRR, H.; MARSCH, V.; ROMSTORFER, A. (2019): Automatisiert Bewegen durch Stadt und Land – Gesellschaftliche Implikationen der Implementierung von ITS-Technologien in das Verkehrsgeschehen des zukünftigen Mobilitätssystems. Tagungsband REAL CORP 2019 am Karlsruhe Institute of Technology (KIT). 111-121. Wien/Karlsruhe

DOERR, Heinz; ROMSTORFER, Andreas (2020/1): Implementation of autonomous vehicle onto roadways – A step to a Theory of Automated Road Traffic. In: International Transportation (Internationales Verkehrswesen): Vol. 72 / Special Edition 1 February 2020, pp 66-70. Baiersbronn-Buhlbach

DÖRR, Heinz (2020/2): Herausforderungen der städtischen Szenerien an die Automatisierung von Fahrzeugbewegungen. Wo sollen welche Anwendungen aktiviert werden? REAL CORP 2020 Proceedings/Tagungsband an der RWTH Aachen (On-line-event). https://www.corp.at. 1131-1140. Wien/Aachen

DÖRR, Heinz; ROMSTORFER, Andreas (2020/3): Theoretische und praktische Ansätze zur Implementierung des automatisierten Straßenverkehrs in das Mobilitätssystem. In: Heike PROFF (Hrsg.): Neue Dimensionen der Mobilität, Tagungsband zum 11. Wissenschaftsforum Mobilität 2019 der Universität Duisburg-Essen, S. 717-744. Springer-Gabler. Wiesbaden

DOERR, Heinz; ROMSTORFER, Andreas (2021): Assessment of autonomous moving vehicles: From theoretical approaches to practical test procedures. In: International Transportation 02/2021, pp 58-59, & Collection 2021. pp 50-56. Trialog Publishers. Baiersbronn-Buhlbach

3.3 Allgemeine Literaturauswahl zum Thema

ADAC e.V. (2018): Einführung von Automatisierungsfunktionen in der Pkw-Flotte. Auswirkungen auf Bestand und Sicherheit. Erstellt von Prognos GmbH. Berlin / München

AGORA VERKEHRSWENDE (2020): Die Automatisierung des Automobils und ihre Folgen. Chancen und Risiken selbstfahrender Fahrzeuge für nachhaltige Mobilität. Berlin

AMTSBLATT DER EUROPÄISCHEN UNION: RICHTLINIE 2008/96/EG DES EUROPÄISCHEN PARLAMENTS UND DES RATES vom 19. November 2008 über ein Sicherheitsmanagement für die Straßenverkehrsinfrastruktur

BALTZAREK, Vera (2020): Automatisiertes Fahren in der Stadt. In: Österreichische Zeitschrift für Verkehrswissenschaft. 3-4/2020. 19-27

BORENSTEIN, Jason; HERKERT, Joseph R.; MILLER Keith W. (2017): Self-Driving Cars and Engineering Ethics: The Need for a System Level Analysis. Springer Nature 2017

BUECHEL, Martin; HINZ, Gereon; RUEHL, Frederik; SCHROTH, Hans; GYOERI, Csaba and KNOLL, Alois (2018): Ontology-Based Traffic Scene Modeling, Traffic Regulations Dependent Situational Awareness and Decision-Making for Automated Vehicles.
https://www.researchgate.net/publication/317379471

BUNDESMINISTERIUM FÜR VERKEHR, INNOVATION UND TECHNO-LOGIE (BMVIT) (2016): Automatisiert–vernetzt–mobil: Aktionsplan automatisiertes Fahren. Wien.

BUNDESMINISTERIUM FÜR VERKEHR, INNOVATION UND TECHNO-LOGIE (BMVIT) (2018): Aktionspaket automatisierte Mobilität 2020-2022. Wien.

BUNDESMINISTERIUM FÜR VERKEHR UND DIGITALE INFRASTRUK-TUR (BMVI) (2015): Strategie automatisiertes und vernetztes Fahren. Berlin

BUNDESMINISTERIUM FÜR VERKEHR UND DIGITALE INFRASTRUK-TUR (BMVI) (2017): Bericht der Ethik-Kommission Automatisiertes und Vernetztes Fahren. Berlin

DIE BUNDESREGIERUNG (2019): Aktionsplan Forschung für autonomes Fahren Ein übergreifender Forschungsrahmen von BMBF, BMWi und BMVI. Berlin

DAIMLER-BENZ-STIFTUNG (2020): AVENUE21. Automatisierter und vernetzter Verkehr: Entwicklungen des urbanen Europa. Autor*innen: MITTEREGGER, Mathias; BRUCK, Emilia M.; SOTEROPOULOS, Aggelos;

STICKLER, Andrea; BERGER, Martin; DANGSCHAT, Jens S.; SCHEUVENS, Rudolf; BANERJEE, Ian. Open-Access-Publikation. Springer-Vieweg. Heidelberg

DEUBLEIN, Markus (2020): Automatisiertes Fahren Mischverkehr. Aspekte der Sicherheit bei einer zunehmenden Automatisierung des Strassenverkehrs in der Schweiz. Beratungsstelle für Unfallverhütung. Bern

DEUTSCHE AKADEMIE DER TECHNIKWISSENSCHAFTEN (acatech) (2020): Karsten LEMMER (Hrsg.): acatech Studie. Neue autoMobilität II Kooperativer Straßenverkehr und intelligente Verkehrssteuerung für die Mobilität der Zukunft. München

DEUTSCHE GESELLSCHAFT FÜR VERKEHRSPSYCHOLOGIE (DGVP) (2016): Hochautomatisiertes oder autonomes Fahren als wünschenswerte Zukunftsvision? Offene Fragen mit Blick auf die Mensch-Maschine-Interaktion. Infos – Positionen – Empfehlungen 03/2016

DEUTSCHER VERKEHRSSICHERHEITSRAT e.V. (2018): Jahresbericht 2018. Bonn

DIXON, Liza (2020): Autonowashing: The Greenwashing of Vehicle Automation. Transportation Research Interdisciplinary Perspectives 5. Journal homepage: https://www.journals.elsevier.com/transportation-researchinterdisciplinary-perspectives. Kamp-Lintfort, Germany

EISENBERGER, Iris; LACHMAYER, Konrad; EISENBERGER, Georg (Hrsg.)(2017): Autonomes Fahren und Recht. Verlag Manz. Wien

ERTRAC Working Group "Connectivity and Automated Driving". (2017). ERTRAC Automated Driving Road Map version 7.0.

EUROPEAN COMMISSION – SPECIAL EUROBAROMETER 496 March 2020: Expectations and concerns of automated and connected driving. Report. Brussels

FERSI (2018): Safety through automation? Ensuring that automated and connected driving contribute to a safer transportation system. FERSI Position Paper – January 19, 2018

FESTA Handbook Version 7 Updated and maintained by FOT-Net (Field Operational Test Networking and Methodology Promotion) and CARTRE (Coordination of Automated Road Transport Deployment for Europe)

FORSCHUNGSGESELLSCHAFT FÜR DAS STRASSEN- UND VERKEHRS-WESEN (FGSV) - Arbeitsgruppe Verkehrsplanung Arbeitsausschuss Grund-satzfragen der Verkehrsplanung: Chancen und Risiken des autonomen und vernetzten Fahrens aus der Sicht der Verkehrsplanung. FGSV-Bericht Ausgabe 2020. Köln

FORSTER, Yannick; HERGETH, Sebastian; NAUJOKS, Frederic; BEGGIATO, M.; KREMS, J.F.; KEINATH, Andreas (2019): Learning to Use Automation: Behavioral Changes in Interaction with Automated Driving Systems. Transp. Res. Part F Traff. Psychol. Behav. 2019, 62, 599–614

FRAEDRICH, Eva; HEINRICHS, Dirk; BAHAMONDE-BIRKEB, Francisco J.; CYGANSKI, Rita (2018): Autonomous driving, the built environment and policy implications. Transportation Research Part A Policy and Practice

FRISON, Anna-Katharina; FORSTER, Yannick; WINTERSBERGER, Philipp; GEISEL, Viktoria; RIENER, Andreas (2020): Where We Come From and Where We Are Going: A Systematic Review of Human Factors Research in Driving Automation. Appl. Sci. 2020, 10, 8914

GRABBE, Niklas; KELLNBERGER, Anna; AYDIN, Beyza; BENGLER, Klaus (2020): Safety of automated driving: The need for a systems approach and application of the Functional Resonance Analysis Method. Safety Science 126 (2020). www.elsevier.com/locate/safety

HILZ, Jana (2021): Erwerb komplexer fahraufgabenbezogener Problemlöse-kompetenzen: von der Theorie zur Praxis. Über die Eignung des 4C/ID-Modells zur didaktischen Gestaltung von Lernumgebungen zur Vermittlung von Gefahrenwahrnehmung. Dissertation. Universität des Saarlandes

HIROSE, Takayuki; SAWARAGI, Tetsuo; MICHIURA, Yasutaka; NOMOTO, Hideki (2020): Functional safety analysis of SAE conditional driving automation in time-critical situations and proposals for its feasibility. Department of Mechanical Engineering and Science, Kyoto University, Japan 2 IV&V Research Laboratory, Japan Manned Space Systems Corporation (JAMSS), Tokyo. Springer Nature.

INTERNATIONAL ORGANIZATION FOR STANDARDIZATION, 2011. ISO 26262: Road vehicles – Functional safety: International Organization for Standardization.

INTERNATIONAL TRANSPORT FORUM (ITF) (2017): Automation of the driving task. Some possible consequences and governance challenges. Discussion Paper No. 2017-07

JOHORA, Fatema T.; MÜLLER, Jörg P. (2020): Zone-Specific Interaction Modeling of Pedestrians and Cars in Shared Spaces. 22nd EURO Working Group on Transportation Meeting, EWGT 2019, September 2019, Barcelona. Transportation Research Procedia 47 (2020) 251–258

LECTURE NOTES IN MOBILITY: Gereon Meyer, Sven Beiker (Editors) (2020): Road Vehicle Automation 7. Springer Nature. Cham (CH)

LENGYEL, Henrietta; TETTAMANTI, Tamás; SZALAY, Zsolt (2020): Conflicts of automated driving with conventional traffic infrastructure. IEEE Access 2020

LOWE, Evan; GUVENÇ, Levent (2021): A Review of Autonomous Road Vehicle Integrated Approaches to an Emergency Obstacle Avoidance Maneuver. The Ohio State University, Automated Driving Lab

MADADI, Bahman (2021): Design and Optimization of Road Networks for Automated Vehicles. PhD-Thesis. Delft University of Technology, The Netherlands

MASSACHUSETTS INSTITUTE OF TECHNOLOGY ADVANCED VEHICLE TECHNOLOGY STUDY (MIT-AVT): Large-Scale Naturalistic Driving Study of Driver Behavior and Interaction with Automation: Lex FRIDMAN (corresponding author) et al. Cambridge

MAURER, Thomas (2014): Bewertung von Mess- und Prädiktionsunsicherheiten in der zeitlichen Eingriffsentscheidung für automatische Notbrems- und Ausweichsysteme. Dissertation. Schriften aus dem Lehrstuhl für Mechatronik. Universität Duisburg-Essen

MAURER, Markus; GERDES, Christian J.; LENZ, Barbara; WINNER, Hermann (Editors) (2016): Autonomous Driving. Technical, Legal and Social Aspects. Sponsored by Daimler-Benz. Springer Berlin/Heidelberg

MENZEL, Till; BAGSCHIK; Gerrit; MAURER, Markus (2018): Scenarios for Development, Test and Validation of Automated Vehicles. Institute of Control Engineering der Technischen Universität Braunschweig

NATIONALE PLATTFORM ZUKUNFT DER MOBILITÄT (NPM) ARBEITSGRUPPE 6 NORMUNG, STANDARDISIERUNG, ZERTIFIZIE-RUNG UND TYPGENEHMIGUNG Mai 2020: Schwerpunkt Roadmap Automatisiertes und vernetztes Fahren. Herausgegeben vom Bundesministerium für Verkehr und Digitale Infrastruktur. Berlin

NATIONALE PLATTFORM ZUKUNFT DER MOBILITÄT (NPM) AG 6 WHITE PAPER Mai 2020: Handlungsempfehlungen zur Typgenehmigung und Zertifizierung für eine vernetzte und automatisierte Mobilität. Herausgegeben vom Bundesministerium für Verkehr und Digitale Infrastruktur. Berlin

NOLTE, Marcus, BAGSCHIK, Gerrit, JATZKOWSKI, Inga, STOLTE, Torben, RESCHKA, Andreas and MAURER, Markus (2017): Towards a Skill- and Ability-Based Development Process for Self-Aware Automated Road Vehicles. In: IEEE Conference on Intelligent Transportation Systems 2017

OPPERMANN, Bernhard; STENDER-VORWACHS, Jutta (Hrsg.) (2020): Autonomes Fahren – Technische Grundlagen, Rechtsprobleme, Rechtsfolgen. 2. Auflage. C.H. Beck

ORTEGA, Josue; LENGYEL, Henrietta; SZALAY, Zsolt (2020): Overtaking maneuver scenario building for autonomous vehicles with PreScan software. Department of Automotive Technologies, Budapest University of Technology and Economics, Hungary. Transportation Engineering December 2020

PROFF, Heike (Hrsg.)(2020): Neue Dimensionen der Mobilität, Tagungsband zum 11. Wissenschaftsforum Mobilität 2019 der Universität Duisburg-Essen. Springer-Gabler. Wiesbaden

RAMMERT, Werner (2016): Verteilte Intelligenz im Verkehrssystem: Interaktivittäten zwischen Fahrer, Fahrzeug und Umwelt. In: Technik–Handeln–Wissen. Zu einer pragmatistischen Technik- und Sozialtheorie. 2. Auflage. 125-131. Berlin

RESCHKA, Andreas (2017): Fertigkeiten- und Fähigkeitengraphen als Grundlage des sicheren Betriebs von automatisierten Fahrzeugen im öffentlichen Straßenverkehr in städtischer Umgebung. Dissertation TU Braunschweig

ROTHFUCHS, Konrad; ENGLER, Philip (2018): Auswirkungen des autonomen Fahrens aus der Sicht der Verkehrsplanung – Thesen und offene Fragen. In: Internationales Verkehrswesen (70) 3/2018. 60-64

RUNDER TISCH AUTOMATISIERTES FAHREN – AG FORSCHUNG (2015): Bericht zum Forschungsbedarf. Initiiert vom Bundesministerium für Verkehr und Digitale Infrastruktur. Berlin

SCHEINER, Nicolas; SCHUMANN, Ole; KRAUS, Florian; APPENRODT, Nils; DICKMANN, Jurgen and SICK, Bernhard (2018): Off-the-shelf sensor vs. experimental radar – How much resolution is necessary in automotive radar classification? Environment Perception, Mercedes-Benz AG, Stuttgart, Germany; Intelligent Embedded Systems, University of Kassel, Kassel, Germany

SCHEINER, Nicolas; APPENRODT, Nils; DICKMANN, Jurgen and SICK, Bernhard (2018): Radar-based Feature Design and Multiclass Classification for Road User Recognition; idem

SCHLAG, Bernhard (2016): Automatisiertes Fahren im Straßenverkehr – Offene Fragen aus der Sicht der Psychologie. In: Zeitschrift für Verkehrssicherheit 2/2016. 94-98

SOCIETY OF AUTOMOTIVE ENGINEERS INTERNATIONAL, 2014 SAE J3016: Taxonomy and Definitions for Terms Related to On-Road Motor Vehicle Automated Driving Systems. http://standards.sae.org/j3016_201401/

SPRINGER, Sabine; SCHMIDT, Cornelia; SCHMALFUSS, Franziska (2019): Informationsbedarf von Nutzern konventioneller, vernetzter und automatisierter, vernetzter Fahrzeuge im urbanen Mischverkehr. Springer Nature 2019

STEIMLE, Markus; BAGSCHIK, Gerrit; MENZEL, Till; WENDLER, Jan Timo; MAURER, Markus (2018): Anwendung eines Grundvokabulars für den szenarienbasierten Testansatz automatisierter Fahrfunktionen anhand eines Beispiels. Conference Paper. Technische Universität Braunschweig, Institut für Regelungstechnik

SZALAY, Zsolt; TETTAMANTI, Tamas; ESZTERGÁR-KISS, Domokos; VARGA, István; BARTOLINI, Cesare (2017): Development of a Test Track for Driverless Cars: Vehicle Design, Track Configuration, and Liability Considerations. Periodica Polytechnica Transportation Engineering. 46(1), pp. 29-35, 2018 https://doi.org/10.3311/PPtr.10753

VERBAND DER DEUTSCHEN INDUSTRIE (VDI) (2018) - VDI-GESELLSCHAFT FÜR FAHRZEUG- UND VERKEHRSTECHNIK (2018): Statusreport Automatisiertes Fahren. Düsseldorf

WANG, Ziran; KIM, BaekGyu; KOBAYASHI, Hiromitsu; WU, Guoyuan; BARTH, Matthew J. (2018): Agent-Based Modeling and Simulation of Connected and Automated Vehicles Using Game Engine: A Cooperative On-

Ramp Merging Study. University of California, Riverside, Toyota InfoTechnology Center, U.S.A. Inc

De WINTER, Joost; STANTON, Neville; EISMA, Yke Bauke (2021): Is the take-over paradigm a mere convenience?). Delft University of Technology, The Netherlands, University of Southampton, United Kingdom. Transportation Research Interdisciplinary Perspectives 10 (2021) 100370

WISE Requirements Analysis Framework for Automated Driving Systems (2018): Operational Design Domain for Automated Driving Systems Taxonomy of Basic Terms. Krzysztof CZARNECKI. Intelligent Systems Engineering (WISE) Lab University of Waterloo Canada

WISSENSCHAFTLICHER BEIRAT BEIM BUNDESMINISTERIUM FÜR VERKEHR UND DIGITALE INFRASTRUKTUR (BMVI) (2017): Automatisiertes Fahren im Straßenverkehr – Teil 1: Herausforderungen für die zukünftige Verkehrspolitik. In: Straßenverkehrstechnik 8/2017. 533-539 – Teil 2: In: 9/2017. 622-628

Printed in the United States
by Baker & Taylor Publisher Services